教育科学"十五"国家规划课题研究成果

热成形技术基础

主　编　司乃钧　舒庆
副主编　张学伟
参　编　邓洪财　敖晓春　李大勇
主　审　关砚聪

高等教育出版社

内容提要

本书是根据教育部颁发的《工程材料及机械制造基础课程教学基本要求》，结合目前教改基本指导思想和原则以及创新精神编写的。

本书包括金属材料、铸造成形、塑性加工、焊接与胶接、非金属制品成形、机械零件毛坯的选择等内容，各章后附有习题。

本书为高等工科院校本科机械类、近机类专业教材，也可作为工程技术人员参考用书。

图书在版编目（CIP）数据

热成形技术基础/司乃钧，舒庆主编.—北京：高等教育出版社，2009.1（2014.8 重印）
ISBN 978-7-04-025855-4

Ⅰ.热… Ⅱ.①司… ②舒… Ⅲ.热成形-技术 Ⅳ.TQ320.66

中国版本图书馆 CIP 数据核字（2008）第 193638 号

策划编辑 卢 广　　责任编辑 李京平　　封面设计 于 涛　　责任绘图 尹 莉
版式设计 余 杨　　责任校对 俞声佳　　责任印制 韩 刚

出版发行 高等教育出版社
社　　址 北京市西城区德外大街 4 号
邮政编码 100120
印　　刷 涿州市京南印刷厂
开　　本 787 × 960　1/16
印　　张 16
字　　数 290 000
购书热线 010-58581118
咨询电话 400-810-0598
网　　址 http://www.hep.edu.cn
　　　　 http://www.hep.com.cn
网上订购 http://www.landraco.com
　　　　 http://www.landraco.com.cn
版　　次 2009 年 1 月第 1 版
印　　次 2014 年 8 月第 5 次印刷
定　　价 21.10 元

物 料 号 25855-00

前 言

本书是根据教育部颁发的《工程材料及机械制造基础课程教学基本要求》编写的，是高等工科院校本科机械类、近机类专业教材，也可作为工程技术人员参考用书。

本书编写的指导思想和原则是：

1. 热成形技术基础属于技术(专业)基础课，通过本课程的学习，使学生掌握(或熟悉)有关热成形技术的基础知识、基本理论、基本技能和工程应用。

2. 本书体系完整、内容充实、结构合理，侧重实用性，力求做到重点突出，少而精，使教材清晰、形象，易于讲授和自学。

3. 本书强调理论联系实践，注重强化能力和技术创新精神。

4. 本书名词、术语、牌号、型号及物理量等均采用最新国家标准。

本书内容丰富，使用时可根据专业特点、教学时数等具体情况，对其内容进行调整和增删。

本课程实践性很强，学习前应有一定感性知识，因此应在工程训练(或金工实习)后进行讲授。学生通过工程训练或实习，熟悉了各种主要热成形方法的操作过程、所用设备和工具的基本原理和大致结构，并对毛坯或零件加工工艺过程有了一定的了解，在此基础上学习本教材才能达到预期的教学目的和要求。

本书由哈尔滨理工大学司乃钧、舒庆任主编，张学伟任副主编；参加编写的有舒庆(第一章、第四章)、司乃钧(绪论、第二章)、张学伟(第三章第一节～第三节)、邓洪财(第三章第四节、第五节)、敖晓春(第五章)、黑龙江科技学院李大勇(第三章第六节、第七节，第六章)。

关砚聪教授认真审阅了本书。在编写过程中得到了许德珠教授、吕烨教授、王丽凤教授、金禧德教授、田柏龄教授、朱起凡教授的帮助和指导。在此一并表示衷心感谢！

由于编者水平有限、编写时间短，书中不妥之处在所难免，恳请广大读者批评指正。

编者

2008年7月于哈尔滨

目　录

绪 论

机械产品的制造过程,一般是先将工程材料制成零件的毛坯或半成品,再经切削加工制成所需的零件,最后将零件装配成机械产品。在制造过程中,为改善毛坯、半成品或工件的性能,常要对其进行热处理。

在上述过程中,合理选择毛坯种类和制造方法具有重大技术和经济意义。因为,零件切削加工的工序数量、材料消耗、加工工时,所用设备和工具、夹具、量具,零件的质量,生产率和生产成本等在很大程度上都取决于毛坯种类、结构及其成形方法。例如,某曲轴净重量①为 17 kg,采用圆钢作毛坯经机械切削加工制成,切屑为曲轴零件重量的 189%;若采用锻件作毛坯经机械切削加工制成,切屑仅为曲轴零件重量的 30%,并可减少 1/6 的切削加工工时。若采用高质量的毛坯,有些工件不经车削、铣削就可直接经磨削加工制成零件。现代精密铸造和精密锻造技术,已能够使一些制件在热成形后不再进行切削加工就可直接达到使用要求。

为提高毛坯生产率、质量,降低成本,改善劳动条件,毛坯生产应广泛采用机械化、自动化的生产方式和先进工艺,使毛坯在形状、尺寸和表面质量上尽量与零件要求相接近,以达到少、无切削加工。为此,我们必须掌握各种制造毛坯方法的工艺实质、成形特点、毛坯性能,以及选用毛坯的原则和方法,即掌握铸造、锻压、焊接、胶接和非金属材料制品生产等加工方法的基础知识、工艺特点,以及在机械制造业中的应用。

"热成形技术基础"是大学本科机械类专业学生必修的一门以工艺为主的综合性的技术基础课。通过本课程学习,学生应达到下列基本要求:

(1) 掌握主要热成形方法和板料冲压的基本原理、特点和应用,熟悉影响产品质量的因素。

---

① 根据 GB 3102.3—1993《力学的量和单位》,"重量"一词按照习惯仍可用于表示质量。但是,不赞成这种习惯。本书为避免与表达物品品质优劣程度的"质量"混淆,在定量计算中用"质量"(单位为 kg),在定性说明中仍用"重量"一词。

(2) 熟悉毛坯或零件的结构工艺性,并具有设计毛坯或零件结构的初步能力。

(3) 具有选择简单毛坯或零件成形方法和制订其工艺规程的能力。

(4) 了解常用成形方法所用主要设备、工具的基本工作原理,熟悉其使用范围。

学习时,根据教学内容学生要完成老师布置的课堂练习题、课堂讨论题和课外习题,以巩固所学知识、培养独立分析问题和解决问题的能力。

热成形实验是本课程的重要组成部分,根据实验指导书学生要自己动手做好实验,写出实验报告,以获得一定的实验技能。

本课程实践性很强,学习本书时学生要以热成形实习中获得的基本操作技能和基本知识为基础,注意理论与实践相结合,这样才可达到本课程学习的预期目的和要求。本课程以课堂教学为主,配以必要的现场教学等教学方法。

第一章

金属材料

金属材料是现代制造机械的最主要材料，在各种机床、矿山机械、冶金设备、动力设备、农业机械、石油化工和交通运输机械中，金属制件占80% ~90%。金属材料之所以获得广泛的应用，主要是由于它具有制造机器所需要的使用性能和工艺性能。

使用性能是材料在使用条件下表现出来的性能，如力学（或机械）性能、物理性能和化学性能等；工艺性能则是材料在加工过程中表现出的性能，如切削加工性能、铸造性能、锻压性能、焊接性能、热处理性能等。

第一节　金属材料的力学性能

工程构件在使用过程中最主要的功能是传递各种力和能。因此，在设计、选材和工艺评定时，工程上最关心的是材料受力时的行为，即材料的力学性能。

材料受外力作用时，一般会出现彼此关联的三个过程：弹性变形、塑性变形和断裂。材料所能表现出来的力学性能主要是弹性、刚度、强度、塑性、硬度、冲击韧度及疲劳强度等。

一、弹性、刚度、强度和塑性

材料的弹性、刚度、强度和塑性是通过拉伸试验[①]测得的。

试验时，将标准拉伸试样（图 1－1）安装在拉伸试验机上对其两端施加轴向静拉力 F，随 F 增加，试样产生变形，直至断裂。若以试样所受载荷 F 为纵坐标，试样伸长量 Δl 为横坐标，将拉力与伸长量绘成曲线，可得拉伸图。拉伸图与试样尺寸有关，若将拉伸图纵坐标用拉应力 σ（F/S_0，单位面积上的拉力）代替 F，

① 金属材料室温拉伸试验方法现行国家标准为 GB/T 228—2002，但因很多标准并未同步修订，故本书仍按原标准讲述。

横坐标用应变 ε($\Delta l/l_0$,单位长度的伸长量)代替 Δl,则可绘成应力－应变图,如图 1－2 所示。拉伸图与应力－应变图形状相似,只是坐标不同,后者可直接读出某些力学性能指标,且不受试样尺寸影响。

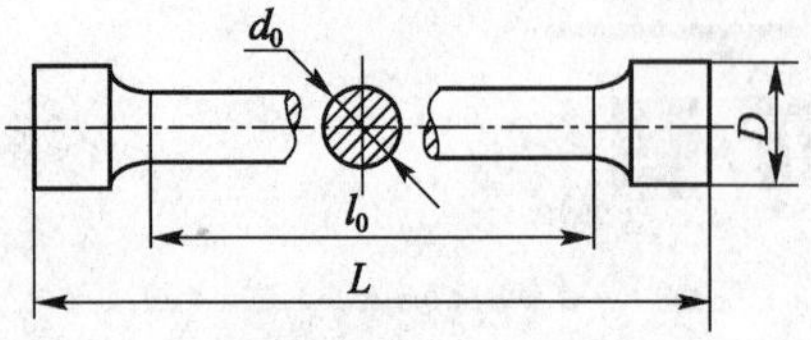

图 1－1　拉伸试样

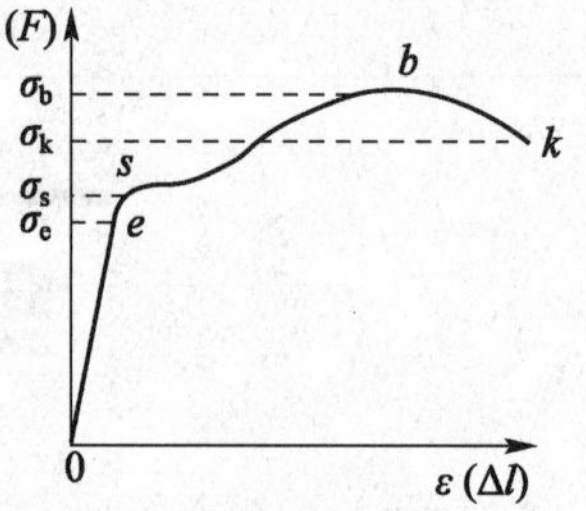

图 1－2　拉伸应力－应变图

从图 1－2 可知,当载荷小于 e 点时,应力和应变成正比,载荷卸除后,试样恢复到原来的形状和尺寸,此阶段的变形为弹性变形。当载荷超过 e 点时,试样在产生弹性变形的同时,开始产生塑性变形。当载荷增加到 s 点时,应力－应变图上出现一个小平台(或锯齿形线段),表明在载荷不增加的情况下,试样仍继续伸长,这种现象称为屈服。屈服后,随载荷的增加,金属开始产生明显的塑性变形,当载荷增加到 b 点时,变形集中发生在试样的某一部位上,该部位的截面急剧缩小,出现了"缩颈"。由于截面减小,使继续变形所需载荷也随之下降,直至 k 点时,试样在"缩颈"处断裂。

通过应力－应变图可确定材料以下性能:

(1) 弹性　材料受外力作用时产生变形,当外力去掉后能恢复其原来形状的性能,称为弹性。材料产生完全弹性变形时所能承受的最大应力称为弹性极限,用 σ_e 表示。

(2) 刚度　材料在受力时抵抗弹性变形的能力称为刚度。在弹性范围内,应力与应变的比值称为弹性模量,它相当于引起单位变形时所需要的应力,用符号 E 表示。弹性模量愈大,表示在一定应力作用下能发生的弹性变形愈小,也就是刚度愈大。

弹性模量的大小主要取决于材料本身,同一类材料中弹性模量的差别不大,例如钢和铸铁的弹性模量基本一样。钢可通过热处理来改变组织,使强度和硬度发生很大的变化,但是弹性模量不会发生明显的变化,所以弹性模量被认为是材料最稳定的性质之一。

(3) 强度　强度是指材料在载荷作用下抵抗塑性变形和断裂的能力。根据载荷性质不同,强度可分为抗拉强度、抗压强度、抗弯强度和抗剪强度等。在工程上常见的强度指标是屈服强度和抗拉强度。

屈服强度是材料发生屈服现象时的屈服极限,亦即抵抗微量塑性变形的应力，用 σ_s 表示。屈服强度也称屈服点。

抗拉强度是材料在拉断前所能承受的最大应力，以 σ_b 表示。

材料不能在超过其屈服强度 σ_s 下工作，否则会引起机件塑性变形；材料也不能在超过其抗拉强度下工作，否则会导致机件破坏。

(4) 塑性　塑性是指金属材料在载荷作用下产生塑性变形而不被破坏的能力，通常用断后伸长率 δ 和断面收缩率 ψ 表示。

① 断后伸长率　伸长率是指试样被拉断后标距长度的伸长量与原始标距长度的百分比，用符号 δ 表示，即

$$\delta = \frac{l_k - l_0}{l_0} \times 100\% \tag{1.1}$$

式中：l_0——试样原始标距长度，mm；

l_k——试样被拉断后的标距长度，mm。

② 断面收缩率　断面收缩率是指试样被拉断后，缩颈处截面积的最大缩减量与原始横截面积的百分比，用符号 ψ 表示，即

$$\psi = \frac{S_0 - S_k}{S_0} \times 100\% \tag{1.2}$$

式中：S_0——试样原始横截面积，mm^2；

S_k——试样被拉断后缩颈处的最小横截面积，mm^2。

塑性的好坏直接影响金属材料能否进行塑性加工。同时，为防止零件在超载时发生突然断裂，也要求材料具有良好的塑性。

二、硬度

硬度是指材料抵抗比它更硬物体压入表面的能力，即抵抗局部变形，特别是塑性变形、压痕或划痕的能力。工程上材料的硬度值是通过硬度试验测得的，常用的有布氏硬度和洛氏硬度。

(1) 布氏硬度　试验原理见图 1-3。用一定直径的硬质合金球做压头，以相应的载荷压入被测材料的表面，保持规定时间后卸去载荷，试样表面上留有一个压痕。

布氏硬度值即为压痕单位表面积上所承受载荷的大小，用符号 HBW 表示：

$$\text{HBW} = \frac{2F}{\pi D(D - \sqrt{D^2 - d^2})} \tag{1.3}$$

式中：F——试验载荷，N；

D——压头直径，mm；

d——压痕直径,mm。

布氏硬度值可通过测量 d 按公式求出,也可根据 d 查布氏硬度表得到。布氏硬度习惯上不标单位。

由于布氏硬度试验的压痕面积较大,不受微小不均匀硬度的影响,因此数据稳定、重复性好,但压痕大,不适宜测试成品零件和薄件。布氏硬度主要用于测量铸铁、有色金属、结构钢等材料。

(2) 洛氏硬度　其试验原理如图 1-4 所示。用顶角为 120°的金刚石圆锥体或直径为 1.588 mm 淬火钢球或硬质合金球做压头,在一定试验载荷作用下压入被测材料表面,形成压痕。洛氏硬度是用压头压入的压痕深度表示被测材料的硬度值,用符号 HR 表示。洛氏硬度值可直接从硬度计的表盘上读出。

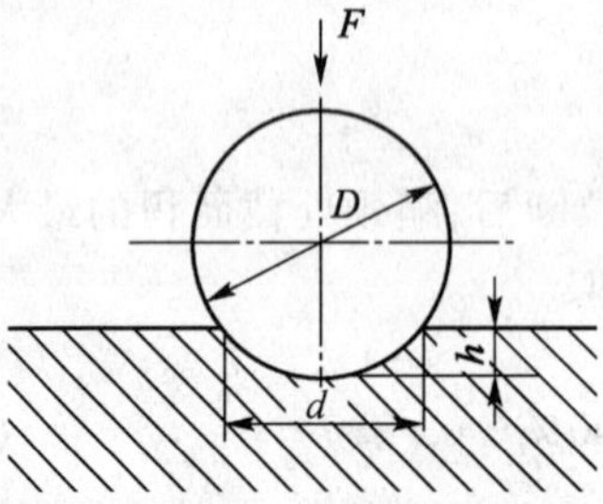

图 1-3　布氏硬度试验原理

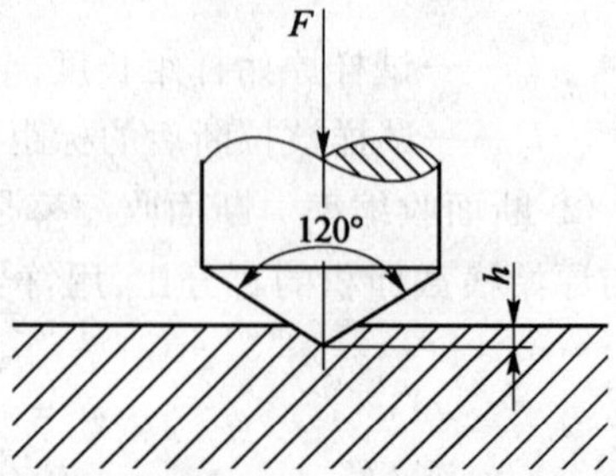

图 1-4　洛氏硬度试验原理

根据所用压头和试验载荷的不同,常用的洛氏硬度有 HRA、HRB、HRC 三种。

洛氏硬度可以用于测试硬度很高的材料,而且压痕很小,几乎不损伤工件表面,故在钢件热处理质量检查和成品件、薄件的检查中应用最多。但由于压痕小,硬度值的代表性差些,如果组织中有不均匀情况,则重复性也差,需在试样不同部位测定三点,取其平均值。

三、冲击韧度

材料在冲击载荷作用下抵抗断裂的能力称为冲击韧度。现在常用一次摆锤冲击试验来测定材料的冲击韧度。用断口处单位截面积上的冲击功表示冲击韧度。

冲击韧度值的大小不仅取决于材料本身,还受到诸多因素(如试样形状尺寸、表面粗糙度、加载速度及环境温度)的影响,因此冲击韧度一般只作为设计与选材的参考依据,不直接用于强度计算。

四、疲劳强度

在实际生产中,许多机械零件(如齿轮、曲轴、连杆、弹簧等)都是在交变载荷下工作的,在长时间交变载荷的作用下,有些零件会在应力远远小于屈服强度时发生突然断裂,这种现象称为疲劳。

疲劳强度是指金属材料经无数次交变载荷作用仍不断裂的最大应力。当循环应力对称时,疲劳强度用 σ_{-1} 表示。一般当钢铁材料应力循环次数达到 10^7 次,有色金属应力循环次数达到 10^8 次材料仍不断裂,则此时的最大应力可作为钢铁和有色金属的疲劳强度。

第二节　金属材料的组织与性能

一、金属的晶体结构

金属固体都是晶体,晶体的原子是按一定规则排列的,而非晶体的原子则是无规则排列的。

晶体中原子排列情况如图 1-5a 所示,它是晶体中原子在空间堆积的球体模型。用这种模型很难看清晶体内部原子的排列规律和特点。为便于表明晶体内原子的排列规律,可把每个原子看成一个点,用假想的直线将这些点连接起来,便形成一个空间格子,称为晶格(图 1-5b),晶格中线的交点称为结点,结点代表原子在晶体中的平衡位置,每个结点都具有完全相同的周围邻点,各个方位的原子平面称为晶面。晶格可以看成是由一层一层的晶面堆积而成的。晶格的最小几何单元称为晶胞(图 1-5c)。晶胞在三维空间的重复排列构成晶格并形成晶体。用晶胞可以描述晶格、晶体结构,所以研究晶体结构就在于考查晶胞的基本特性。

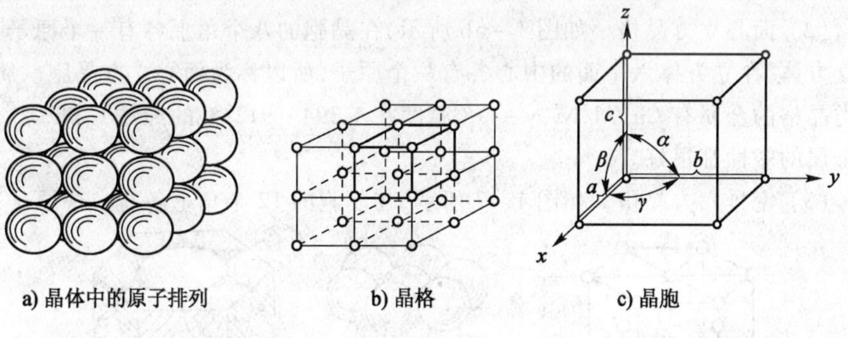

a) 晶体中的原子排列　　b) 晶格　　c) 晶胞

图 1-5　原子排列、晶格、晶胞

在三维空间中,晶胞的几何特征可以用晶胞的三条棱边长 a、b、c,三条棱边之间的夹角 α、β、γ 六个参数来描述。其中 a、b、c 称为晶格常数,其大小以Å(埃)来度量($1\ \text{Å} = 10^{-10}\ \text{m}$)。

大多数金属都具有比较简单的晶体结构,最常见和最典型的晶格类型有下列三种:

(1) 体心立方晶格 如图 1-6a 所示,在晶胞的八个角上各有一个原子,构成立方体。在立方体中心还有一个原子,所以称为体心立方晶胞。

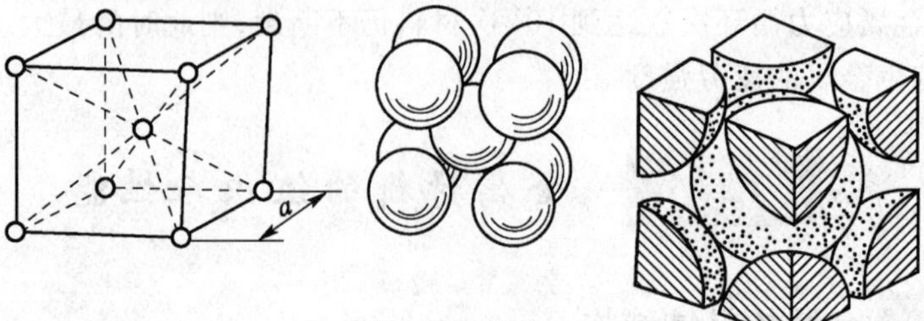

a) 体心立方晶胞

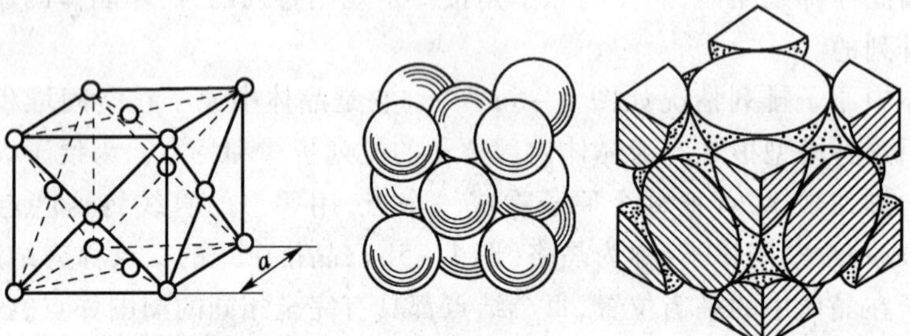

b) 面心立方晶胞

图 1-6 体心立方晶胞和面心立方晶胞

属于这一类晶格的金属有 Cr、Mo、W、V 和 α-Fe 等。这类金属一般都具有相当大的强度和较好的塑性。

(2) 面心立方晶格 如图 1-6b 所示,在晶胞的八个角上各有一个原子,构成立方体,在立方体六个面的中心各有一个原子,所以称为面心立方晶胞。属于这类晶格的金属有 Cu、Al、Ni、γ-Fe(温度在 1 394 ~ 912 ℃的纯铁)、Pb 等。这类金属的塑性都很好。

(3) 密排六方晶格 如图 1-7 所示,在晶胞的 12 个角上各有一个原子,构

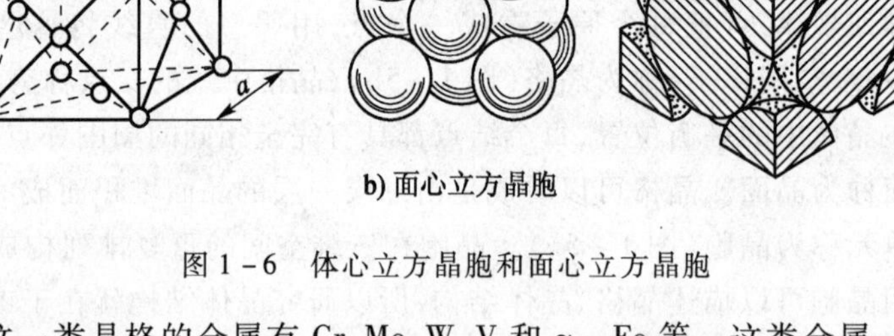

图 1-7 密排六方晶胞

成六方柱体，上、下底面中心各有一个原子，晶胞内部还有三个原子，所以称为密排六方晶胞。属于这类晶格的金属有 Mg、Be、Zn、Cd 等。

各种金属晶体结构的主要差别就在于晶格类型和晶格常数的不同。

二、金属的结晶

1. 结晶的概念

在一定条件下金属的三态可以互相转化。按照目前的生产方法，工程上使用的金属材料通常都要经历液态和固态的加工过程。金属的凝固叫做结晶，凝固的结果是获得固态晶体金属。

纯金属的结晶是在一定温度下进行的。它的结晶过程可以用冷却曲线来表示，图 1-8 是纯金属的冷却曲线示意图，冷却曲线是温度随时间变化的曲线，是用热分析法作出的。

从图 1-8 可以看到，冷却曲线有一水平线段，这就是实际结晶温度。因为结晶放出凝固热，温度不再下降，所以线段是水平的。实际结晶温度低于理论结晶温度或熔点，液态金属冷却到理论结晶温度以下才开始结晶的现象，叫做过冷。而理论结晶温度与实际结晶温度之差，叫做过冷度。过冷度的大小与金属的本性和液态金属的冷却速度有关。冷却速度愈大，则金属的实际结晶温度愈低，因而过冷度愈大。液态金属以极其缓慢的速度冷却时，金属将在近于理论结晶温度时结晶，这时的过冷度接近零。

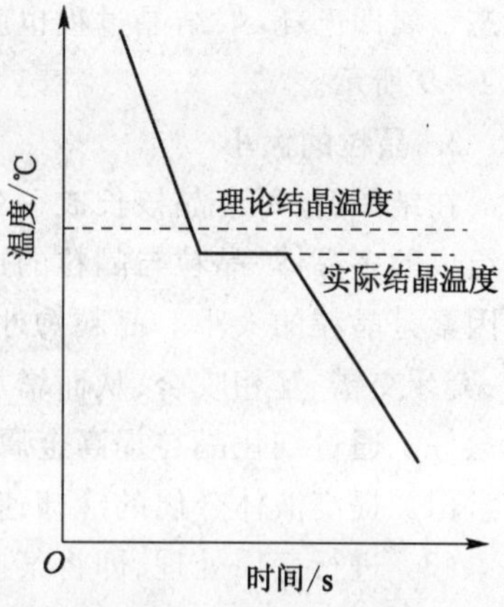

图 1-8　金属的冷却曲线

2. 金属的结晶过程

结晶是依靠两个密切联系的基本过程来实现的。第一，先在液体内部生成一批极小的晶体作为结晶中心或晶核；第二，这些晶核逐渐长大，并发展到整个液体。

晶核的形成，一方面可能是由于液态金属中有一些原子自发地聚集在一起，按金属晶体的固有规律排列起来而形成，这种晶核叫做自发晶核；另一方面也可能是由于液态金属中的杂质，杂质的存在常常能够促进晶核在其表面上形成，这种晶核叫做非自发晶核。

自发晶核和非自发晶核是同时存在的，都是结晶过程中晶核生长和发展的基础。在实际纯金属和合金中，非自发晶核比自发晶核更重要，往往起优先和主导的作用。

晶核生成以后,随即是晶核的长大。当晶核出现后,液态金属的原子就以它为中心,按一定的几何形状不断地排列起来,形成晶体。晶体沿着各个方向生长的速度是不均匀的,它主要是沿生长线速度最大的方向发展,这样就形成了晶轴。晶轴继续长大,并在其上长出许多小晶轴,发展成为树枝状,这是结晶初期常见的形状。

在晶体成长的同时,新的晶核又陆续出现,它们也同样形成晶体。这样,就有许多晶体同时在不同方向上长大,当它们长大到与相邻的晶体互相抵触时,这个方向的长大便停止了。当全部长大的晶体都互相抵触时,液态金属即已耗尽,结晶过程也就完成了,如图 1－9 所示。

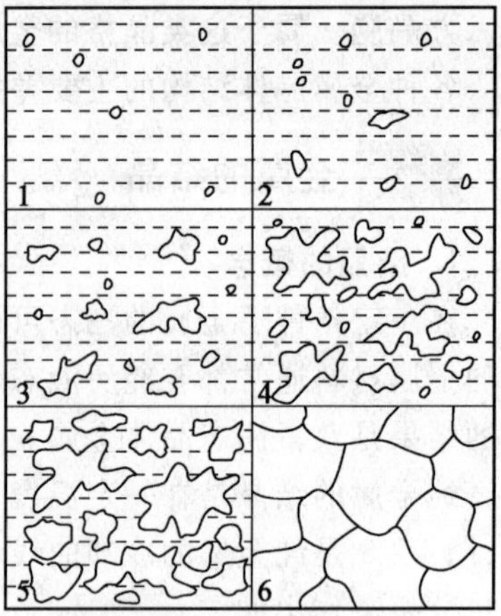

图 1－9 结晶过程

3. 晶粒的大小

在结晶时,每个晶核长成一个晶粒。实际金属结晶的结果,是获得由大量晶粒组成的多晶体,晶粒与晶粒的边界称为晶界。对于纯金属,决定性能的主要结构因素是晶粒的大小。晶粒愈小,晶界愈多,由于晶界处的晶格排列方向不一致,犬牙交错、互相咬合,从而增加了金属的结合力,故金属的晶粒愈小,力学性能愈好。通过细化晶粒提高金属性能的主要途径是:

(1) 提高液体金属的冷却速度增大过冷度。

(2) 进行变质处理,即将某些高熔点的物质加入熔融的金属内,这些物质的质点起着非自发晶核的作用,等于增加了晶粒的数目,从而相应地减小了晶粒的尺寸。

此外,还可以采用热处理和塑性加工的方法,使固态金属的粗晶粒细化。

三、金属的同素异构转变

多数金属在结晶后的晶格类型都保持不变,但有些金属(如铁、锡、钛、锰等)的晶格类型因温度而异。金属在固态下改变其晶格类型的过程称为金属的同素异构转变,这一转变与液态金属的结晶过程很相似,也包括晶核的形成和晶核的成长两个阶段,又称为重结晶。

图 1－10 是铁的冷却曲线。在 1 538～1 394 ℃时,铁为体心立方晶格,称为 δ 铁;在 1 394～912 ℃时,铁为面心立方晶格,称为 γ 铁;在 912 ℃以下时,铁又为体心立方晶格,称为 α 铁。其转变过程可概括如下:

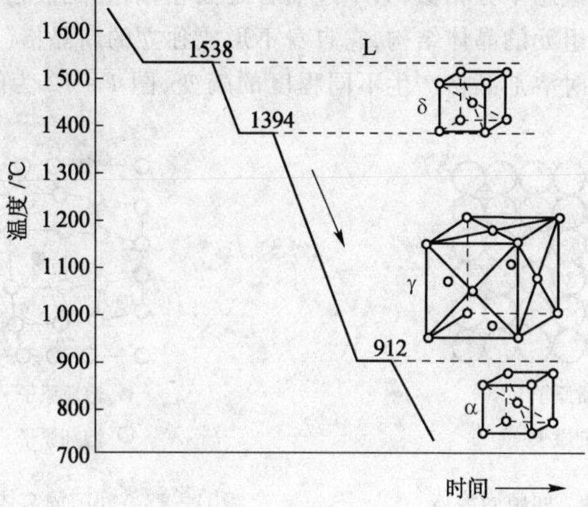

图 1－10　铁的同素异构转变

$$\delta-\mathrm{Fe}\xrightleftharpoons{1\,394\ ℃}\gamma-\mathrm{Fe}\xrightleftharpoons{912\ ℃}\alpha-\mathrm{Fe}$$

（体心立方）　（面心立方）　（体心立方）

铁的同素异构性质也影响到钢，钢在冷却时 γ 铁同样转变为 α 铁。钢所以能够通过热处理改变其性能，与铁的同素异构转变有关。

四、铁碳合金

合金是指由一种金属元素与其他金属元素或非金属元素组成的具有金属特性的物质。组成合金的独立的、最基本单元称为组元。通常，合金的组元就是组成合金的元素。铁碳合金是以铁和碳为组元的二元合金，是机械制造中应用最广泛的金属材料。

在纯金属或合金中，具有相同的化学成分、晶体结构和物理性能并与其他部分以界面分开的均匀组成部分称为“相”。例如纯铜在熔点温度以上或以下，分别为液相或固相，而在熔点温度时则为液、固两相共存。合金在固态下，可以形成均匀的单相组织，也可以形成由两相或两相以上组成的多相组织，这种组织称为两相或复相组织。“组织”是泛指用金相观察方法看到的由各相晶粒的形态、数量、尺寸和分布方式组成的关系和构造情况。

1. 铁碳合金的基本组织

铁碳合金存在各种不同的固相，根据固相结构的基本特点，可分为固溶体、金属化合物和机械混合物三种类型。

（1）固溶体　固溶体是指溶质组元溶于溶剂晶格中而形成的单一均匀固

体。这与溶液的概念十分相似,只不过前者是固相,后者是液相。固溶体的最大特点是保持溶剂组元的晶体结构,它自身不形成独立的新晶格(图 1－11)。

形成固溶体时溶剂晶格产生不同程度的畸变,图 1－12 为间隙固溶体的晶格畸变。

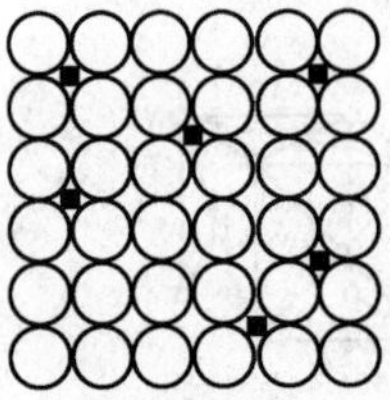

图 1－11　间隙固溶体

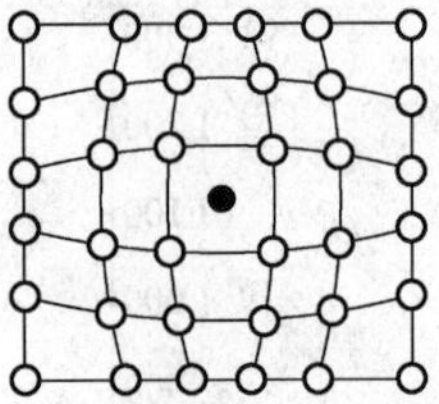

图 1－12　间隙固溶体中的晶格畸变

晶格畸变增加了晶面间的相对滑移阻力,表现为固溶体的强度和硬度升高。溶质原子使固溶体的强度和硬度升高的现象,叫做固溶强化。铁碳合金中,碳既可以溶入 α－Fe,也可溶入 γ－Fe,形成不同的固溶体。

① 铁素体(F 或 α)　铁素体是碳溶解在 α 铁中形成的间隙固溶体。它溶解碳的能力很小,在 727 ℃时最大只有 0.021 8%,而室温下仅为 0.000 8%。它的性能接近于纯铁;韧性很好,伸长率 $\delta = 45\% \sim 50\%$;强度和硬度均不高,$\sigma_b =$ 250 MPa,HBW = 80。

② 奥氏体(A 或 γ)　奥氏体是碳溶解在 γ 铁中形成的间隙固溶体。最大溶解度在 1 148 ℃时可达 2.11%,温度降低时,溶解度也降低,在 727 ℃时溶解度为 0.77%,奥氏体硬度不高,HBW = 160 ~ 200,塑性很好,是绝大多数钢种在高温进行压力加工时所要求的组织。

(2) 金属化合物　金属化合物是合金组元相互作用形成的新相。它的晶格类型与两组元完全不同,性能差别也很大。金属化合物具有明显的金属性质,具有较高的熔点、较大的脆性和较高的硬度。当合金中含有金属化合物时,将使合金的强度、硬度和耐磨性提高,而塑性降低。

渗碳体(Fe_3C)是铁与碳形成的化合物。它的碳的质量分数为 6.69%,具有复杂的晶格形式,与铁的晶格截然不同,故其性能与铁素体差别很大。渗碳体的硬度很高(HBW > 800),而塑性极差,几乎为零,是一个硬而脆的组织。

(3) 机械混合物　机械混合物是两相混合组织。它可以是纯金属、固溶体或化合物各自的混合,也可以是它们之间的混合。机械混合物各相均保持其原有的晶格,因此机械混合物的性能介于各组成相之间,它不仅取决于各相的性能和比例,还与各相的形状、大小和分布有关。

铁碳合金中的机械混合物有珠光体和莱氏体。

① 珠光体(P) 珠光体是铁素体和渗碳体的机械混合物,故其力学性能介于渗碳体和铁素体之间。它的强度较高(σ_b =750 MPa),HBW 为 180,冲击韧度为 30 ~40 J/cm^2,伸长率为 20% ~35% 。

② 莱氏体(Ld) 莱氏体是由奥氏体与渗碳体组成的混合物。因为奥氏体在 727 ℃发生珠光体转变,所以在 727 ℃以下的莱氏体由珠光体和渗碳体组成,称变态莱氏体或低温莱氏体,用符号 Ld′表示。

莱氏体的性能与渗碳体相似,硬度很高(HBW >700),塑性极差。

2. 铁碳合金相图

铁碳合金相图是用实验方法作出的,如图 1 -13 所示,横坐标仅标出碳含量小于 6.69% 的部分,碳含量大于 6.69% 的铁碳合金在工业上没有实用价值,因此这个相图实际上是 Fe - Fe_3C 相图。

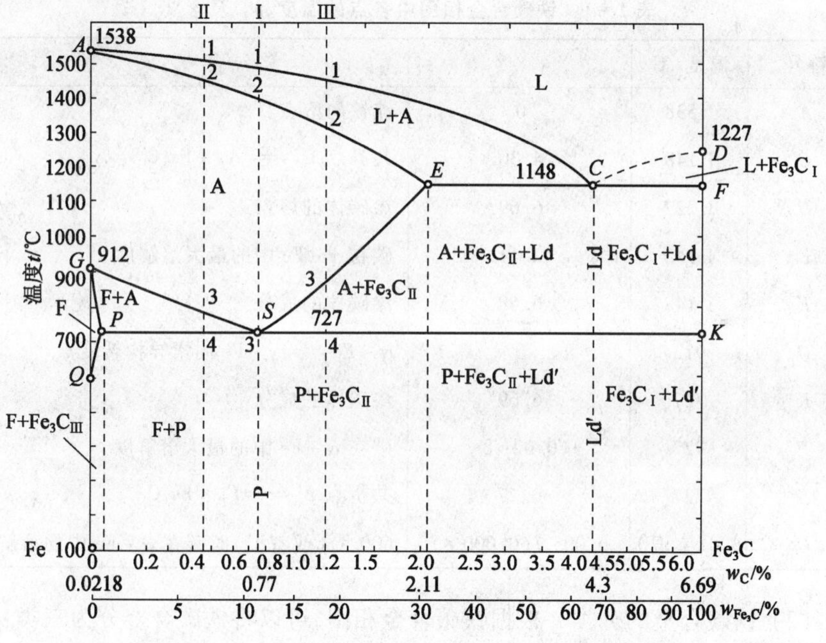

图 1 -13 简化的 Fe - Fe_3C 相图(以组织组成物标注)

(1) 铁碳合金相图分析 铁碳合金相图的基本数据见表 1 -1,数值因实验条件的不同而稍有差异。

① *ACD* 线 液相线,液态合金冷却到此线开始结晶。在此线以上的区域是液态区。

② *AECF* 线 固相线,在此线以下的合金为固体状态。

③ *ECF* 线　共晶线，在此线上发生共晶反应：$L_C \xrightleftharpoons[4.3\%]{1\,148\ ℃} A_E + Fe_3C$，即成分在 *E* 点到 *F* 点之间的合金在 1 148 ℃时，从 *C* 点成分的液体 L 中共同结晶出 *E* 点成分的 A 和 Fe_3C 的机械混合物。此混合物即莱氏体 Ld，或称高温莱氏体。

④ *GS* 线　奥氏体转变为铁素体的开始线，或铁素体转变为奥氏体的终了线，常称 A_3 线。

⑤ *ES* 线　渗碳体从奥氏体中析出的开始线，或渗碳体（或碳）在奥氏体中的溶解度线，超过溶解度后析出的渗碳体叫做二次渗碳体，用 $Fe_3C_{Ⅱ}$ 表示，常称此线为 A_{cm}。

⑥ *PSK* 线　共析线（也称 A_1 线），在此线上发生共析反应：$A_S \xrightleftharpoons[0.77\%]{727\ ℃} P_F(F + Fe_3C)$。成分在 *P* 点到 *K* 点之间的合金在 727 ℃时，从 *S* 点成分的 A 中共同析出 *P* 点成分的 F 和 Fe_3C 的共析混合物。此共析体即珠光体。

表 1－1　铁碳合金相图中各点的温度、w_C 及含义

符号	温度/℃	w_C/%	含　义
A	1 538	0	纯铁的溶点
C	1 148	4.30	共晶点 $L_C \rightleftharpoons A_E + Fe_3C$
D	1 227	6.69	渗碳体的熔点
E	1 148	2.11	碳在 γ－Fe 中的最大溶解度
F	1 148	6.69	渗碳体的成分
G	912	0	$\alpha-Fe \rightleftharpoons \gamma-Fe$ 同素异构转变点
K	727	6.69	渗碳体的成分
P	727	0.021 8	碳在 α－Fe 中的最大溶解度
S	727	0.77	共析点 $A_S \rightleftharpoons F_P + Fe_3C$
Q	600（室温）	0.005 7（0.000 8）	600 ℃（或室温）时碳在 α－Fe 中的溶解度

（2）铁碳合金的分类　根据铁碳合金相图，可以将铁碳合金分为三类：

① 工业纯铁（w_C 在 0.021 8% 以下）　没有共晶转变、共析转变，室温下基本上为铁素体，强度较低，应用很有限。

② 碳钢（w_C 在 0.021 8%～2.11% 之间）　没有共晶转变，因能全部转变为奥氏体，在高温下具有很好的塑性，可以塑性加工，在室温下具有好的力学性能，所以应用极广。

根据碳含量或组织，钢可以进一步分为亚共析钢（w_C 为 0.021 8%～0.77%）、共析钢（w_C 为 0.77%）和过共析钢（w_C 为 0.77%～2.11%）。

③ 白口铸铁(w_C 在 2.11%~6.69%之间)　有共晶转变,得到的是以渗碳体为基的组织,断口呈白亮色,硬度很高,脆性很大,铸造性能好,但用途有限。

根据碳含量或组织,铸铁可以进一步分为亚共晶白口铸铁(w_C 为 2.11%~4.3%),共晶白口铸铁(w_C 为 4.3%)和过共晶白口铸铁(w_C 为 4.3%~6.69%)。

(3) 钢的冷却过程及组织转变　现以几个典型成分铁碳合金的冷却过程为例,分析钢的成分、温度和组织之间的关系及变化规律。

① 共析钢　w_C 为 0.77%的共析钢,合金在液相线 AC 以上处于液态(L)。当缓冷至与 AC 相交时,开始结晶出奥氏体(A),直至固相线 AE 结束,在 AE 与 S 点之间为单相奥氏体。当继续冷却到 S 点时,奥氏体发生共析转变,形成珠光体。S 点以下至室温,共析钢组织为珠光体。共析钢的冷却过程如图 1-14 所示。

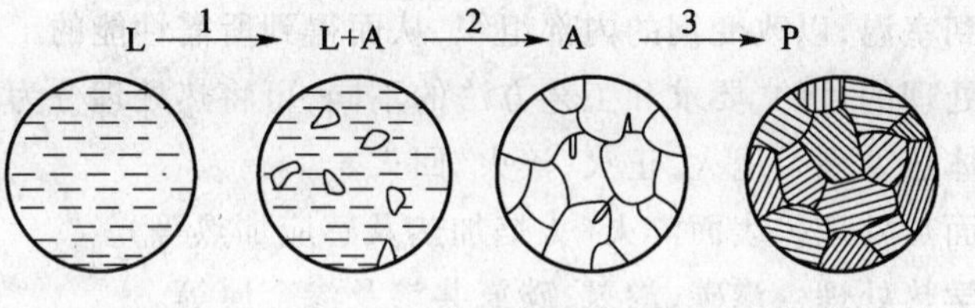

图 1-14　共析钢的冷却过程

② 亚共析钢　w_C 为 0.45%的亚共析钢。合金在 GS 线以上的冷却过程与共析钢相似。当合金冷却到 GS 线时,开始从奥氏体中析出铁素体。随温度下降,铁素体量不断增多,奥氏体量逐渐减少。由于铁素体碳含量低,剩余奥氏体的碳含量增多。当温度降低到 A_1 线(727 ℃)时,剩余奥氏体 w_C 达到 0.77%,因而发生共析转变,形成珠光体。A_1 线以下至室温,亚共析钢组织为铁素体和珠光体,其冷却过程如图 1-15 所示。

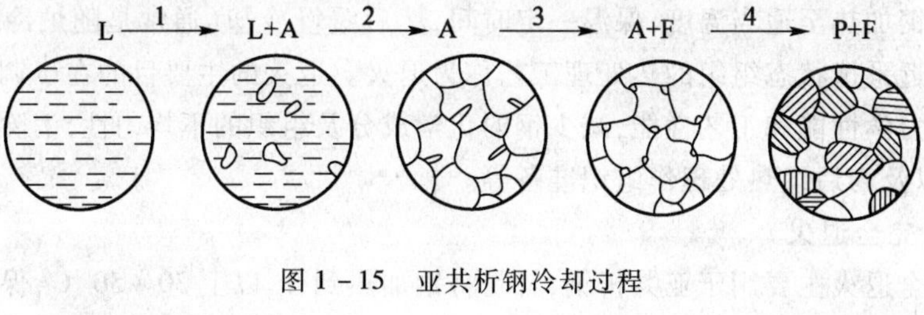

图 1-15　亚共析钢冷却过程

③ 过共析钢　w_C 为 1.2%的过共析钢。合金在 ES 以上的冷却过程与共析钢相似。当合金冷却到 ES 线时,开始从奥氏体中析出二次渗碳体。随温度下降,渗碳体量不断增多,并呈网状沿奥氏体晶界分布。由于渗碳体碳含量高,剩余奥氏体的碳含量则不断减少,当温度降至 A_1 线(727 ℃)时,剩余奥氏体的 w_C

达到0.77%,因而发生共析转变,形成珠光体。A_1 线以下至室温,过共析钢组织为珠光体和二次渗碳体,其冷却过程如图1-16所示。

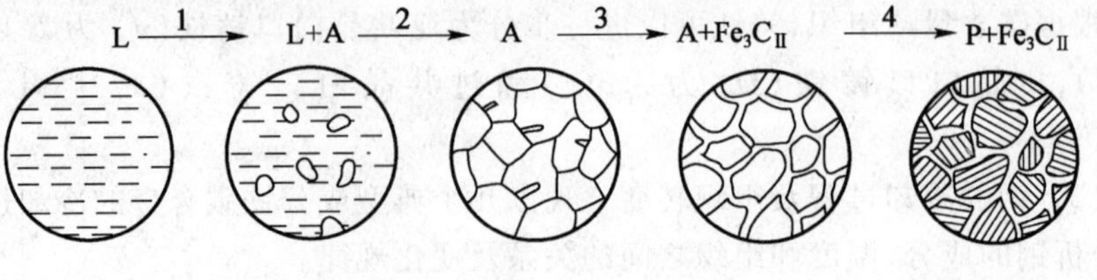

图1-16 过共析钢的冷却过程

第三节 钢的热处理工艺

钢的热处理是将钢在固态下加热到一定的温度,进行必要的保温,并以适当的速度冷却到室温,以改变钢的内部组织,从而得到所需性能的工艺方法。

根据热处理的目的、要求和工艺方法的不同,可将热处理分为下列几种:

(1) 整体热处理 退火、正火、淬火、回火。

(2) 表面热处理 表面淬火(火焰加热及感应加热等)。

(3) 化学热处理 渗碳、渗氮、碳氮共渗及渗金属等。

钢铁在进行热处理时,相变并不按照相图上给出的临界温度进行,因为实际的加热、冷却总会存在一定的过热度和过冷度。而且随着加热和冷却速度的增加,这种滞后现象愈加严重。在加热时钢的临界点用 A_{c1}、A_{c3}、$A_{c_{cm}}$ 表示,冷却时则分别用 A_{r1}、A_{r3}、$A_{r_{cm}}$ 表示,需要指出的是,A_1、A_3、A_{cm}是平衡条件下的临界温度,是相图上的确定值。而其他(如 A_{c1}、A_{r1}等)则随加热和冷却条件的不同而变化。

一、钢的退火

将钢加热至适当温度,保温一定时间,然后缓慢冷却(通常是随炉冷却),以获得接近平衡状态组织的热处理工艺称为退火。退火的主要目的在于调整和改善钢的力学性能和工艺性能,减少钢的化学成分及组织的不均匀性,消除或减少应力,以及为后续热处理作组织准备等。

1. 完全退火

完全退火主要用于亚共析钢,就是将钢加热到 A_{c3}以上30~50 ℃,保温后缓冷(炉冷)。实际生产中,在冷却至600 ℃左右时,可以将工件出炉空冷。在完全退火中,钢的组织全部发生重结晶,获得完全的奥氏体,并在冷却中转变为接近平衡的组织。这种退火的目的是通过重结晶使晶粒细化和均匀化,使中碳以上的钢软化以便于后续加工,消除应力。

2. 球化退火

将钢件加热到 A_{c1} 以上 20～30 ℃，保温一定时间，再冷至 A_{c1} 以下 20 ℃左右，等温一定时间，然后炉冷至 600 ℃左右出炉空冷。

球化退火主要用于过共析钢，其目的是把过共析钢的片状珠光体和网状渗碳体组织转变为球状珠光体，从而改善钢的切削加工性，并减少最终热处理时工件变形和开裂的倾向。

3. 去应力退火

去应力退火是将钢加热至 A_{c1} 下的某一温度，保温，然后随炉冷却的热处理工艺。

去应力退火没有重结晶过程，不会细化钢的组织，但可以有效地消除工件在锻造、焊接、铸造、切削加工和冷塑性变形等过程中产生的应力。去应力退火加热温度为 500～650 ℃。

二、钢的正火

亚共析钢加热至 A_{c3} 以上 30～50 ℃，过共析钢加热至 $A_{c_{cm}}$ 以上 30～50 ℃，保温，然后在空气中冷却，得到珠光体类型组织的热处理工艺，称为正火。

正火与退火的主要区别在于冷却速度不同。正火的冷却速度较大，获得的珠光体组织较细些，因此强度和硬度也高些。同时生产效率高，成本低。它的主要应用是：

(1) 对于过共析钢，可以消除网状二次渗碳体，为球化退火做好组织准备。

(2) 对于中碳钢，特别是合金调质钢，可以使组织均匀化和细化，为淬火处理作组织准备。由于正火可提高钢的力学性能，对于普通结构钢，在要求不高的情况下，也可作为最终热处理。

(3) 对于低碳钢，主要是为了提高硬度，改善切削加工性能。

所以，从改善切削性能的角度，低碳钢宜用正火；中碳钢用退火，但也可用正火；过共析钢先用正火消除网状渗碳体，再进行球化退火。

三、钢的淬火

淬火是将钢加热到 A_{c3}（亚共析钢）或 A_{c1}（共析钢和过共析钢）以上 30～50 ℃，保温后快速冷却获得马氏体或贝氏体组织的热处理工艺。马氏体强化是钢的最主要的强化手段，所以淬火是钢最重要的热处理工艺。

为了防止奥氏体晶粒长大，保证获得细马氏体组织，淬火温度一般规定在临界点以上 30～50 ℃，如图 1－17 所示。

亚共析钢的淬火组织为马氏体。在 A_{c3} 以下淬火，组织中会出现自由铁素

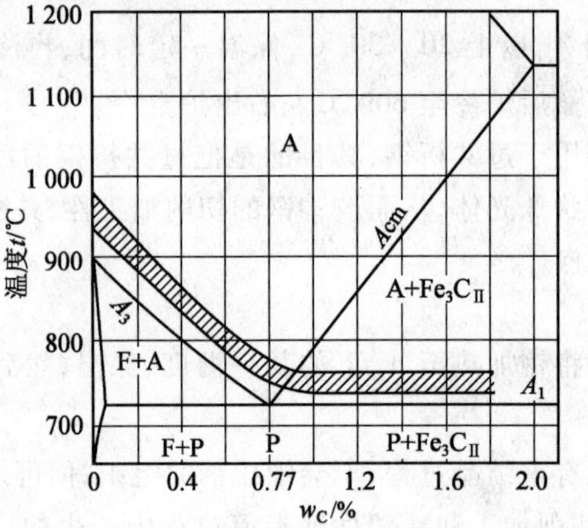

图 1－17 碳钢的淬火温度范围

体，使强度和硬度降低。

共析钢和过共析钢淬火后，过共析钢的组织为细马氏体加二次渗碳体和少量残余奥氏体，分散分布的少量二次渗碳体有利于提高硬度和耐磨性。

冷却速度是淬火的关键。如果冷却速度不够快，则奥氏体发生分解得不到马氏体；如果冷却速度过快，会带来较大的应力，往往引起工件的变形和开裂。能获得全部马氏体所必需的最低冷却速度称为临界冷却速度。淬火的临界冷却速度随钢种不同而异，为了得到马氏体组织，淬火冷却速度必须大于临界冷却速度。合金钢的临界冷却速度较低，可以在油中淬火以防淬裂；碳钢的临界冷却速度较高，须在水中淬火。

四、钢的回火

回火是将淬火钢加热到临界点（A_1）以下的某一温度，保温，然后冷却的热处理工艺。

淬火后的钢件不经回火一般不能使用。这是因为钢的淬火组织由不稳定的马氏体和残余奥氏体组成，且淬火马氏体脆性大，同时淬火工件中存在着很大的应力，若不及时回火，会使工件变形和开裂。另外，通过淬火和适当的回火相配合，可以调整和改善钢的性能，以满足各种不同工件的性能要求。

根据加热温度的不同，回火可分为低温回火、中温回火和高温回火。

（1）低温回火　加热温度为 150～250 ℃，回火后的组织为回火马氏体，它基本上保持淬火时的高硬度和耐磨性，但消除一定的应力和脆性，多用于处理各种工、模具以及经渗碳或表面淬火的工件。

（2）中温回火　回火温度为 350～500 ℃，回火后的组织为回火托氏体。回火组织中的渗碳体为粒状，因此塑性、韧性好，并具有较高的弹性极限和屈服极限。中温回火多用于处理各种弹簧。

(3) 高温回火　淬火加高温回火又称为调质。通常高温回火温度为 500～650 ℃，高温回火后的组织为回火索氏体，硬度为 25～35HRC，这种组织的特点是综合力学性能好，即在保持较高强度的同时，具有较好的塑性和韧性。它广泛用于处理重要零件，如轴、齿轮等。

五、钢的表面淬火

钢的表面淬火是通过快速加热，并立即快冷获得马氏体，以使钢的表面强化的一种特殊淬火工艺。在这种处理过程中，工件的心部组织不发生变化。

1. 感应加热表面淬火

这种加热方法的原理是，在交变电磁场中，由于电磁感应作用，工件内部感生出巨大的涡流，同时由于集肤效应，电流集中在表面层，使工件表面迅速加热。

感应加热表面淬火时，工件表面被加热的厚度决定于电流频率。感应加热是依靠工件内部的感生电流直接加热，再加上工件表层的电流强度非常大，所以加热速度极快，可在短时间内将工件表层加热至奥氏体化温度，随即喷水冷却，或直接浸入冷却介质中。工件经表面淬火后，一般在 180～200 ℃进行回火，以降低淬火应力，并保持高硬度和高耐磨性。

感应加热淬火表面硬度比普通淬火高 2～3HRC，脆性较低，疲劳强度可提高 20%～30%，变形小，易于实现机械化操作，生产率高，但所用设备费用高，不适于单件生产。

2. 火焰加热表面淬火

火焰加热表面淬火是用乙炔－氧或煤气－氧等火焰直接加热工件表面，并随即喷水冷却，以获得表面硬化效果的淬火方法。火焰加热表面淬火的淬硬层深度一般为 2～8 mm。与感应加热表面淬火比较，火焰加热表面淬火具有设备简单、成本低、灵活性大等优点，但淬火质量不稳定。主要用于单件小批生产及大型零件。

六、钢的化学热处理

化学热处理是将工件置于特定介质中加热，保温，使一种或几种元素渗入工件表面，改变其化学成分，达到改进表面组织和性能的热处理工艺。化学热处理的主要目的是提高工件表面的硬度、耐磨性、疲劳抗力、耐腐蚀性等。根据渗入元素不同，化学热处理的种类有渗碳、氮化、碳氮共渗、渗硼、渗硫、渗铝等。

第四节 常用金属材料

一、碳钢

碳钢也称非合金钢。碳钢的冶炼简便,加工容易,价格低廉,所以应用非常普遍。

1. 碳钢的成分和分类

(1) 碳钢的成分　碳钢中,除了铁和碳以外,主要是 Mn、Si、P、S 四大常存元素。

锰溶入铁素体和渗碳体中,少量的锰即明显地提高钢的强度、淬透性和热加工性能,锰还能去硫。硅溶解在铁素体中,可提高钢的强度和硬度,但含量不能超过 0.5%。所以锰、硅是有益元素。

硫在钢中不溶于铁素体,但生成 FeS,FeS 与 Fe 在 988 ℃形成共晶体。当热加工时,共晶体熔化,钢材变脆,此现象称为热脆性。磷在钢中可溶入铁素体,使钢的强度和硬度增高。与此同时,显著增加钢的脆性,在低温时更为严重,此现象称为冷脆性。所以硫、磷是有害元素。

(2) 碳钢的分类　钢材的分类方法很多,最主要的有以下三种。

① 按碳含量分　低碳钢($w_C \leqslant 0.25\%$)、中碳钢($0.25\% < w_C \leqslant 0.6\%$)、高碳钢($w_C > 0.6\%$)。

② 按质量(即硫、磷的含量)分　普通钢($w_S \leqslant 0.045\%$、$w_P \leqslant 0.045\%$)、优质钢($w_S \leqslant 0.040\%$、$w_P \leqslant 0.040\%$),高级优质钢($w_S \leqslant 0.030\%$、$w_P \leqslant 0.030\%$)。

③ 按用途分　碳素结构钢(主要用于制造各种工程结构和机器零件)、碳素工具钢(主要用于制造各种刃具、量具和模具)。

2. 碳素结构钢

碳素结构钢的牌号是以钢材厚度(或直径)不大于 16 mm 钢的屈服强度(σ_s)划分的,并且有质量等级和脱氧方法的细划分。

例如,Q235 - A · F 即表示屈服强度为 235 MPa 的 A 级沸腾钢。

Q195、Q215A、Q215B 塑性较高,有一定强度,通常轧制成薄板、钢筋、钢管、型钢等,用来制作桥梁、钢结构等,在机械制造中用来制作铆钉、螺钉、地脚螺栓、轴套、开口销、拉杆、冲压零件等。

Q235A、Q235B、Q235C、Q235D 强度较高,用来制作转轴、心轴、拉杆、摇杆、吊钩、链等。Q255A、Q255B、Q275 强度更高,用来制作工具、轧辊、主轴、摩擦离合器、刹车带等。

3. 优质碳素结构钢

这类钢中有害杂质及非金属夹杂物含量较少,化学成分控制也比较严格,塑性和韧性较高,多用于制造重要的零件。

这类钢的编号方法是以两位数字表示钢的平均碳含量,以万分之一为单位。例如,平均碳含量为0.45%的优质碳素结构钢,称为45钢(以45表示)。

4. 碳素工具钢

这类钢碳含量为0.65%~1.35%,编号方法是在“碳”的汉语拼音的首位字母“T”后加数字,数字表示钢的平均碳含量,以千分之一为单位。例如,T7、T12分别表示平均碳含量为0.7%和1.2%的碳素工具钢。

碳素工具钢都是优质钢,若为高级优质碳素工具钢,则在钢号后面加A字,例如T12A。

二、合金钢

1. 合金钢的分类及编号

(1) 合金钢的分类 合金钢按用途分为三类:

① 合金结构钢 用于制造各种机器零件及工程结构。还可以进一步分为低合金高强度钢、合金调质钢、合金渗碳钢、合金弹簧钢和轴承钢等。

② 合金工具钢 用于制造各种工具,可分为刃具钢、模具钢和量具钢等。

③ 特殊性能钢 具有某种特殊的物理和化学性能的钢,包括不锈钢、耐热钢、耐磨钢、电工钢等。

(2) 合金钢的编号

① 合金结构钢 用数字+化学元素符号+数字来表示。前面的两位数字表示钢的平均碳含量的万分数,化学元素符号表示加入的合金元素,后面的数字表示合金元素的含量,一般以百分数表示,当平均含量低于1.5%时,牌号中一般只标出元素符号而不标明含量。当平均含量大于1.5%、2.5%、3.5%…时,则相应标注2、3、4…如为高级优质钢,则在牌号后加“A”。例如60Si2Mn表示平均碳含量为0.6%、硅含量为2%、锰含量≤1.5%的合金结构钢。

② 合金工具钢 合金工具钢的编号原则与合金结构钢大体相同,但碳含量的表示方法不同。平均碳含量大于1.0%时,在牌号中不标注,平均碳含量小于1.0%时,在牌号前以千分数表示。例如,9Mn2V钢中的碳含量为0.85%~0.95%,CrWMn钢的平均碳含量为1.3%~1.5%。

2. 合金结构钢

(1) 低合金高强度钢 也称普通低合金钢。低合金高强度钢一般碳含量小于0.2%,加入合金元素总含量不超过3%,其编号方法与碳素结构钢相同。例如Q390钢表示$\sigma_b \geq 390$ MPa的低合金高强度结构钢。

低合金高强度结构钢大多在热轧、正火状态下供应，使用时一般不再进行热处理。这种钢的强度较高，塑性和韧性好，焊接性和冷成形性良好，耐蚀性较好，成本低，适于冷成形和焊接。在某些情况下，用这种钢代替碳素结构钢，可大大减轻制品的重量。

低合金高强度结构钢广泛用于桥梁、车辆、船舶、锅炉、高压容器、输油管等，最常用的牌号是 Q345（旧牌号是 16Mn）。

（2）合金调质钢　调质钢是指采用调质热处理的结构钢。在机械工程中，重要的零件，例如机床主轴、汽车后桥半轴等，都是在多种性质的载荷下工作的，受力比较复杂，要求具有良好的综合力学性能，所以一般都选调质钢制造。常用钢种有 40Cr、40MnB、35CrMo、38CrMoAlA、40CrNiMo 等。

（3）合金渗碳钢　这类钢经渗碳及热处理后，表面层具有优良的耐磨性与疲劳抗力，而心部又有良好的韧性及足够的强度。

常用渗碳钢有用于制造活塞销、凸轮、滑块等的 20Cr 和 20Mn2，制造汽车、拖拉机齿轮的 20CrMnTi，制造重要齿轮和轴的 20Cr2Ni4、18Cr2Ni4WA 等。

（4）弹簧钢　弹簧是机器和仪表中的重要零件，主要在冲击、振动或周期性弯曲、扭转等交变应力下工作，用于吸收冲击、缓和振动或储存能量，以驱动机件，例如气阀弹簧、油泵柱塞弹簧等。典型的弹簧钢有 65Mn、60Si2Mn、50CrVA 等。

3. 合金工具钢

按照用途，工具钢大致可分为刃具钢、模具钢和量具钢三大类。

（1）合金刃具钢　刃具钢用于制造各种切削工具。在切削过程中，刃具的刃部要切入被加工材料，显然它的硬度应高于工件；同时，工件对刃具产生很大压力，工件与其发生强烈的摩擦，产生很高的温度。此外，刃具还受一定的冲击和振动。低合金刃具钢的典型钢种是 9SiCr；高速钢的典型钢种是 W18Cr4V 和 W6Mo5Cr4V2。

（2）合金模具钢　模具是机械、仪表、无线电等工业部门中使用的主要加工工具。根据使用状态，模具钢分为两类：用于冷成形的冷模具钢，工作温度不超过 200～300 ℃；用于热成形的热模具钢，模腔表面温度可达 600 ℃以上。

三、铸铁

铸铁是碳含量大于 2.11% 的铁碳合金。铸铁与钢化学成分的主要区别在于含 C、Si 较高，含杂质元素 S、P 较多，因此铸铁与钢的性能有较大区别。

铸铁分为白口铸铁、灰口铸铁、麻口铸铁三大类。其中灰口铸铁在机械制造中应用最广泛。

灰口铸铁的性能与石墨的形态关系十分密切，所以控制石墨的大小、形状及其分布极其重要。目前,石墨的形态可分为四类,即片状、蠕虫状、团絮状和球状,相应地,灰口铸铁也分为灰铸铁、蠕墨铸铁、可锻铸铁和球墨铸铁四种。

1. 灰口铸铁的性能

(1) 强度和塑性 灰口铸铁的抗拉强度和塑性很低,但抗压强度与钢相似。

(2) 韧性 不论哪种铸铁,其冲击韧度都很低。人们一般认为铸铁是一种脆性材料,不能用于制作承受冲击或疲劳载荷的重要零件。

(3) 抗振性 铸铁中的石墨对振动的传递起削弱作用,尤其是石墨为片状时,灰铸铁具有良好的消振性。这是灰铸铁的突出优点之一,灰铸铁广泛用于制造机器的底架部件,例如机床床身、气缸体、主轴箱等。

(4) 耐磨性 灰口铸铁在有润滑的条件下,含有石墨的铸铁是很好的耐磨材料。石墨本身有良好的润滑条件,所以活塞环、气缸套等零件大都用灰口铸铁制造。

2. 常用铸铁

(1) 灰铸铁 灰铸铁的价格最低,应用也最广泛,在各类铸铁的总产量中占有80%以上。

① 灰铸铁的牌号、组织及性能 按国家标准规定,灰铸铁有六个牌号:HT100、HT150、HT200、HT250、HT300、HT350。其中"HT"是"灰铁"汉语拼音的字首,后面数字表示最低抗拉强度(MPa)的数值。

灰铸铁的组织特点是具有片状石墨,片状石墨对基体割裂严重。基体分为铁素体基体,软而强度较低;珠光体基体,强度、硬度较高;而铁素体-珠光体基体灰铸铁的性能介于二者之间。

② 孕育铸铁 孕育铸铁的组织是细小、均匀分布的片状石墨和细化的珠光体基体。孕育铸铁的抗拉强度较普通灰铸铁显著提高,其牌号有HT300、HT350。

(2) 可锻铸铁 可锻铸铁是由铸态白口铸铁经石墨化退火而得到的一种高强度铸铁。可锻铸铁的石墨化是通过渗碳体在固态下的分解而形成的,因此不是片状石墨而是团絮状石墨。

我国可锻铸铁分八种牌号,黑心可锻铸铁的代号为"KTH",珠光体可锻铸铁的代号为"KTZ";代号后面的两组数字,第一组表示最低抗拉强度,第二组表示最低伸长率。如KTZ450-06,表示珠光体可锻铸铁最低抗拉强度为450 MPa、最低伸长率为6%。

由于石墨呈团絮状,从而大大减轻了石墨对金属基体的割裂作用,亦减轻了石墨尖端引起的应力集中现象。因此,可锻铸铁比灰铸铁的强度高、塑性好、韧性大。可锻铸铁主要用来制作一些形状复杂,同时要求塑性较好、韧性较大、耐振动、耐腐蚀的薄壁铸件,如汽车拖拉机的后桥外壳、管接头、低压阀门等。

由于可锻铸铁生产周期长、工艺复杂、成本较高,故近年来有些可锻铸铁件已被球墨铸铁所替代。值得指出的是，可锻铸铁虽然塑性较好，但并不能进行锻造加工。

(3) 球墨铸铁　球墨铸铁是石墨呈球状的铸铁。它是向铁液中加入一定量的球化剂（如 Mg、稀土元素等）进行球化处理，并加入少量孕育剂（例如硅铁）而制得的，由于球墨铸铁具有优良的力学性能，生产工艺简便，成本低廉，因此近年来得到迅速的发展，具有广泛的使用前景。

由于球墨铸铁中石墨呈球状，因而石墨分割金属基体的作用、引起应力集中的作用大为减小。球状石墨愈圆整、愈细小、分布愈均匀，力学性能便愈高。而且同样具有灰铸铁的一系列优点，如良好的铸造性能、减摩性、可切削性和低的缺口敏感性等。其疲劳强度大致与中碳钢相似，耐磨性甚至还优于表面淬火钢。珠光体球墨铸铁常用于制造曲轴、连杆、凸轮轴、机床主轴、水压机气缸、缸套、活塞等。铁素体球墨铸铁用于制造压阀、机座、汽车后桥壳等。

球墨铸铁牌号由“球铁”代号 QT 和后续数字表示，第一组数字是最低抗拉强度（MPa），第二组数字表示最低伸长率的值。如 QT450 - 10，表示最低抗拉强度为 450 MPa、最低伸长率为 10% 的球墨铸铁。

(4) 蠕墨铸铁　蠕墨铸铁是 20 世纪 80 年代发展起来的一种新型铸铁材料，其强度接近于球墨铸铁，具有一定的韧性、较高的耐磨性和耐热性。同时又具有灰铸铁良好的铸造性能和导热性。

蠕墨铸铁中的石墨是介于片状和球状之间的一种中间形态的石墨。与灰铸铁的片状石墨类似，不同之处是，石墨片的长厚比小，端部较钝、较圆。石墨形态的变化提高了蠕墨铸铁的力学性能。蠕墨铸铁是介于球墨铸铁和灰铸铁之间的一种高强度铸铁，可用于制造钢锭模、气缸盖、变速箱箱体等零件。

蠕墨铸铁的牌号为“RuT”，如 RuT260、RuT300，后面的一组数字表示最低抗拉强度。

四、有色金属及其合金

有色金属材料具有许多特殊的物理、化学和力学性能，是现代工业中不可缺少的重要工程材料。它的种类很多，用途很广。这里仅介绍机械和仪表制造工业中应用最广的铝、铜合金。

1. 铝及铝合金

(1) 纯铝　铝在工业生产中是仅次于钢铁材料的一种重要金属材料。铝的熔点为 660 ℃，密度为 2.7 g/cm^3，约为铁的 1/3 倍。导热性、导电性好，导电性仅次于银和铜。电器工业中大量使用铝代替铜作导线和电机转子的导体等。良好的抗蚀性，这是由于铝与氧的亲和力很大而形成致密的氧化铝薄膜，阻止铝的进一步氧化。铝的塑性好、强度低，具有面心立方晶格，可经冷态塑性变形使其强化。

(2) 铝合金　由于纯铝的强度低，在工业上不能作为结构材料使用。又由于铝无同素异构转变，故提高铝的强度的途径是在铝中加入适当的合金，通过固溶强化、时效强化及弥散强化来实现。目前铝合金强度已提高到 $\sigma_b = 500 \sim 600$ MPa，接近普通钢的强度，比强度甚至比钢还高。

铝合金可分为形变铝合金和铸造铝合金两大类，形变铝合金又可分为不可热处理强化的铝合金和可热处理强化的铝合金。

2. 铜及铜合金

(1) 纯铜　纯铜又称紫铜。它的导电性、导热性极好，是抗磁性物质，常用于制造电工导体及各种抗磁仪器、防磁器械等。铜的熔点为 1 083 ℃，密度为 8.9 g/cm^3，具有面心立方晶格，在冷却过程中无同素异构转变，有着良好的加工性能和焊接性能，易于冷、热加工成形，但力学性能不高。

(2) 黄铜　黄铜是以锌为主要合金元素的铜合金。铜锌二元合金称普通黄铜或简单黄铜；若加入其他元素，则称复杂黄铜或特殊黄铜。

① 普通黄铜　当黄铜中锌含量在 30% 以下时，黄铜的强度与塑性均随其锌含量的增加而增加，含锌在 30% 时，合金的塑性最高，在此成分范围内的黄铜既有良好的塑性又有较高的强度，是工业上应用最多的铜合金。

普通黄铜的编号是“H + 两位数字”，数字表示铜的百分含量。铸造黄铜则在编号前冠以“Z”字。常用牌号有 H80、H70，适于用来制作冷轧板材、冷拉线材及形状复杂的深冲件，如冷凝管、薄壁管、散热器外壳等；H62、H59 等适于用来制作机械、电气零件，例如散热器、垫圈、弹簧等。

② 特殊黄铜　在铜锌合金中加入硅、锡、铝等元素，即形成特殊黄铜，使力学性能、耐蚀性和工艺性提高。

(3) 青铜　青铜原指铜锡合金，现在，除黄铜和白铜(Cu - Ni 合金)以外的铜合金均称为青铜。为区别起见，分别称为锡青铜、铝青铜、铍青铜等。按加工方法，青铜也可分为压力加工青铜和铸造青铜两大类。

青铜的编号方法是“Q + 主加元素符号 + 主加元素含量(+ 其他元素含量)”，例如 QSn4 - 3($w_{Sn} = 4\%$、$w_{Zn} = 3\%$)。

习题

1. 下列符号所表示的力学性能指标和含义是什么？

σ_s　　σ_b　　σ_{-1}　　δ　　HBW　　HRC

2. 布氏、洛氏硬度计在测量硬度时各有什么优缺点，如何应用？

3. 铁碳合金相图表达了铁碳合金的什么关系？

4. 试描述在缓慢冷却的条件下，液态的 $w_C = 0.3\%$ 碳素钢从开始凝固到室温之间的组织变化情况。

5. 钢和铁在成分和组织上有什么主要区别？磷和硫作为钢铁的一般杂质时，对钢铁性能有什么影响？

6. 现有低碳钢齿轮和中碳钢齿轮各一个，为了使齿轮表面具有高的硬度和耐磨性，各应进行什么热处理？比较热处理后它们在组织与性能上的异同点。

7. 灰铸铁可否通过热处理来提高塑性和韧性，可锻铸铁和球墨铸铁又如何，为什么？

第二章

铸造成形

铸造是指熔炼金属，制造铸型，并将熔融金属浇入铸型，凝固后获得一定形状、尺寸和性能的金属零件毛坯或零件的成形方法。用铸造方法生产的金属零件或零件毛坯称为铸件。

铸造生产方法分为砂型铸造和特种铸造两大类。

铸造是制造机械零件毛坯或零件成品的一种重要工艺方法。在一般机械中，铸件占整个机械重量的 40% ~90%，在国民经济各个部门中，铸件应用很广。铸件之所以被广泛采用，是因为铸造是液态成形，它具有下列主要优点：

(1) 能制造各种尺寸和形状复杂的铸件，尤其是内腔复杂的铸件。铸件的轮廓尺寸可小至几毫米，大至几十米；重量可从几克至数百吨。如各种箱体、机床床身、机架、水压机横梁等毛坯均为铸件。

(2) 绝大多数金属均能用铸造方法制成铸件。对于一些不宜锻压或不宜焊接的合金件(如铸铁件、青铜件)，铸造是一种较好的成形方法。此外，铸造生产适用于各种生产类型。

(3) 铸造所用的原材料来源广泛，价格低廉，并可回收使用，还可利用金属废料和废机件。一般情况下，铸造生产不需要大型、精密的设备，生产周期较短，因此铸件成本低。

铸造生产的主要缺点：砂型铸造生产工序较多，有些工艺过程难以控制，铸件质量不够稳定，废品率较高；铸件组织粗大，内部常出现缩孔、缩松、气孔、砂眼等缺陷，其力学性能不如同类材料的锻件高；铸件表面较粗糙，尺寸精度不高；工人劳动强度大，劳动条件较差。

近年来，由于现代科学技术和精密铸造的发展，铸件表面质量有了很大提高，尺寸精度最高可达 CT5 ~ CT4(相当于 IT12 ~ IT11)，表面粗糙度值 Ra 可达 0.8 μm，已成为少、无切削加工的主要方法之一。此外，由于球墨铸铁等高强度铸造合金的普遍采用，显著提高了铸件的力学性能，可用球墨铸铁件来替代原先用钢材锻造的某些零件，例如用珠光体球墨铸铁制造曲轴、用贝氏体球墨铸铁制造齿轮等,使铸造的应用日趋广泛。目前,我国已建立起相当数量的现代化铸造工厂或车间,采用了很多新工艺、新设备,实现了生产机械化、自动化,使铸件质量和生产率得到了很大提高,劳动条件得到显著改善。

第一节 金属的铸造性能

金属(纯金属和合金)在铸造成形过程中获得形状准确、内部健全铸件的能力称为金属的铸造性能,它表示了金属铸造成形时的难易程度。铸件质量与金属的铸造性能密切相关,金属的铸造性能主要用流动性、收缩性、吸气性、氧化性、凝固温度范围、热裂倾向性等来衡量。

一、金属的流动性

1. 流动性的概念

金属液本身的流动能力称为流动性。流动性是金属在铸造过程中的一种综合性能,它对铸件质量有很大影响,是影响金属液充型能力(金属液充满铸型型腔,获得轮廓清晰、形状准确铸件的能力)的主要因素之一。

流动性好的金属,充型能力强,易获得形状完整、尺寸准确、轮廓清晰、壁薄和形状复杂的铸件;有利于金属液中非金属夹杂物和气体的上浮与排除;有利于金属凝固收缩时的补缩作用。若流动性不好,铸件就容易产生浇不到、冷隔、夹渣、气孔和缩孔等缺陷。在铸件设计和制定铸造工艺时,都必须考虑金属的流动性。

2. 影响流动性的因素

(1) 金属的种类和化学成分　不同种类的金属具有不同的流动性。灰铸铁和硅黄铜流动性最好,铝硅合金次之,铸钢流动性最差。

同种金属中,成分不同的合金具有不同的结晶特点,流动性也不同。例如,纯金属和共晶成分合金的结晶是在恒温下进行的,结晶过程从表面开始向中心逐层推进(即逐层凝固),凝固过程中铸件断面不存在液固两相并存的凝固区,已凝固层与液相之间界限较清晰,凝固层内表面较平滑,对未凝固的金属液流动的阻力小(图 2-1a),有利于金属液充填型腔。此外,在相同浇注温度下,共晶成分合金凝固温度最低,相对来说,合金液的过热度(即浇注温度与合金熔点温度差)大,推迟了合金液开始凝固的时间,因此共晶成分合金的流动性最好。其他成分合金的结晶是在一定温度范围内进行的,即结晶区域为一个液相和固相并存的两相区。在此区域初生的树枝状枝晶使凝固层内表面参差不齐,阻碍合金液的流动。而且因固态晶体的导热系数大,使液体冷却速度加快,故流动性差(图 2-1b)。合金结晶温度范围越宽,液相线和固相线距离越大,凝固层内表面越参差不齐,合金液流动阻力就越大,流动性也越差。因此,选择铸造合金时,在满足使用要求的前提下,应尽量选择靠近共晶成分的合金。

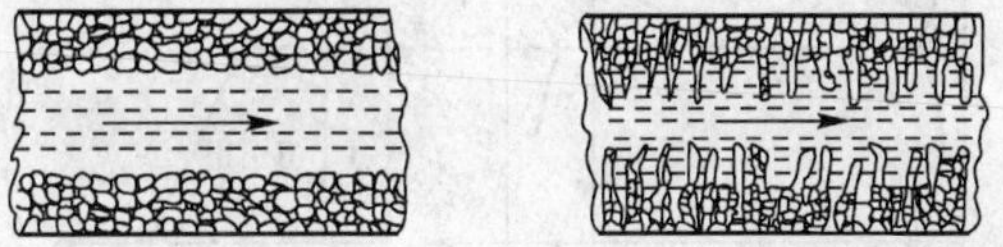

a) 在恒温下凝固　　b) 在一定温度范围内凝固

图 2-1　结晶特性对流动性的影响

合金成分中凡能形成低熔点化合物、降低合金液粘度和表面张力的元素,均能提高合金的流动性,如铸铁中的磷。凡能形成高熔点夹杂物的元素,都会降低合金的流动性,例如铸铁中硫和锰化合生成的 MnS,熔点为 1 620 ℃,成为固态夹杂物悬浮在铁液中,阻碍了铁液流动,使其流动性降低。

(2) 浇注温度　浇注温度高可降低金属液的粘度,增加过热度,保持液态的时间长,传给铸型的热量增多,使金属的冷却速度变慢,因而提高了金属液的流动性。所以,提高浇注温度是防止铸件产生浇不到、冷隔和夹渣等缺陷的重要工艺措施。但浇注温度过高,会增加金属的总收缩量,吸气增多,铸件易产生缩孔、缩松、粘砂和气孔等缺陷。因此,在保证流动性的条件下,浇注温度应尽量低些,力争做到"高温出炉,低温浇注"。例如,灰铸铁件的浇注温度一般为 1 200 ~ 1 380 ℃,对于壁厚小于 10 mm 的复杂薄壁铸件,其浇注温度为 1 340 ~ 1 430 ℃;铸钢为 1 520 ~ 1 620 ℃;铝合金为 680 ~ 780 ℃。

(3) 铸型特点　铸型中凡能增加金属流动阻力和冷却速度,降低流速的因素,均能降低金属液的流动性。例如,型腔过窄、浇注系统结构复杂、直浇道过低、内浇道截面太小或布置不合理、型砂水分过多或透气性不好、铸型材料导热性过大等,都会降低金属的流动性。为改善铸型的充型条件,铸件的壁厚应大于规定的"最小壁厚",铸件形状应力求简单,并在铸型工艺上针对需要采取相应措施,例如加高直浇道(可增加金属液充型压力)、增加内浇道截面、增设出气口或冒口、对铸型烘干等均可提高金属液流动性。

二、金属的收缩

1. 收缩

铸造金属从液态冷却至室温的整个过程中,产生的体积和尺寸缩减的现象,称为收缩。整个收缩过程可划分为三个互相联系的阶段,如图 2-2 所示。

(1) 液态收缩　是指金属液从浇注温度冷却到凝固开始温度(液相线温度)之间的体积收缩。这个阶段金属处于液态下收缩,它使型腔内液面降低。

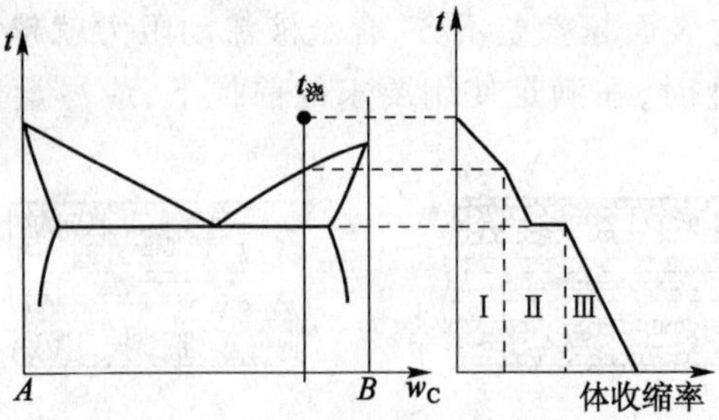

图 2-2 铸造金属的收缩阶段

Ⅰ—液态收缩；Ⅱ—凝固收缩；Ⅲ—固态收缩

(2) 凝固收缩　是指熔融金属从凝固开始温度冷却到凝固终止温度(固相线温度)之间的体积收缩,即金属在结晶温度范围内的收缩。一般情况下,这个阶段仍表现为型腔内液面降低。

(3) 固态收缩　是指金属在固态下从凝固终止温度冷却到室温之间的体积收缩。这个阶段金属处于固态下收缩。

金属的液态收缩和凝固收缩表现为金属的体积缩小,常用体收缩率表示。金属的固态收缩也是体积变化,表现为三个方向线尺寸的缩小,直接影响铸件尺寸变化,常用线收缩率表示。

2. 影响收缩的因素

(1) 化学成分　不同种类的金属,其收缩率不同。同类合金中,化学成分不同,其收缩率也不同。例如,碳素钢的体收缩率为 10% ~14.5%,线收缩率为 1.6% ~2.0%;灰铸铁的体收缩率为 5% ~8%,线收缩率为 0.7% ~1.0%。灰铸铁的收缩率小,这是因为铸铁中的碳大部分以石墨形式存在,而石墨的比体积(单位重量的体积,俗称比容)大,在结晶时每析出 1% 石墨,铸铁体积膨胀 2%,体积膨胀抵消了部分凝固收缩。灰铸铁中提高碳、硅的含量(含量是指质量分数①,以下类同)和减少硫的含量,均可使其收缩减小。

(2) 浇注温度　浇注温度主要影响液态收缩。浇注温度越高,液态收缩越大。一般浇注温度每提高 100 ℃,体积收缩增加 1.6% 左右。

(3) 铸件结构与铸型条件　由于铸件在铸型中各部分冷却速度不同,彼此相互制约,对其收缩产生阻力;又因铸型和型芯对铸件收缩产生机械阻力,因而其实际线收缩率比自由线收缩率小。所以在设计模样时,必须根据金属的品种,铸件的形状、尺寸等因素,选取适宜的收缩率。

---

① GB 3102.8—1993《物理化学和分子物理学的量和单位》规定:物质 B 的质量与混合物的质量比,称为物质 B 的质量分数,以符号 w_B 表示。

3. 缩孔与缩松的形成及防止

金属液在铸型内冷凝过程中,若其体积收缩得不到补充时,将在铸件最后凝固的部位形成孔洞,这种孔洞称为缩孔。缩孔分为集中缩孔和分散缩孔两类。通常所说的缩孔,主要是指集中缩孔,分散缩孔一般称为缩松。

(1) 缩孔的形成　为便于分析缩孔的形成,假设铸件呈逐层凝固,其形成过程如图 2-3 所示。金属液充满铸型后,由于散热开始冷却,并产生液态收缩。在浇注系统尚未凝固期间,所减少的金属液可从浇注系统得到补充,液面不下降仍保持充满状态(图 2-3a);随着热量不断散失,金属液温度不断降低,靠近型腔表面的金属液很快就降低到凝固温度,凝固成一层硬壳。如内浇道已凝固,则形成的硬壳就像一个密封容器,内部包住了金属液(图 2-3b);温度继续下降,铸件除产生液态收缩和凝固收缩外,还有先凝固的外壳产生的固态收缩。由于硬壳内金属液的液态收缩和凝固收缩远远大于硬壳的固态收缩,故液面下降并与硬壳顶面脱离,产生了间隙(图 2-3c);温度继续下降,外壳继续加厚,液面不断下降,待内部完全凝固,则在铸件上部形成了缩孔(图 2-3d);已经形成缩孔的铸件自凝固终止温度冷却到室温,因固态收缩使其外廓尺寸略有减小(图 2-3e)。

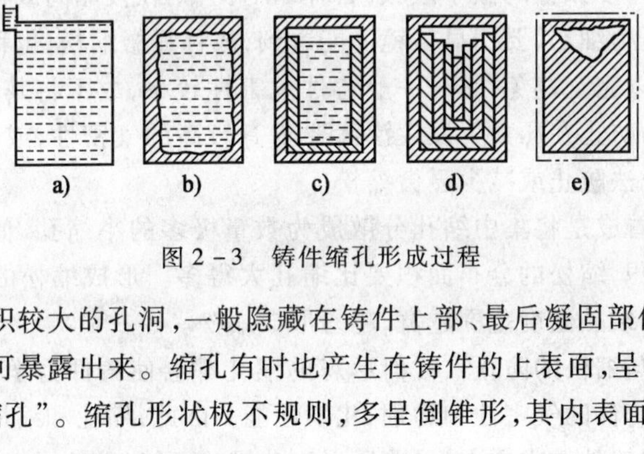

图 2-3　铸件缩孔形成过程

缩孔是容积较大的孔洞,一般隐藏在铸件上部、最后凝固部位或厚壁处,有时经切削加工可暴露出来。缩孔有时也产生在铸件的上表面,呈明显凹坑,这种缩孔也称"明缩孔"。缩孔形状极不规则,多呈倒锥形,其内表面较粗糙并带有枝状晶。

金属的液态收缩和凝固收缩越大、浇注温度越高、铸件越厚,缩孔的容积越大。

纯金属或靠近共晶成分的合金,因其在恒温或很窄的温度范围内结晶,流动性好,若铸件壁呈逐层凝固方式,则易于形成集中缩孔。

(2) 缩松的形成　圆柱形铸件形成缩松过程如图 2-4 所示。

图 2-4a 为合金液浇注后的某一时刻,因合金的结晶温度范围较宽,铸件截面上有三个区域。图 2-4b 表示铸件中心部分液态区已不存在,而成为液态和固态共存的凝固区,其凝固层内表面参差不齐,呈锯齿状,剩余的液体被

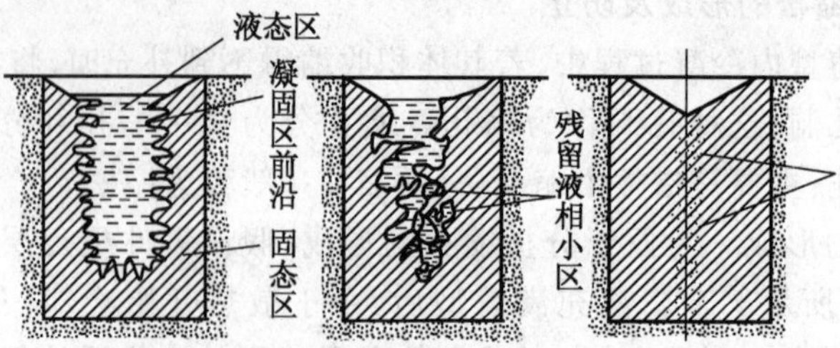

图 2－4 铸件缩松形成过程

凹凸不平的凝固层内表面分隔成许多有残留液相的小区。这些小液态区彼此间的通道变窄，增大了合金液的流动阻力，加之铸型的冷却作用变弱，促使剩余合金液温度趋于一致而同时凝固。凝固中合金体积减小又得不到液态合金的补充时，就形成了分散而细小的缩孔，称为缩松（图 2－4c）。这种缩松常出现在缩孔的下方或铸件的轴线附近，一般用肉眼能观察出来，所以称为宏观缩松。

当合金液在很宽的结晶温度范围内结晶时，初生的树枝状晶体很发达，以致将液体分隔成许多孤立的微小区域，若补缩不良，则在枝晶间或枝晶内会形成缩松，这种缩松更为细小，要用显微镜才能看到，故称显微缩松，也称疏松。显微缩松在铸件中难以完全避免，它对一般铸件危害性较小，故不将其作为缺陷看待。但是，如铸件为防止在压力下发生渗漏要求有较高的气密性，或考虑物理、化学性能时，则应设法防止或减少显微缩松。

缩松可以看成是将集中缩孔分散成为数量极多的小缩孔，似海绵状。对于相同的收缩容积，缩松的分布面积要比缩孔大得多。形成缩松的基本原因与缩孔相同，合金的结晶温度范围越宽，越易形成缩松。

（3）缩孔与缩松的防止　任何形态的缩孔都会使铸件力学性能显著下降，缩松还能影响铸件的气密性和物理、化学性能。因此，缩孔和缩松是铸件的重大缺陷，必须根据铸件技术要求，采取适当工艺措施，予以防止。

缩松分布面广，难以发现，难以消除；集中缩孔易于检查与修补，并可采取工艺措施加以防止，因此生产中应尽量避免产生缩松。防止缩孔与缩松的主要措施是：

① 合理选择铸造合金　从缩孔和缩松的形成过程可知，结晶温度范围宽的合金易形成缩松，铸件的气密性差。因此，生产中应尽量采用接近共晶成分的或结晶温度范围窄的合金。

② 合理选用凝固原则　铸件的凝固原则分为“顺序凝固”和“同时凝固”两种。“顺序凝固”就是在铸件可能出现缩孔的热节处（即内接圆直径最大的部

位)，通过增设冒口或冷铁等一些工艺措施，使铸件按规定方向从一部分到另一部分依次凝固的原则。经常是向着冒口或内浇道的方向进行，即离冒口最远的部位先凝固，冒口本身最后凝固，如图 2-5 所示。按此原则进行凝固，就可保证铸件各个部位的凝固收缩都能得到合金液的补缩，从而将缩孔转移到冒口中，获得完整、致密的铸件。在铸件清理时将冒口切除。

图 2-6 为阀体铸件的两种铸造方案。左半图没有设置冒口，热节处可能产生缩孔；右半图增设了冒口和冷铁后，铸件实现了顺序凝固，防止了缩孔的产生。冒口分为明冒口和暗冒口两种，主要起补缩作用。

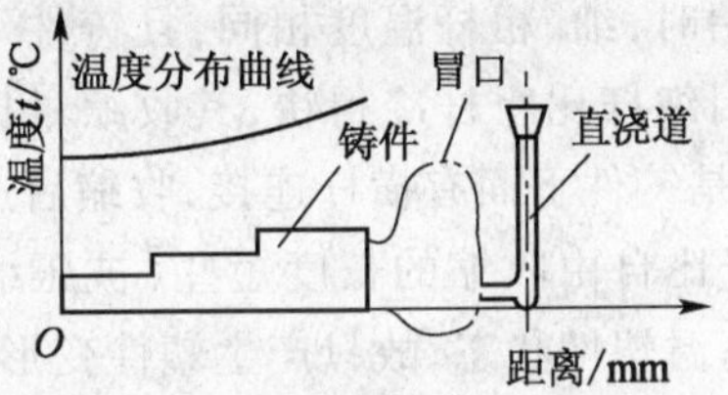

图 2-5　顺序凝固原则的运用

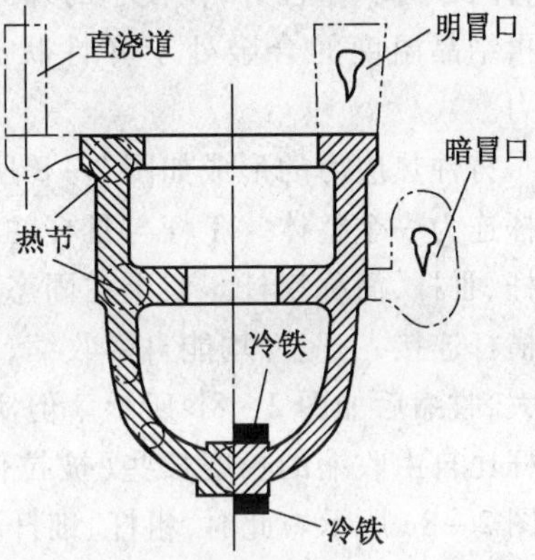

图 2-6　阀体铸件的两种铸造方案

冷铁一般用铸铁或钢制成，其作用是增大铸件厚大部位的冷却速度，防止产生缩孔。

顺序凝固的缺点是铸件各部分温差大，应力大，容易产生变形和裂纹。此外，由于设置冒口而增加了金属的消耗，耗费了工时。顺序凝固主要用于凝固收缩大、结晶温度范围窄的合金，以及壁厚差别较大的铸件，例如铸钢、高强度灰铸铁、可锻铸铁和黄铜等。

“同时凝固”是采用工艺措施使型腔内各部分金属液没有温差或温差很小，同时进行凝固，如图 2-7 所示。采用同时凝固，可使铸件应力较小，不易产生变形和裂纹。但在铸件中心区域往往有缩松，组织不够致密。此原则主要用于凝固收缩小的合金（如灰铸铁和球墨铸铁）、壁厚均匀的薄壁铸件以及结晶温度范围宽而对铸件的气密性要求不高的铸件（如锡青铜铸件）等。

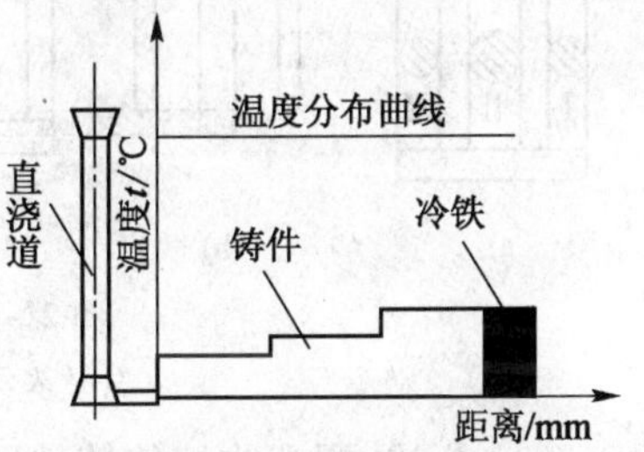

图 2-7　同时凝固原则的运用

4. 铸造应力、变形和裂纹

铸件在凝固和冷却过程中由于收缩受阻、热作用和相变等因素引起的应力称为铸造应力。它是铸件产生变形、裂纹等缺陷的主要原因。

(1) 铸造应力　铸造应力是热应力、收缩应力和相变应力的矢量和。

① 热应力　铸件在凝固和冷却过程中,不同部位由于温差造成不均衡收缩而引起的应力,称为热应力。热应力是一种铸造残留应力,落砂后热应力仍存在于铸件内。

合金在冷却过程中,从凝固终止温度到再结晶温度阶段,处于塑性状态。此时,伸长率高、塑性好,在较小的外力下就会产生塑性变形,但不会产生应力;低于再结晶温度的合金处于弹性状态,受力时不仅产生弹性变形,而且还产生应力。

铸件热应力的形成如图 2－8 所示,图中三根长度相等的竖杆,由上下两根横杆连为一个整体。Ⅰ杆与Ⅲ杆的形状、尺寸相同,简称细杆。Ⅱ杆的直径大于Ⅰ杆、Ⅲ杆,简称粗杆。假定在固态收缩开始时,细、粗杆温度相同,且铸件下面无横杆连接,三竖杆均能自由收缩,冷却时因细杆比粗杆冷得快,其收缩量比粗杆大,收缩后如图 2－8b 所示。但实际情况是铸件下面有横杆连接,收缩后造成细杆比自由收缩的长度长些(被拉伸),粗杆比自由收缩的长度短些(被压缩),如图 2－8c 所示。此时,粗杆、细杆均处于高温塑性状态,故只产生塑性变形,不产生应力;继续冷却收缩,当细杆已进入弹性状态,粗杆仍处于塑性状态时,则粗杆随细杆的收缩而产生塑性变形,在铸件内仍不产生应力;再继续冷却收缩,当细杆已冷至接近室温时,其长度基本不变,此时,粗杆也进入弹性状态,但因温度高而仍在继续收缩。若下面无横杆相连,使粗杆能自由收缩,则粗杆会比细杆短,如图 2－8d 所示。但实际上下面有横杆固连,三竖杆只能保持同一长度,结果造成粗杆被细杆弹性地拉长一些,细杆被粗杆弹性地压缩一些。最终在粗杆中形成了拉应力,细杆中产生了压应力,如图 2－8e 所示。若拉应力超过合金的强度极限时,粗杆将断裂,如图 2－8f 所示。

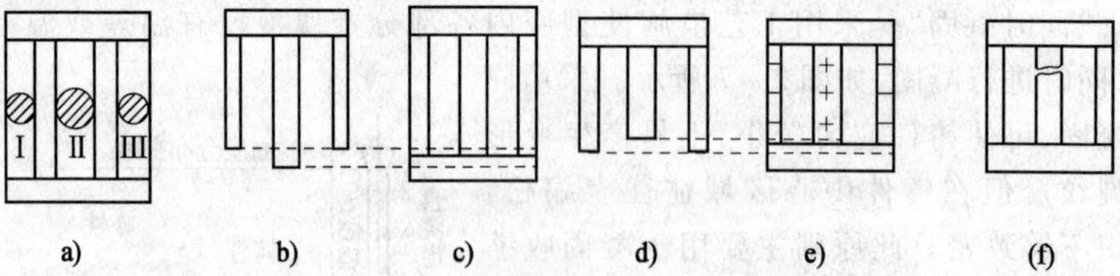

图 2－8　热应力的形成过程

“＋”表示拉应力;“－”表示压应力

综上所述,固态收缩使铸件厚壁或心部受拉伸,薄壁或表层受压缩。合金固态收缩率越大,铸件壁厚差别越大,形状越复杂,所产生的热应力越大。

② 收缩应力　铸件在固态收缩时，因受到铸型、型芯、浇冒口、箱挡及铸件本身结构阻碍收缩而引起的应力，称为收缩应力，也称机械应力。

收缩应力一般使铸件产生拉伸或剪切应力，这种应力是暂时的，铸件经落砂、清理后，应力便可消失。但是，收缩应力在铸型中能与热应力共同起作用，增加了铸件产生裂纹的可能性。

铸件中存有应力后，其本身就已承受了载荷，因而使铸件在工作中的实际承载能力下降。

(2) 铸件的变形与防止　如前所述，当铸件中存有应力时，会使其处于不稳定状态。如应力超过合金的屈服强度时，常使铸件产生变形，变形可减小其应力。变形方向是：受拉应力的部位向内凹；受压应力的部位向外凸。

车床床身（图 2－9）的导轨部分因较厚而存在拉应力，侧壁部分因较薄而受压应力，容易使床身铸件导轨面产生下凹。平板铸件（图 2－10）中心部分较边缘散热慢，受拉应力，边缘部分受压应力，而铸型上面比下面冷却快，使平板产生变形。

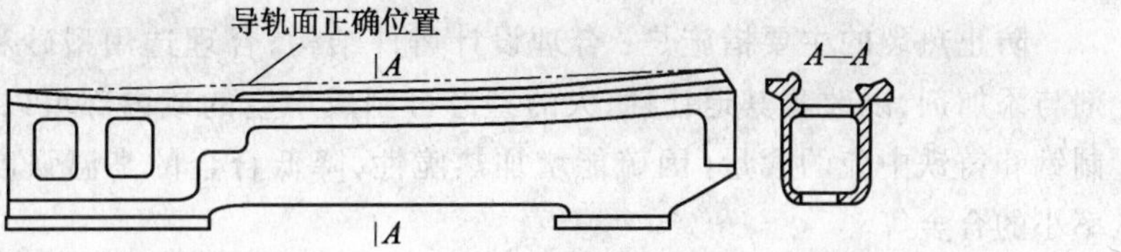

图 2－9　车床床身挠曲变形

为防止变形，在铸件设计时，应力求壁厚均匀、形状简单与对称（图 2－11c）。对于细而长、大而薄等易变形铸件，可将模样制成与铸件变形方向相反的形状，待铸件冷却时变形正好与相反的形状抵消（此法称“反变形法”）。此外，在铸造工艺上应采取措施使铸件同时凝固；在铸件上附加工艺筋（或称工艺肋），使之承受部分拉应力（工艺筋在铸件热处理消除应力后去掉）等，均可防止或减少铸件变形。

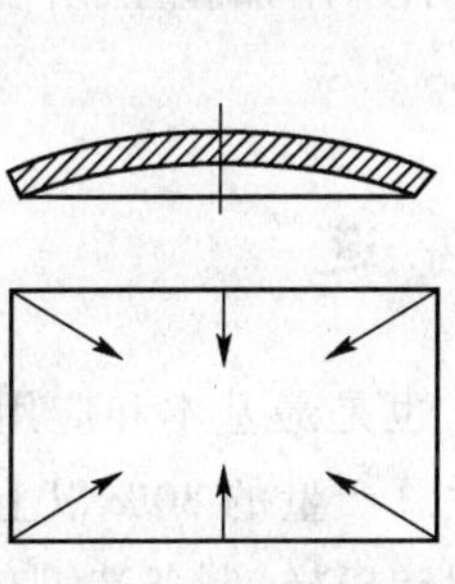

图 2－10　平板铸件的变形

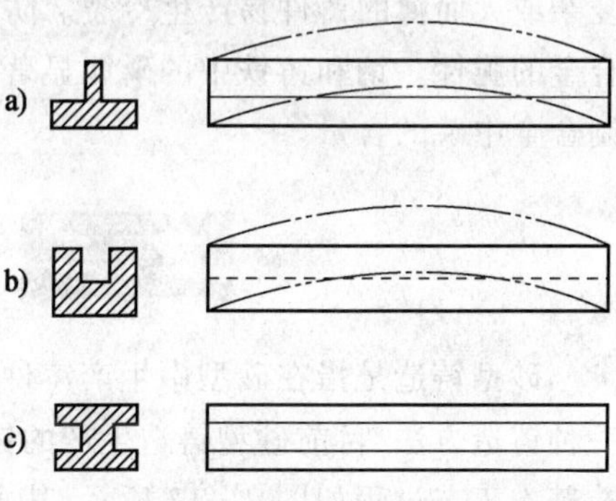

图 2－11　铸件结构对变形的影响

实践证明，铸件变形后虽可消除部分应力，但仍有部分应力保留在铸件内（称此部分应力为残留应力）。此外，经切削加工后铸件还会因应力的重新分布而变形，使零件丧失精度。因此，对于重要的、精密的铸件（如车床床身等）必须采用自然时效或去应力退火等方法，将残留应力有效地去除。

(3) 铸件的裂纹与防止　当铸造应力超过合金的强度极限时，铸件便会产生裂纹。裂纹是铸件的严重缺陷，它分为热裂与冷裂两种。

① 热裂　热裂是在凝固后期或凝固后在较高温度下形成的。此时，结晶出来的固体已形成完整的骨架，开始进入固态收缩阶段，但晶粒间还有少量液体，因此合金的强度很低。如果合金的固态收缩受到铸型或型芯的阻碍，使收缩应力超过了该温度下合金的强度，则发生热裂。热裂纹具有裂纹短、缝隙宽、形状曲折、断面严重氧化、无金属光泽、裂纹沿晶界产生和发展等特征。热裂是铸钢和铝合金铸件常见的缺陷。热裂一般产生在应力集中部位（尖角、断面突变处）或热节处。

防止热裂的主要措施是：合理设计铸件结构；合理选用型砂和芯砂的粘结剂与添加剂，以改善其退让性；大的型芯可制成中空的或内部填以焦炭；严格限制钢和铸铁中硫的含量（因硫能增加热脆性，降低合金的高温强度）；选用收缩率小的合金等。

② 冷裂　铸件的热应力和收缩应力的总和如大于该温度下合金的强度时，则产生冷裂。冷裂是铸件凝固后在较低温度下形成的，常出现在铸件受拉伸的部位，特别是应力集中处（例如尖角、缩孔、气孔、夹渣等缺陷附近）。有些冷裂纹在铸件落砂时未形成，而是在铸件清理、搬运或切削加工时受振击才出现的。冷裂纹细小、外形规则、表面光滑，呈连续直线状或圆滑曲线状，裂口宽度均匀，裂纹常穿过晶粒延伸到整个断面，有金属光泽或呈轻微氧化色。

脆性大、塑性差的合金（例如高碳钢和某些合金钢）以及壁厚差别大、形状复杂或大而薄的铸件易产生冷裂。防止冷裂的主要措施是减小铸造应力或降低合金的脆性。钢和铸铁中的磷能显著降低合金的韧性，增加脆性，所以应严格控制合金中磷的含量。

第二节　砂型铸造

砂型铸造是指在砂型中生产铸件的铸造方法，也是最基本和应用最广泛的一种铸造方法，目前砂型铸造生产的铸件约占铸件总产量的 80% 以上。砂型铸造基本工艺过程如图 2－12 所示，其主要工序为制造模样、制备造型（芯）材料、造型、造芯、合型、熔炼、浇注、落砂、清理和检验等。

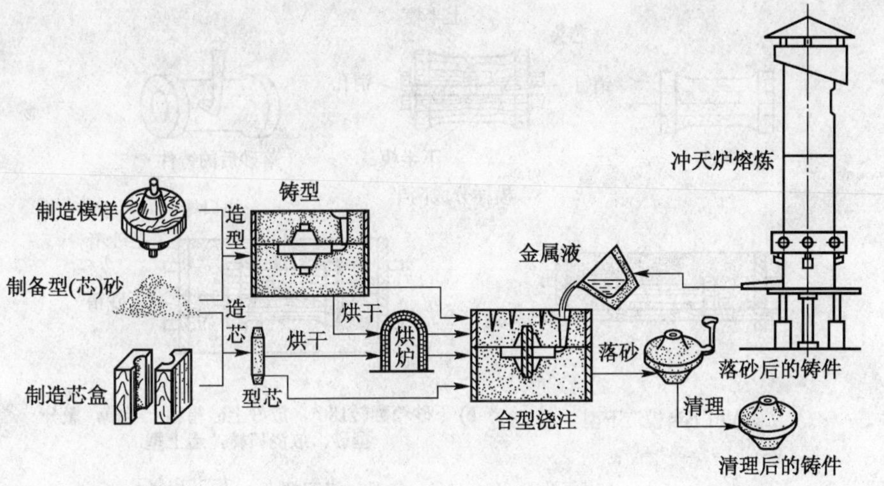

图 2-12 砂型铸造基本工艺过程

一、各种造型方法的特点和应用

造型是砂型铸造的最基本工序,通常分为手工造型和机器造型两大类。造型是指用型砂及模样等工艺装备制造砂型的方法和过程。

1. 手工造型方法的特点和应用

目前手工造型方法在铸造生产中应用很广。手工造型时最主要的紧砂和起模两道工序是用手工完成的。手工造型具有操作灵活、适应性强、工艺装备简单、生产准备时间短、成本低等优点。但铸件质量较差、生产率低、劳动强度大、要求工人技术水平较高,因此主要用于单件小批生产,特别是重型和形状复杂的铸件生产。

手工造型方法很多,应用最广的是两箱分模造型法,其工艺过程如图 2-13 所示。生产中应根据铸件的尺寸、形状、技术要求、生产批量、生产周期和生产条件等因素,合理地选择造型方法。这对保证铸件质量、提高生产率、降低生产成本是很重要的。各种手工造型方法的特点和适用范围见表 2-1。

2. 机器造型的特点和应用

机器造型是现代铸造生产的基本方式,它主要是将紧砂和起模两工序的操作实现了机械化。较完善的造型机还可使全部造型过程(包括填砂、搬运和翻转砂箱等)自动进行。机器造型与手工造型相比,可提高生产率、铸件精度和表面质量,铸件加工余量小,改善了劳动条件。但它需要专用设备、专用砂箱和模板,投资较大,只有在大批量生产时才能显著降低铸件成本。

机器造型是采用模板进行两箱造型的(因不能紧实中型,故不能进行三箱造型)。模板是模样和模底板的组合体,一般带有浇口模、冒口模和定位装置。

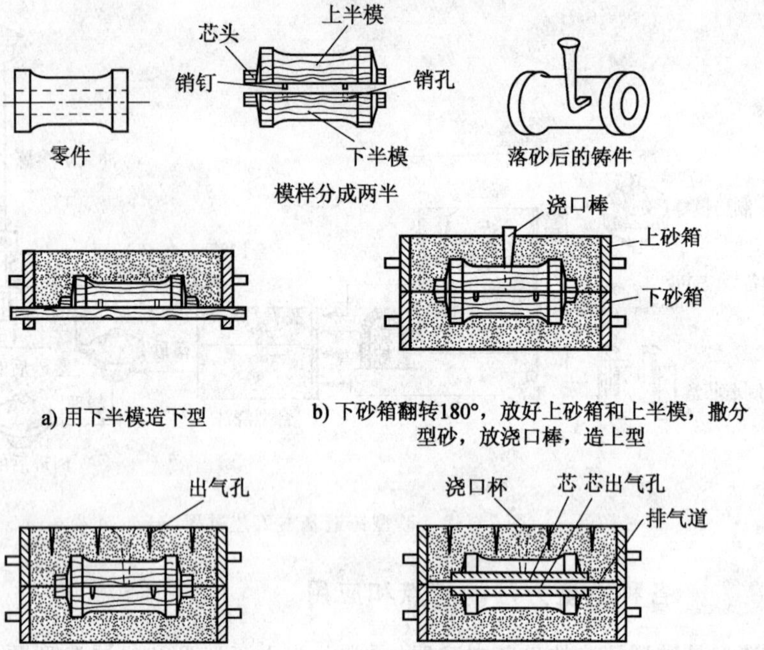

a) 用下半模造下型　b) 下砂箱翻转180°，放好上砂箱和上半模，撒分型砂，放浇口棒，造上型

c) 拔浇口棒，开外浇口，扎出气孔　d) 起模，开内浇道，下芯，开排气道，合型

图 2－13　两箱分模造型工艺过程

表 2－1　各种手工造型方法的特点和适用范围

造型方法		主要特点	适用范围
按砂箱特征分类	两箱造型	最基本的造型方法，铸型由上型和下型构成，操作方便	各种生产批量和各种尺寸铸件
	三箱造型	铸型由上、中、下三型构成。中型高度须与铸件两个分型面的间距相适应。三箱造型操作费工，且需配有合适的砂箱	单件小批生产。具有两个分型面的铸件
	脱箱造型	在可脱砂箱内造型，合型后浇注前，将砂箱取走，重新用于新的造型。用一个砂箱可重复制作很多铸型，节约砂箱。需用型砂将铸型周围填实，或在铸型上加套箱，以防浇注时错型	生产小铸件。因砂箱无箱带，所以砂箱尺寸小于 400 mm × 400 mm × 150 mm
	地坑造型	在地面以下的砂坑中造下型，不用砂箱或只用上箱，大铸件需在砂床下面铺以焦炭，埋上出气管，以便浇注时引气。减少了制造砂箱的费用和时间，但造型费工，劳动量大，要求工人技术水平较高	砂箱不足，或生产批量不大、质量要求不高的铸件，如砂箱压铁、炉栅、芯骨等

续表

造型方法		主要特点	适用范围
按模样特征分类	整模造型	模样是整体的，分型面是平面，铸型型腔全部在一个砂箱内。造型简单，铸件不会产生错型缺陷	最大截面在一端，且为平面的铸件
	挖砂造型	模样是整体的，分型面为曲面。为起出模样，造型时用手工挖去阻碍起模的型砂。造型费工，生产率低，要求工人技术水平高	单件小批生产。分型面不是平面的铸件
	假箱造型	克服了挖砂造型的挖砂缺点，在造型前预先作一个与分型面相吻合的底胎，然后在底胎上造下型。因底胎不参加浇注，故称假箱。比挖砂造型简便，且分型面整齐	在成批生产中需要挖砂的铸件
	分模造型	将模样沿最大截面处分为两半，型腔位于上、下两个砂箱内，造型简单，节省工时	形状复杂的、带孔的、最大截面在中部的铸件，应用广泛
	活块造型	铸件上有妨碍起模的小凸台、筋条等，制模时将这些部分作成活动的（即活块）。起模时，先起出主体模样，再从侧面取出活块。造型费工，工人技术水平要求高	单件小批生产。带有突出部分难以起模的铸件
	刮板造型	用刮板代替实体模样造型。可降低模样成本，节约木材，缩短生产周期。但生产率低，要求工人技术水平高	等截面的或回转体的大、中型铸件的单件小批生产，如带轮、铸管、弯头等

模板固定在造型机上，并与砂箱用定位销定位，造型后模底板形成分型面，模样形成铸型型腔。模板上要避免使用活块，否则会显著降低造型机的生产率，造型机上更换模板较困难，一般用两台造型机分别造上型和下型。

造型机常以压缩空气为动力，也可以是液压的。按照不同的紧砂方式，造型机分为很多种，常用的是震压式造型机，其工作原理如图2-14a所示。工作时打开造型机上方的砂斗门向砂箱中放满型砂，压缩空气从震实进气口进入震实活塞的下面，工作台上升过程中先关闭震实进气通路，后打开震实排气口，于是工作台带着砂型下落，与压实活塞的顶部产生了一次撞击。压缩空气再次进入震实活塞下面，重复上述动作产生撞击，如此反复震击，可使型砂在惯性力作用下被初步紧实。为提高砂型上层型砂的紧实度，在震实后还应使压缩空气从压实进气口进入压实气缸的底部，压实活塞带动工作台上升，在压头作用下，使型砂受到辅助压实。

型砂紧实后，压缩空气推动压力油进入起模油缸，四根起模顶杆将砂型顶起，使砂型与模样分开，完成起模（图 2－14b）。

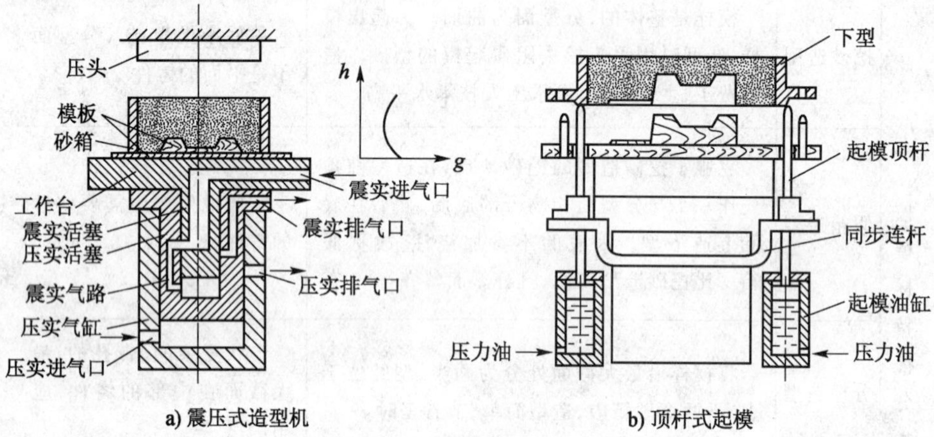

图 2－14　震压式造型机的工作原理

h—砂箱高度；g—型砂紧实度

机器造型方法很多，常用的各种造型方法的特点和应用见表 2－2。

表 2－2　各种机器造型方法的特点和应用

型砂紧实方法	主要特点	适用范围
压实紧实	用较低比压（砂型单位面积上所受的压力，MPa）压实砂型。机器结构简单、噪声小、生产率高、消耗动力少。型砂的紧实度沿砂箱高度方向分布不均匀，越往下越小	成批生产，高度小于 200 mm 的铸件
高压紧实	用较高比压（大于 0.7 MPa）压实砂型。砂型紧实度高，铸件精度高，粗糙度 Ra 值小，废品率低，生产率高，噪声低、灰尘少，易于机械化、自动化；但机器结构复杂，制造成本高	大批量生产，中、小型铸件，如汽车、机车车辆、纺织机械、缝纫机等产品

续表

型砂紧实方法	主要特点	适用范围
震击紧实	依靠震击力紧实砂型。机器结构简单,制造成本低;但噪声大,生产率低,要求厂房基础好。砂型紧实度沿砂箱高度方向越往下越大	成批生产,中、小型铸件
震压紧实	经多次震击后再加压紧实砂型。生产率较高,能量消耗少,机器磨损少,砂型紧实度较均匀,但噪声大	成批生产,中、小型铸件
微震压实	在加压紧实型砂的同时,砂箱和模板作高频率、小振幅震动。生产率较高,紧实度较均匀,噪声较小	成批生产,中、小型铸件
抛砂紧实	用机械的力量,将砂团高速抛入砂箱,可同时完成填砂和紧实两工序。生产率高,能量消耗少,噪声小,型砂紧实度均匀,适应性广	单件小批生产,成批、大量生产,大、中型铸件或大型芯
射压紧实	用压缩空气将型(芯)砂高速射入砂箱,同时完成填砂、紧实两工序,然后再用高比压压实砂型。生产率高,紧实度均匀,砂型型腔尺寸精确,表面光滑,劳动强度小,易于自动化生产;但造型机调整、维修复杂	大批大量生产形状简单的中、小型铸件
气冲造型	用燃气或压缩空气瞬间膨胀所产生的压力波紧实型砂。型砂紧实度高、均匀,铸件精度较高,设备结构简单,易维修且能耗低,噪声小	成批、大量生产中型与小型形状复杂的铸件,在汽车、拖拉机、纺织机械中应用较广
负压造型(真空密封造型、V法造型)	型砂不含水和粘结剂,被密封在特制的砂箱与塑料膜之间,抽真空借助负压,使干砂紧实成型。起模后浇注,冷凝后解除负压,即可开箱落砂。设备投资较少,铸件精度高、表面光滑,落砂方便,旧砂处理简便,能耗和环境污染较小,生产率较低,形状复杂件覆膜较困难	单件、小批生产形状中等复杂的铸件,如叉车配重块、艺术铸件、大型标牌、浴缸等

二、铸造工艺图

为保证铸件质量,提高生产率,降低成本,铸造生产必须首先根据零件结构特点、技术要求、生产批量和生产条件等进行铸造工艺设计,并绘制铸造工艺图。铸造工艺图是表示铸型分型面、浇冒口系统、浇注位置、型芯结构尺寸、控制凝固措施(冷铁、保温衬板)等的图样。它是按规定的工艺符号或文字、数字,将制造模样和铸型所需的资料,用红蓝笔直接绘在零件图上的图样,也可单独绘制工艺图样。铸造工艺图是制造模样、模板、铸型、生产准备和验收的最基本工艺文件。

1. 浇注位置的选择

浇注位置是指浇注时铸件在铸型内所处的位置。分型面为水平、垂直或倾斜时,分别称为水平浇注、垂直浇注或倾斜浇注。一般铸件的造型位置与浇注位置是一致的,个别情况下不同。浇注位置对铸件质量有很大影响,选择时应考虑以下原则:

(1) 铸件的重要加工面或主要工作面应位于型腔底面或侧面。这是因为气体、夹杂物易漂浮在型腔上部,上部易形成砂眼、气孔、夹渣等缺陷。型腔下部金属质量好、组织致密均匀,缺陷比上部少。当铸件有数个面要加工时,应使较大的面位于型腔下部,并对处于上部的面采用加大加工余量的办法来保证质量。

如图 2－15 所示,床身导轨是重要的加工面,要求组织均匀致密和硬度高,不允许有缺陷,质量要求高,因此应使导轨面处于型腔下部。

对表面质量要求均匀一致,不允许有铸造缺陷,质量要求高的轮类和圆筒类铸件应使圆周表面处于型腔侧面,如图 2－16b 所示。图 2－16a 虽便于采用两箱造型,合型方便,但上部圆周表面的质量难以保证。

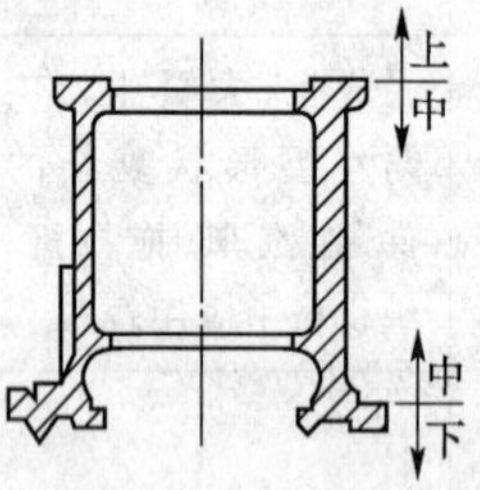

图 2－15　床身的浇注位置

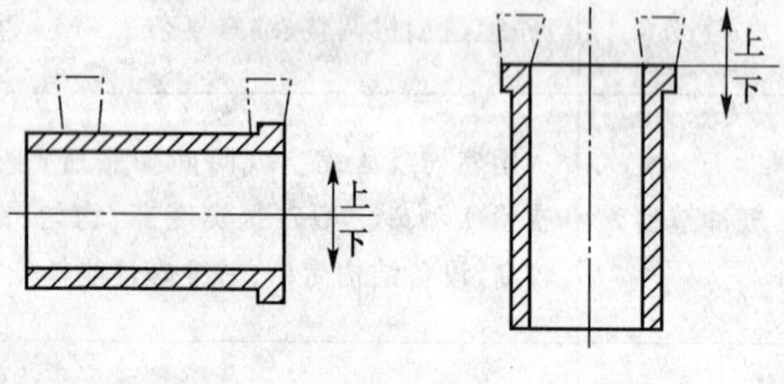

a) 不合理　　b) 合理

图 2－16　吊车卷筒的浇注位置

(2) 铸件上宽大的平面应位于型腔下面。这是因为浇注时金属液对型腔上表面烘烤严重,易导致型砂急剧膨胀而拱起或开裂,使铸件产生夹砂结疤等缺陷。图 2－17 为平板类铸件合理的浇注位置。

(3) 铸件上的薄壁应位于型腔的下面或侧面或倾斜,这将有利于金属液的充型,以防产生冷隔或浇不到等缺陷。图 2－18b 为箱盖合理的浇注位置。

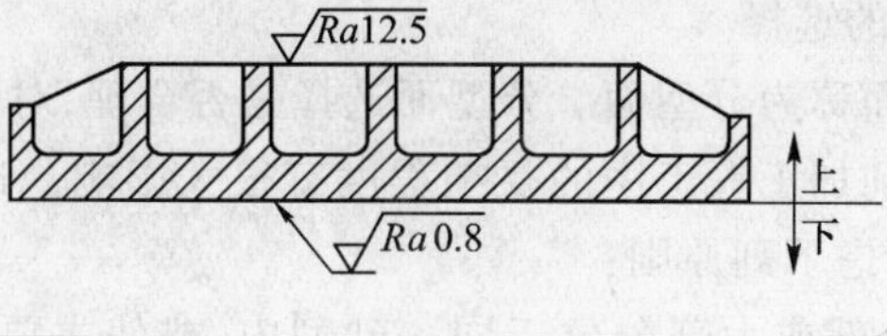

图 2－17　平板的浇注位置

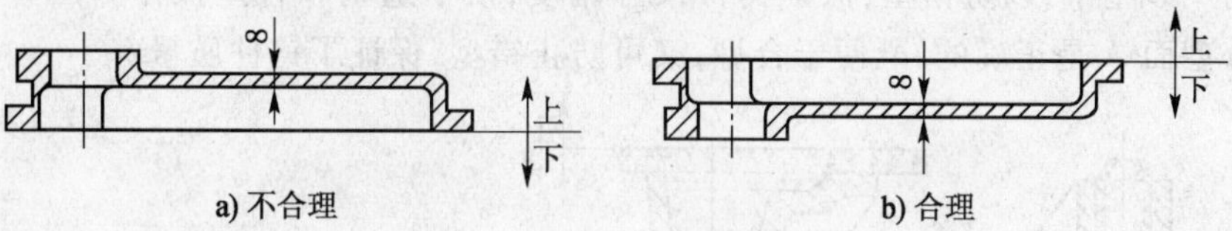

图 2－18　箱盖的浇注位置

（4）易形成缩孔的铸件应将截面较厚的部分放在型腔的上部或侧面，以便于安置浇冒口进行补缩，如图 2－19 所示。

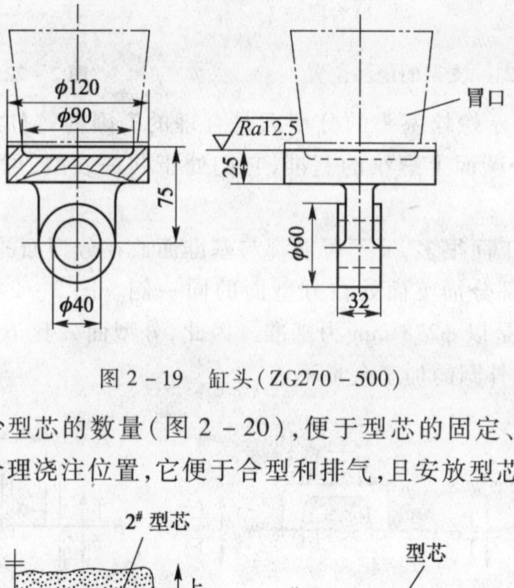

图 2－19　缸头（ZG270－500）

（5）应能减少型芯的数量（图 2－20），便于型芯的固定、排气和检验。图 2－21b为支架的合理浇注位置，它便于合型和排气，且安放型芯牢固。

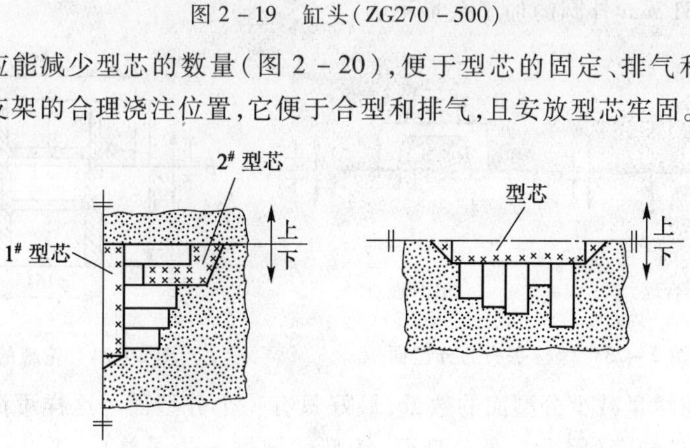

图 2－20　从减少型芯数量来确定浇注位置

2. 铸型分型面的选择

砂型间的结合面称为分型面。分型面选择是否合理，对于铸件质量，以及制模、制芯、合型和切削加工等工序的复杂程度有很大影响。选择时，应在保证铸件质量的前提下，考虑下列原则：

(1)应使铸件全部或大部分位于同一砂型内，或使主要加工面与基准面处于同一砂型中，以防错型，保证铸件尺寸精度，便于造型和合型操作。图 2－22 中分型面 A 是正确的，既便于合型，又可防止错型，保证了铸件质量。

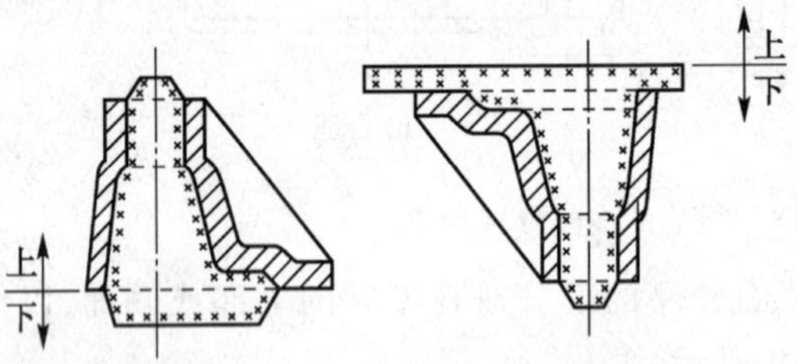

a) 不合理　　b) 合理

图 2－21　支架的浇注位置

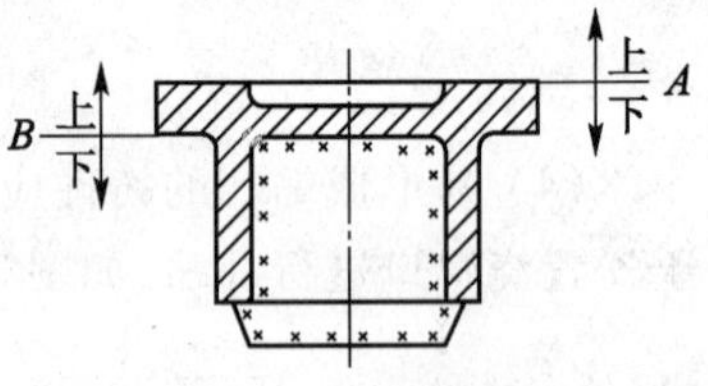

图 2－22　铸件的分型面

图 2－23b 所示螺栓塞头的分型面是合理的。因为铸件上部的方头（夹具夹紧处）是车削外圆面上螺纹的基准，它们处于同一砂型，可避免错型，保证铸件质量。

若铸件的加工面很多，又不可能都与基准面放在分型面的同一侧时，则应使加工基准面与大部分加工面处在分型面的同一侧。图 2－24 轮毂铸件在加工 ϕ161 mm 外圆时是以 ϕ278 mm 为基准。因此，分型面 A 比 B 好，否则容易因错型而使 ϕ161 mm 外圆的加工余量不够。

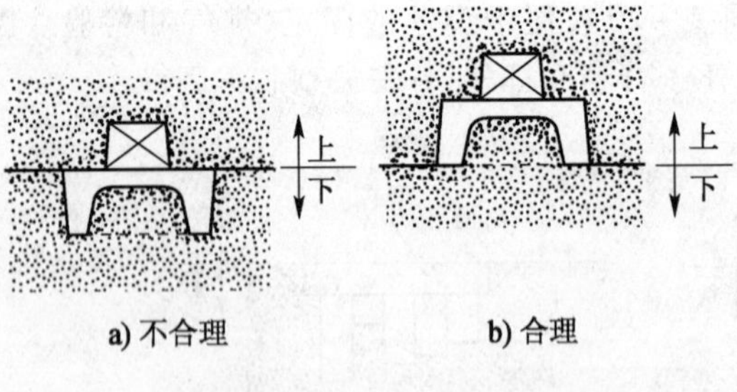

a) 不合理　　b) 合理

图 2－23　螺栓塞头的分型面

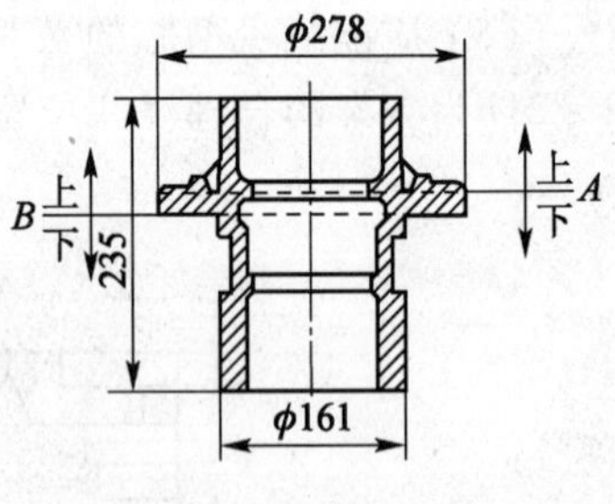

图 2－24　轮毂的分型面

(2) 应尽量减少分型面的数量，最好只有一个分型面。这样可简化操作过程，提高铸件精度（因多一个分型面，铸型就增加一些误差）。图 2－25 为绳轮铸件，在大批量生产时，采用图中所示的环状型芯，可将原来两个分型面（三箱造型）减为一个，使之变成工艺简便的两箱造型，便于在造型机上生产。

(3) 应尽量使型腔和主要型芯处于下型,以便于造型、下芯、合型及检验型腔尺寸。但下型的型腔也不宜过深,并力求避免使用吊芯和大的吊砂。图2-26所示的两种分型面方案虽然都便于在下芯时检查铸件壁厚,但方案Ⅱ可使型腔及型芯的大部分都位于下型;上型型腔浅,形状简单,这可减低上型高度,有利于起模和翻型操作。

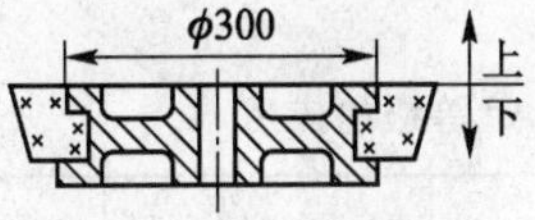

图 2-25 绳轮铸件

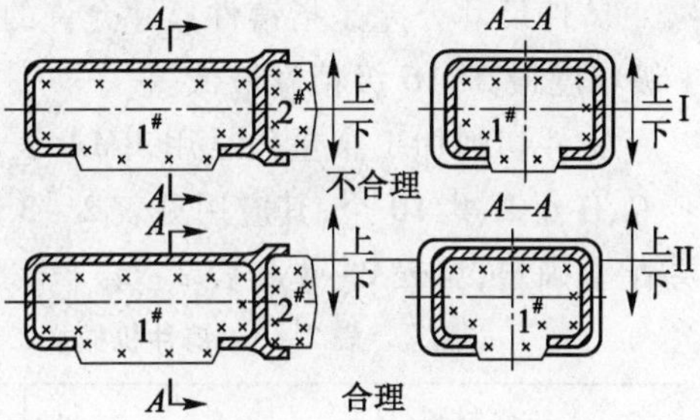

图 2-26 机床立柱

(4) 应尽量选用平直面作分型面,少用曲面,以简化制模和造型工艺。图2-27中 *A* 分型面为平面,可用分模造型。如用俯视图中 *B* 弯曲面为分型面,则需用挖砂或假箱造型。即使是大批量生产,也会使模板的制造成本增加。

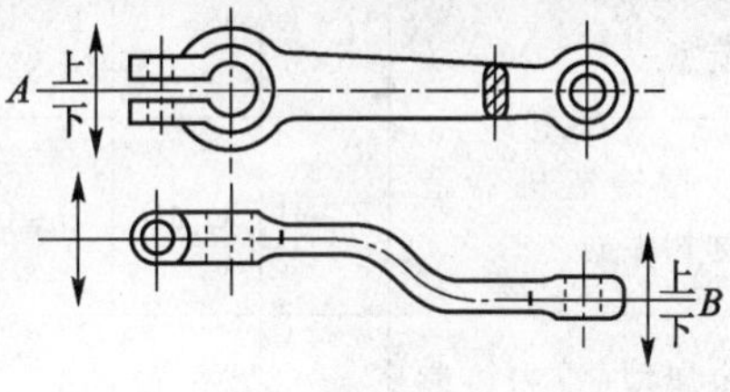

图 2-27 起重臂铸件的分型面

(5) 应尽量减少型芯和活块的数量,以简化制模、造型、合型等工序。

(6) 分型面应选在铸件的最大截面处,以保证从铸型中取出模样,而不损坏铸型。

具体选择铸件分型面时,难以全面符合上述原则。为保证铸件质量,应尽量避免合型后翻转砂型。一般应首先确定浇注位置,再考虑分型面。对于质量要求不高的铸件,应先选择能使工艺简化的分型面,而浇注位置的选择则处于次要地位。

3. 工艺参数的确定

(1) 切削加工余量 为保证铸件加工面尺寸和零件精度,在铸造工艺设计时预先增加在切削加工时切去的金属层厚度,称为加工余量。其大小取决于铸件的材料、铸造方法、铸件尺寸与复杂程度、生产批量、加工面在铸型中的位置、加工质量要求等。灰铸铁件表面较平整,加工余量小;铸钢件因浇注温度高,表面粗糙,变形大,加工余量应比铸铁件大;有色金属件表面光洁,且材料昂贵,加工余量比铸铁小;手工造型、单件生产、铸件尺寸较大、形状复杂、加工质量要求较高及在型腔上部的加工面，加工余量应大些；大批量生产，因使用机器造型，工艺装备完善，故加工余量可小些。

加工余量过大会浪费材料和增加加工工时；加工余量过小，不易保证加工面质量。加工余量一般根据铸件尺寸公差等级、加工余量等级、最大尺寸范围等查表确定，并应根据实际生产条件加以修正。

铸件尺寸公差是指铸件尺寸允许的极限偏差，用代号 CT 表示，共分 16 级，1 级精度最高，16 级精度最低。

铸件切削加工余量代号用 RMA 表示，其等级由精到粗分为 A、B、C、D、E、F、G、H、J、K 共 10 个，其应用见表 2-3。铸件加工余量等级通常和铸件尺寸公差配套确定，见表 2-4 和表 2-5。

表 2-3 铸件机械加工余量(RMA)等级的应用

铸造方法 \ 铸件材料	铸钢	灰铸铁	球墨铸铁	可锻铸铁	铜合金	锌合金	轻金属合金	镍基合金	钴基合金
砂型铸造手工造型	G~K	F~H	F~H	F~H	F~H	F~H	F~H	G~K	G~K
砂型铸造机器造型和壳型	E~H	E~G	E~G	E~G	E~G	E~G	E~G	F~H	F~H
金属型(重力铸造和低压铸造)	—	D~F	D~F	D~F	D~F	D~F	D~F	—	—
压力铸造	—	—	—	—	B~D	B~D	B~D	—	—
熔模铸造	E	E	E	—	E	—	E	E	E

铸件尺寸公差等级和加工余量等级确定后，其加工余量数值可从表 2-6 中选取，表中最大尺寸是指最终机械加工后铸件的最大轮廓尺寸。砂型铸造的铸件，其顶面(相对浇注位置而言)的加工余量等级，比底面、侧面加工余量等级降

表 2-4 用于单件和小批生产与铸件尺寸公差配套使用的加工余量等级
(摘自 GB/T 11350—1989)

造型材料	CT/RMA					
	铸钢	灰铸铁	球墨铸铁	可锻铸铁	铜合金	轻金属合金
干、湿型砂	15~13/J	15~13/H	15~13/H	15~13/H	15~13/H	13~11/H
自硬砂	14~12/J	13~11/H	13~11/H	13~11/H	12~10/H	12~10/H

表 2-5 用于成批和大量生产与铸件尺寸公差配套使用的加工余量等级（摘自 GB/T 11350—1989）

铸造方法 \ 铸件材料	CT/RMA					
	铸钢	灰铸铁	球墨铸铁	可锻铸铁	铜合金	轻金属合金
砂型手工造型	13~11/J	13~11/H	13~11/H	13~11/H	12~10/H	11~9/H
砂型机器造型及壳型	10~8/H	10~8/G	10~8/G	10~8/G	10~8/G	9~7/G
金属型和低压铸造	—	9~7/F	9~7/F	9~7/F	9~7/F	8~6/F
压力铸造	—	—	—	—	8~6/D	7~5/D
熔模铸造	7~5/E	7~5/E	7~5/E	—	6~4/E	6~4/E

表 2-6 铸件机械加工余量（RMA）（摘自 GB/T 6414—1999） mm

最大尺寸		机械加工余量等级									
大于	至	A	B	C	D	E	F	G	H	J	K
—	40	0.1	0.1	0.2	0.3	0.4	0.5	0.5	0.7	1	1.4
40	63	0.1	0.2	0.3	0.3	0.4	0.5	0.7	1	1.4	2
63	100	0.2	0.3	0.4	0.5	0.7	1	1.4	2	2.8	4
100	160	0.3	0.4	0.5	0.8	1.1	1.5	2.2	3	4	6
160	250	0.3	0.5	0.7	1	1.4	2	2.8	4	5.5	8
250	400	0.4	0.7	0.9	1.3	1.4	2.5	3.5	5	7	10
400	630	0.5	0.8	1.1	1.5	2.2	3	4	6	9	12
630	1000	0.6	0.9	1.2	1.8	2.5	3.5	5	7	10	14

注：等级 A 与 B 仅用于特殊场合。

一级选用，例如尺寸公差等级为 CT10 级，底面（侧面）的加工余量等级为 G 级，顶面为 H 级；砂型铸造孔的加工余量等级可采用与顶面加工余量相同的等级；单件小批生产时，铸件上不同的加工表面，允许采用相同的加工余量数值。

确定旋转体的加工余量时，最大尺寸取其直径或高度（长度）中较大的那个尺寸。

表 2-7 铸件的尺寸公差(摘自 GB/T 6414—1986)

铸件基本尺寸/mm		公差等级 CT															
大	至	1	2	3	4	5	6	7	8	9	10	11	12	13	14	15	16
—	10	—	—	0.18	0.26	0.36	0.52	0.74	1.0	1.5	2.0	2.8	4.2	—	—	—	—
10	16	—	—	0.20	0.28	0.38	0.54	0.78	1.1	1.6	2.2	3.0	4.4	—	—	—	—
16	25	—	—	0.22	0.30	0.42	0.58	0.82	1.2	1.7	2.4	3.2	4.6	6	8	10	12
25	40	—	—	0.24	0.32	0.46	0.64	0.90	1.3	1.8	2.6	3.6	5.0	7	9	11	14
40	63	—	—	0.26	0.36	0.50	0.70	1.0	1.4	2.0	2.8	4.0	5.6	8	10	12	16
63	100	—	—	0.28	0.40	0.56	0.78	1.1	1.6	2.2	3.2	4.4	6	9	11	14	18
100	160	—	—	0.30	0.44	0.62	0.88	1.2	1.8	2.5	3.6	5.0	7	10	12	16	20
160	250	—	—	0.34	0.50	0.70	1.0	1.4	2.0	2.8	4.0	5.6	8	11	14	18	22
250	400	—	—	0.40	0.56	0.78	1.1	1.6	2.2	3.2	4.4	6.2	9	12	16	20	25
400	630	—	—	—	0.64	0.90	1.2	1.8	2.6	3.6	5	7	10	14	18	22	28
630	1000	—	—	—	—	1.0	1.4	2.0	2.8	4.0	6	8	11	16	20	25	32

注:1. CT1 和 CT2 没有规定公差值,是为将来可能要求更精密的公差保留的。

2. CT13 至 CT16 小于或等于 16 mm 的铸件基本尺寸,其公差值需单独标注,可提高 2~3 级。

3. 壁厚尺寸公差可降一级选用,即图样上的一般尺寸公差为 CT10,则壁厚尺寸公差为 CTⅡ。

4. 铸件尺寸公差带应对称分布,即公差的一半取正值,一半取负值,但有特殊要求时,也可采用非对称设置,并应在图样上注明或在技术文件中说明。铸件的倾斜部位,其尺寸公差应沿倾斜面对称标注,公差值按铸件基本尺寸从本表选取。

在铸件图样或技术文件中应标出加工余量等级。例如,标注 CT10RMAH/G,表示尺寸公差为 10 级,斜线下为底面(侧面)加工余量等级 G,斜线上为顶面加工余量等级 H。

加工余量确定后,可算出铸件基本尺寸(加工面基本尺寸加上加工余量数值),然后根据已确定的铸件尺寸公差等级,由表 2-7 查出铸件尺寸公差值。

(2) 收缩余量 收缩余量是指为补偿铸件收缩,模样比铸件图样尺寸增大的数值。收缩余量一般根据铸件线收缩率 ε 来确定

$$\varepsilon = \frac{L_{模} - L_{铸件}}{L_{模}} \times 100\%$$

式中:$L_{模}$、$L_{铸件}$ 分别表示同一尺寸在模样、铸件上的长度。

ε 主要取决于金属种类,也与铸件结构、大小、壁厚及收缩时受阻情况有关。为保证铸件尺寸,模样或芯盒尺寸必须增大一个收缩余量。通常灰铸铁的线收

缩率为0.7%～1.0%，铸钢为1.6%～2.0%，有色金属为0.8%～2%。

（3）起模斜度　起模斜度是指为使模样容易从铸型中取出或型芯自芯盒脱出，在平行于起模方向的模样（或芯盒）壁上所增加的斜度，如图2－28所示，用角度α或宽度a表示。

起模斜度大小与模样壁的高度、造型方法、模样材料等有关，一般为15′～3°或a＝0.4～4.4 mm。壁越高，斜度越小；外壁斜度比内壁小；金属模样、机器造型的斜度比木模、手工造型小。设计起模斜度的方法如图2－29所示，增加壁厚法常用于壁厚小于8 mm的侧面；加减壁厚法（一端加壁厚，另一端减壁厚）常用于壁厚为8～12 mm的侧面；减小壁厚法常用于壁厚大于12 mm的侧面。

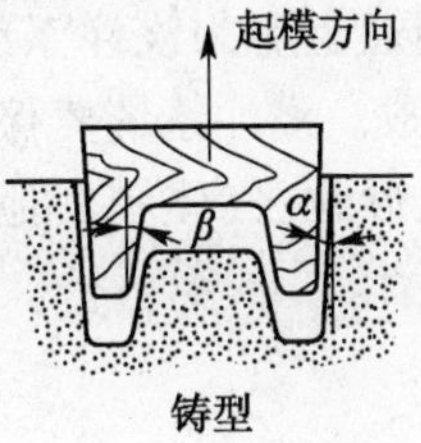

图2－28　起模斜度

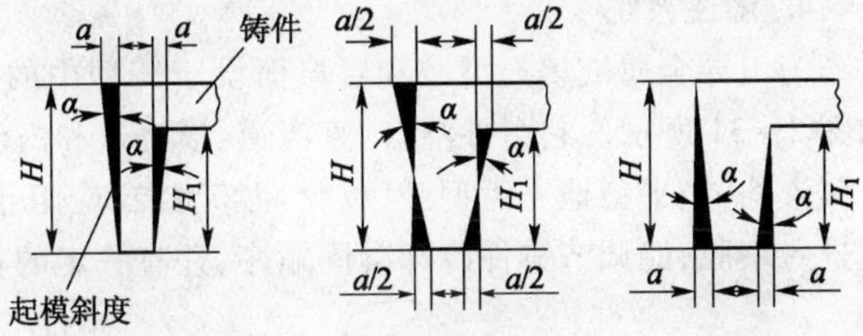

a) 增加壁厚法　b) 加减壁厚法　c) 减少壁厚法

图2－29　起模斜度的设计方法

H、H_1—高度；α—起模斜度；a—宽度

（4）芯头　芯头是指型芯（芯子、芯）的外伸部分，不形成铸件轮廓，只落入芯座内，用于定位和支承型芯。芯座是指铸型中专为放置型芯芯头的空腔。

芯头形状和尺寸对于型芯在合型时的工艺性和稳定性影响很大，设计时应使型芯定位准确、安放牢固、排气顺利。芯头分垂直芯头和水平芯头两类，如图2－30所示。垂直的型芯一般有上、下芯头，短而粗的型芯也可不留上芯头。芯头高度主要取决于芯头直径。为增加芯头稳定性和可靠性，下芯头斜度小

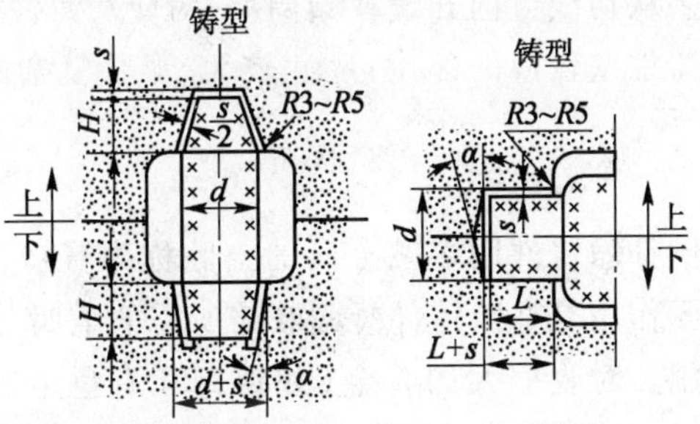

a) 垂直芯头　b) 水平芯头

图2－30　芯头的构造

(5°~10°)、高度大;为易于合型,上芯头斜度大(6°~15°)、高度小。水平芯头的长度主要取决于芯头直径和型芯长度。为便于下芯及合型,芯座端部也应有一定的斜度。

为便于铸型装配,芯头与铸型芯座之间应留 1~4 mm 的间隙 s。

(5) 孔与槽　铸件上较大的孔应铸出,以节约材料和加工工时,但小孔、小槽一般不铸出,待切削加工时切出,以免使造型工艺复杂或因铸孔偏斜给切削加工带来困难,经济上也不合算。一般铸铁件孔径小于 30 mm(单件小批)、小于 15 mm(成批)、小于 12 mm(大量)和铸钢件孔径小于 50 mm(单件小批)、小于 30 mm(成批)可不铸出。

4. 浇注系统

为引导金属液填充型腔和冒口而设于铸型中的一系列通道称为浇注系统,如图 2-31 所示。它由外浇口、直浇道、横浇道和内浇道组成。浇注系统要保证金属液均匀、平稳地充满型腔,以免冲坏型腔;应阻止熔渣、砂粒、气体和其他杂质进入型腔;能调节铸件冷却凝固顺序,并有一定的补缩能力。

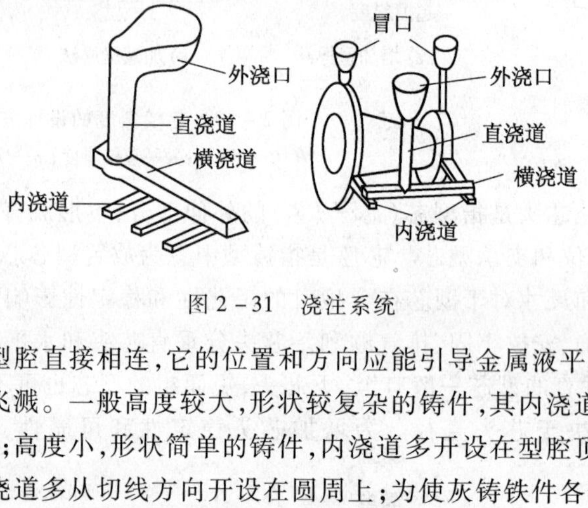

图 2-31　浇注系统

内浇道与型腔直接相连,它的位置和方向应能引导金属液平稳地流入型腔,不能发生冲击飞溅。一般高度较大,形状较复杂的铸件,其内浇道应开设在型腔底部,称底注式;高度小,形状简单的铸件,内浇道多开设在型腔顶部,称顶注式;圆形铸件的内浇道多从切线方向开设在圆周上;为使灰铸铁件各部分均匀冷却,常将内浇道开设在铸件壁较薄的部位;尺寸较大、形状复杂的薄壁铸件,可在多处开设内浇道。

5. 冒口

在铸型内储存供补缩铸件用熔融金属的空腔称为冒口,也指该空腔中充填的金属。冒口的主要作用是补给铸件凝固收缩所需的金属,避免产生缩孔,有时也起排气集渣的作用。对收缩大的合金(如铸钢和有色金属)必须考虑设置合适尺寸的冒口。冒口中的金属液应最后凝固,它的位置一般设在铸件的最高或最厚处。灰铸铁因收缩小,其冒口主要是在浇注时排出型腔内的气体,以使铁液迅速充满型腔和观察铸型是否浇满,所以冒口尺寸较小,又称出气口,它应设置在型腔的最高处和距离内浇道较远的地方。小的灰铸铁件一般不用出气口。

明冒口的表面露出上型，靠金属液静压力补缩，其造型方便、操作灵活，便于浇注时补充金属液，应用广泛，但补缩效率低，消耗金属多。在成批、大量生产中常用暗冒口，暗冒口的高度不伸出铸型顶面，全部冒口被型砂覆盖，暗冒口散热慢，补缩效率高，便于对铸件侧面或下部进行补缩（图 2－6）。

三、铸件技术要求

铸造工艺图是指导铸件生产的重要工艺文件，但工艺图不能完全表示出铸件的质量要求。为使铸件能满足使用要求，必须对其提出一定的技术要求，以此作为工艺图的补充说明。技术要求的内容是在工艺图上无法表达的技术性能指标，也是铸件质量检验的依据之一。

铸件技术要求根据合金种类不同而异，其主要内容如下：

1. 力学性能要求

各种合金必须满足该牌号所规定的力学性能指标。例如灰铸铁，强度极限是其检验的主要项目；碳钢则应测定强度极限、屈服强度、断后伸长率或断面收缩率等。

2. 外观质量要求

铸件几何形状必须符合铸件图样要求，允许有一定的尺寸偏差，但不能有浇不到、冷隔和粘砂等缺陷。浇注系统、冒口、夹砂结疤等均应铲除。但对某些不影响铸件使用性能的缺陷，在不严重影响外观质量的条件下允许修补。一般允许浇冒口残根为 2～5 mm，对熔模铸件及压铸件取下限；对砂型铸件（特别是大尺寸铸件）取上限。

3. 内部组织及化学成分要求

铸件内部组织必须符合有关规定。加工后的配合表面不能有气孔、缩孔等缺陷，但对非配合表面允许在一定范围内存有这些缺陷。

对于有金相组织要求的铸件，例如球墨铸铁件，必须符合该合金牌号所规定的金相组织。对于各种牌号的铸钢件，则必须符合其规定的化学成分。

4. 热处理要求

钢铁材料铸件在切削加工前，一般都要进行退火处理；对某些特殊铸件，如可锻铸铁件、球墨铸铁件，还必须进行专门的热处理。

5. 特殊要求

在特殊条件下工作的铸件，必须对其提出特殊的技术要求。例如在液压下工作的铸件（水管接头、三通阀、活塞、缸体等），必须经水压试验；对于有气密性要求的铸件，应进行压力（气压或水压）试验等。

四、铸件图(铸造毛坯图)

铸件图是指反映铸件实际形状、尺寸和技术要求的图样。铸件图是根据铸造工艺图绘制的,由图形、工艺符号和文字标注组成,其内容主要有:切削余量、工艺余量、不铸出的孔槽、铸件尺寸公差、加工基准、铸件金属等级、热处理规范、铸件验收技术条件等。

在铸件图上公差、起模斜度、圆角等只标注特殊部位,其余可写在技术要求中;在剖视图上网格部分表示加工余量和不铸出的孔槽等将被切掉的部分。采用非标准加工余量时,应在铸件图上所需的部位直接用符号$\surd$标出,并写出加工余量数值;零件轮廓形状用细双点画线表示,铸件轮廓形状用粗实线表示,在细双点画线与粗实线间标注加工余量数值。

铸件图是铸造生产、技术检验、铸件清理和成品检验的依据,也是设计、制造工艺装备和切削加工的依据。大批量生产或重要铸件应绘制铸件图。

五、气缸套零件的铸造工艺分析

1. 铸件结构、工作条件和技术要求

气缸套是内燃机上的重要零件之一,其结构如图 2 - 32a 所示。零件的轮廓尺寸为 ϕ143 mm × 274 mm,平均壁厚为 9 mm,铸件重量为 16 kg。

气缸套工作条件较差,要承受活塞环上万次的往复摩擦及燃气爆炸时的高温和高压作用,其内圆表面是铸件质量要求最高的部位。气缸套质量好坏,对内燃机使用寿命影响很大。

气缸套铸件技术条件要求如下:

(1) 材料为铬钼铜耐磨铸铁,其力学性能与 HT250 相同。

(2) 需作金相检验,其显微组织应为珠光体基体,允许有少量铁素体;不得有渗碳体、莱氏体以及树枝状结构,组织应均匀、致密,质量要求较高。

(3) 不允许有裂纹、气孔、缩孔和缩松等缺陷。

(4) 粗加工后需经退火消除应力,硬度为 210 ~ 240HBW,同一工件硬度差不大于 30HBW。

(5) 加工完毕后,需作水压试验,在 50 MPa 压力下保持 5 min,不得有渗漏和浸润现象。

生产批量:成批生产。

2. 浇注位置的选择

(1) 铸件轴线处于水平位置,易使铸件上部产生砂眼、气孔和夹杂物等缺陷,且组织不致密,耐磨性差,很难满足气缸套的工作条件和技术要求。

(2) 铸件轴线处于垂直位置,可使铸件主要加工面处于铸型侧面,次要的较小凸缘处于上面；采用雨淋式浇注系统（是指金属液由开设在浇口盆底部或横浇道底部的均匀分布的直孔式内浇道注入型腔的顶注式浇注系统）浇注，以控制金属液呈细股流入型腔，减小冲击，铁液上升平稳，如图 2－32c 所示；铸件是顺序凝固，补缩效果好；气体、熔渣易于上浮，不易产生气孔和夹杂物等缺陷；铸件组织致密、均匀、耐磨性好。

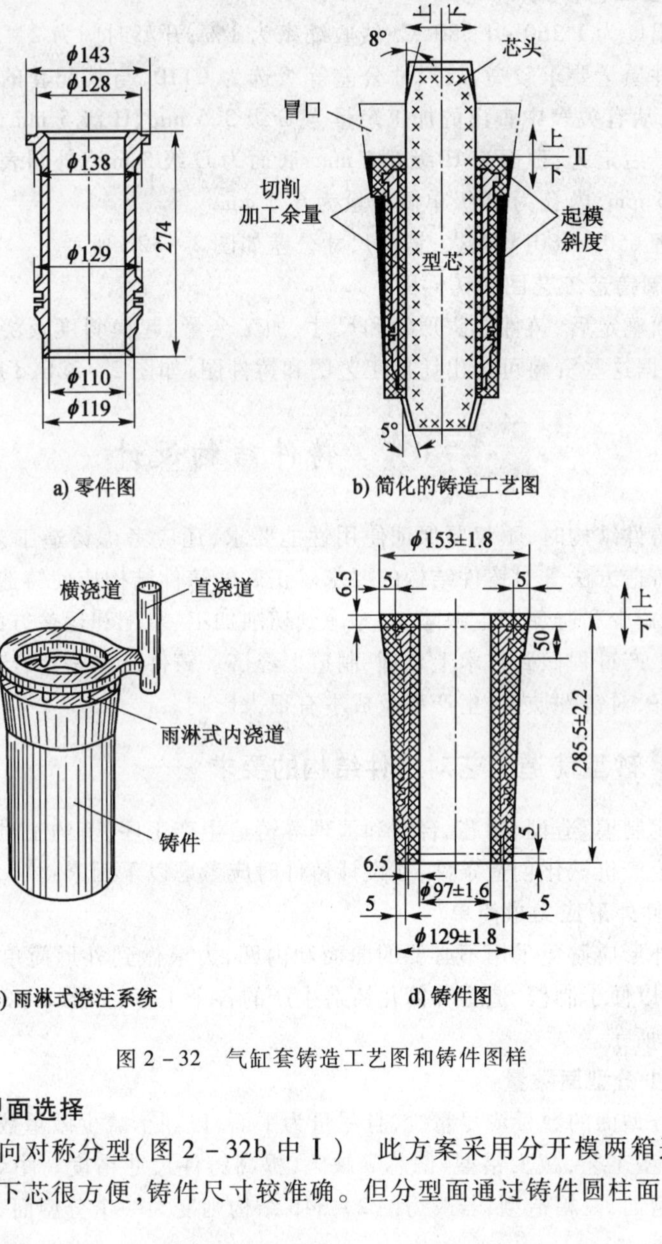

图 2－32 气缸套铸造工艺图和铸件图样

3. 分型面选择

(1) 轴向对称分型（图 2－32b 中 Ⅰ） 此方案采用分开模两箱造型，型腔较浅，造型、下芯很方便，铸件尺寸较准确。但分型面通过铸件圆柱面，会产生飞翅(飞边)和毛刺等缺陷,缺陷不易清除干净,若有微量错型(错箱),就会影响铸件外形。

(2) 径向分型(图 2 - 32b 中Ⅱ) 此方案造型、下芯也比较方便,铸件无飞翅,分型面在铸件一端,毛刺易清除干净,不会发生错型缺陷。

综上分析,本气缸套采用径向分型,水平浇注,机器造型的工艺方案。

4. 主要工艺参数

浇注温度为 1 360 ~ 1 380 ℃;线收缩率为 1%;开型时间为 2 ~ 3 h。

因铸件质量要求较高,故尺寸公差等级选为 CT10,与其配套的加工余量等级为 G 级,从有关表中查出的加工余量为 G 级 3.5 mm、H 级 5 mm,考虑到实际生产条件最后定为:顶面为 H 级 6.5 mm,底面为 G 级 5 mm,外圆表面为 G 级单侧余量为 5 mm,内孔为 H 级单侧余量为 6.5 mm.

热处理 650 ~ 680 ℃退火;铸件尺寸公差如图 2 - 32d 所示。

5. 绘制铸造工艺图和铸件图

分型面确定后,铸件芯头形状和尺寸、加工余量、起模斜度及浇注系统等就可确定,根据这些资料可绘出铸造工艺图和铸件图,如图 2 - 32b、d 所示。

第三节 铸件结构设计

设计铸件结构时,不仅要保证使用性能要求,还应考虑铸造工艺、金属铸造性能以及铸造方法等对铸件结构的要求。正确的铸件结构应使铸造生产工艺过程简便,能减少和避免产生缺陷,并考虑到切削加工、装配和运输方面的要求,使零件全部生产过程做到技术上合理、制造上经济。铸件结构是否合理,即结构工艺性是否好,对铸件质量、生产率及成本有很大影响。

一、砂型铸造工艺对铸件结构的要求

为简化制模、造型、制芯、合型和清理等铸造生产工序,节约工时,减少废品,并为实现生产机械化创造条件,在设计铸件时应考虑以下因素:

1. 铸件外形应力求简单

铸件外形应避免采用不必要的曲面和内凹,力求做到外形简单,采用直线、平面轮廓,以便于制模、造型和简化铸造生产的各个工序,如图 2 - 33(图中 *A*、*B* 处是曲面)所示。

2. 减少分型面数量

铸件分型面的数量应尽量少,且尽量为平面,以利于减少砂箱数量和造型工时,简化造型工艺,减少错型、偏芯等缺陷,提高铸件尺寸精度。图 2 - 34a 所示为两个分型面,三箱造型,若改为图 2 - 34b 结构则变为一个分型面,两箱造型。

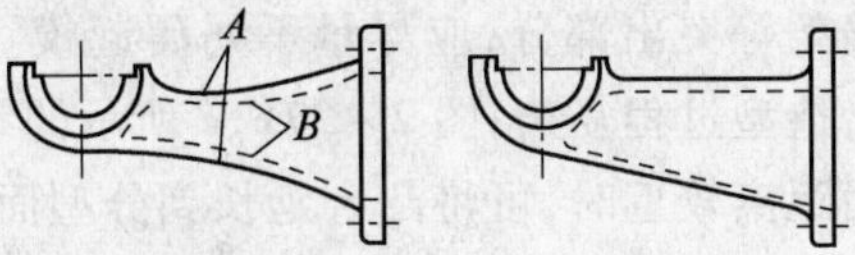

a) 不合理　　b) 合理

图 2－33　简化托架的外形设计

3. 不用或少用型芯和活块

因型芯和活块会使造型、制芯及合型工艺复杂，工作量增加，成本提高，并易产生缺陷。因此，设计铸件结构时应尽量减少型芯和活块。图 2－35 的两种结构均能满足使用要求，但用“筋骨形”结构（图 2－35b）代替“箱形”结构（图 2－35a），可省去型芯，简化工艺操作。

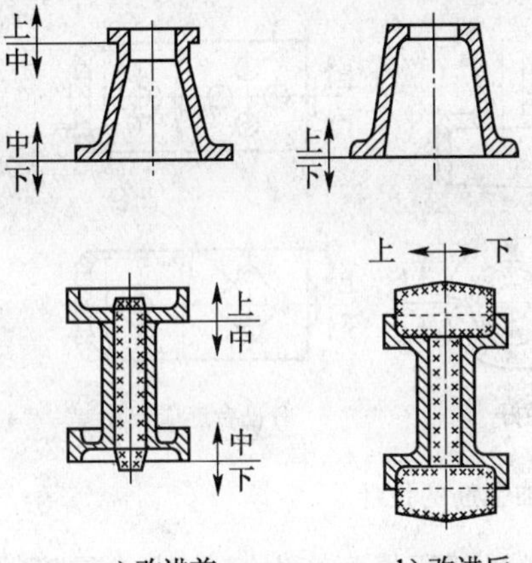

a) 改进前　　b) 改进后

图 2－34　减少分型面数量

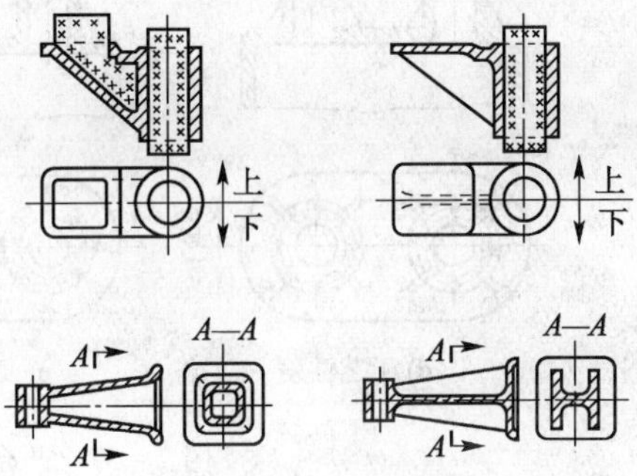

a) 改进前　　b) 改进后

图 2－35　两种结构设计

铸件内腔一般由型芯制出。但在一定条件下，也可用内腔自然形成的砂垛（上型叫吊砂，下型叫自带型芯）来获得。图 2－36a 所示铸件生产批量不大，其内腔出口处较小，只能采用普通型芯。图 2－36b 内腔改为开口式，且 $H/D<1$，故可采用自带型芯来取代普通型芯，使造型简便，成本降低。

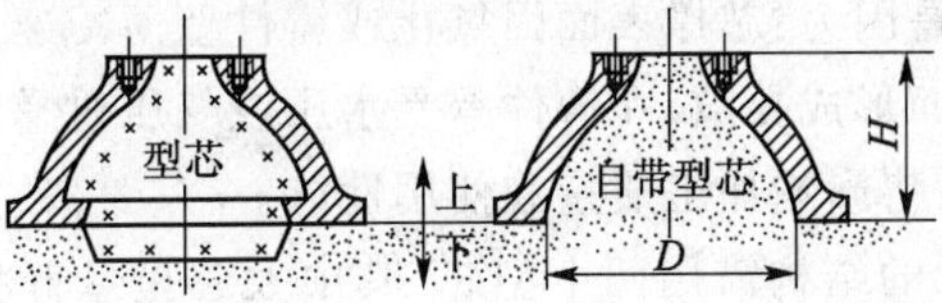

a) 改进前　　b) 改进后

图 2－36　内腔的两种设计

铸件上的凸台、筋条等突出部分，应尽量不妨碍起模。图 2－37a 所示结构需在模样上采用活块，造型过程复杂；图 2－37b、c 所示的结构避免了活块，造型简便，当凸台与分型面距离较近时，可将凸台延长到分型面（图 2－37b），也可不设凸台，采用锪平的结构（图 2－37c）；改变凸台和筋条的形状和位置，使其布置合理（图 2－37d，e）；若凸台间距离小，也可将局部凸台连成一片（图 2－37f）。

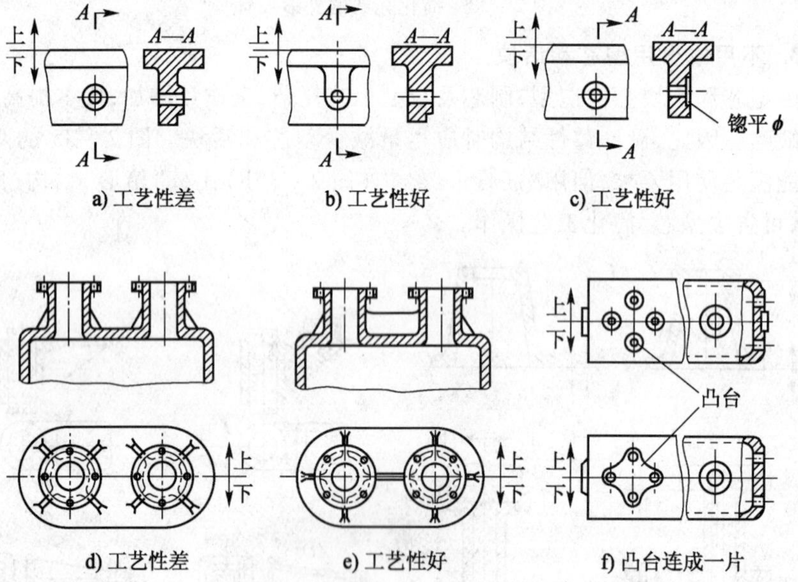

图 2－37　凸台和加强筋的设计

凸台的厚度不宜过大，以防引起金属的局部积聚而产生缩孔，凸台厚度一般应小于或等于相邻壁的厚度。同一平面上的凸台高度应尽量一致，以节省划线、调整等加工工时。

4. 有利于型芯的定位、固定、排气和清理

为避免铸件产生偏芯、气孔等缺陷，铸型中的型芯必须支承牢固和便于排气。型芯主要用芯头固定，当芯头数量不足或型芯刚度不够时，可用芯撑作辅助支撑。芯撑只能用于非滑动表面、非加工表面和不进行耐压试验的铸件，一般应尽量避免使用。这是因为：芯撑表面因氧化或铸件壁薄冷速太快，造成芯撑不能与金属液完全熔合而形成孔隙，在铸件承受水压或气压时易产生渗漏；在芯撑熔合处铸件硬度增高，将影响加工质量和使用性能。

图 2－38a 所示的结构需用两个型芯，其中大芯呈悬臂状，安装时需用芯撑支承，型芯的固定、排气和清理都困难。若改用图 2－38b 所示的结构，型芯成为一个整体，既可解决图 2－38a 结构的缺点，还可减少型芯数量，使装配简单。

图 2－39 所示铸件在结构要求上不需要作出孔，型芯只能用芯撑支承（图

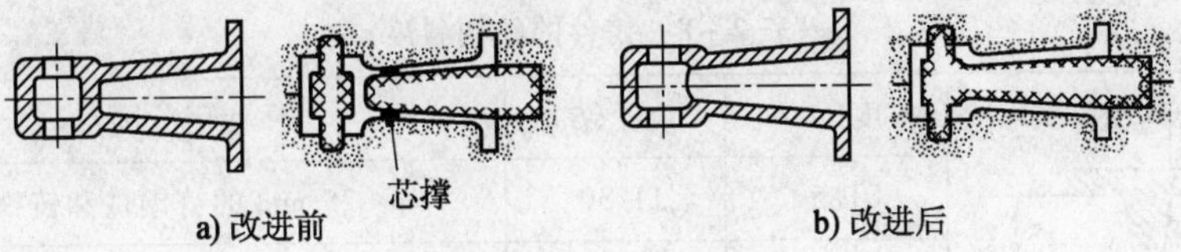

图 2-38 轴承支架铸件

2-39a),易使型芯不稳,且难以清理;在不影响零件工作条件下,改用图 2-39b 结构,芯撑处改用工艺孔,可简化铸造工艺,便于型芯固定、排气和清理。若零件不允许有此孔,则可在切削加工时用螺钉或塞柱堵死,对于铸钢件也可用钢板焊堵。

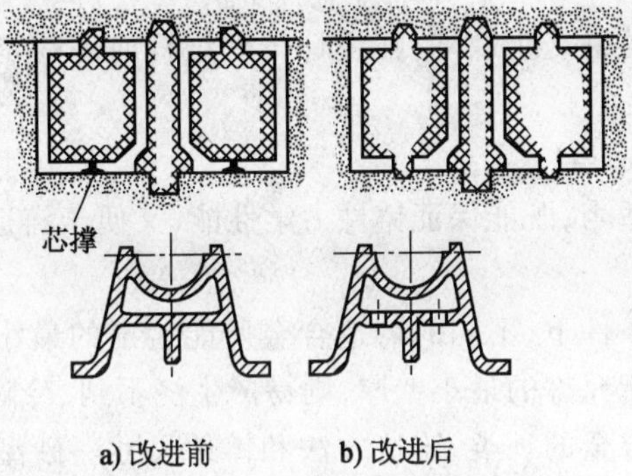

图 2-39 增设工艺孔的铸件结构

5. 应有结构斜度

凡平行起模方向的非加工面都应有一定的倾斜度,即结构斜度(图 2-40)。结构斜度可使起模方便,延长模样寿命,起模时不易损坏型腔表面,能减小模样或芯盒的松动量,从而提高了铸件的尺寸精度。具有结构斜度的内腔,有时可采用吊砂或自带型芯。此外,结构斜度还可使铸件美观。

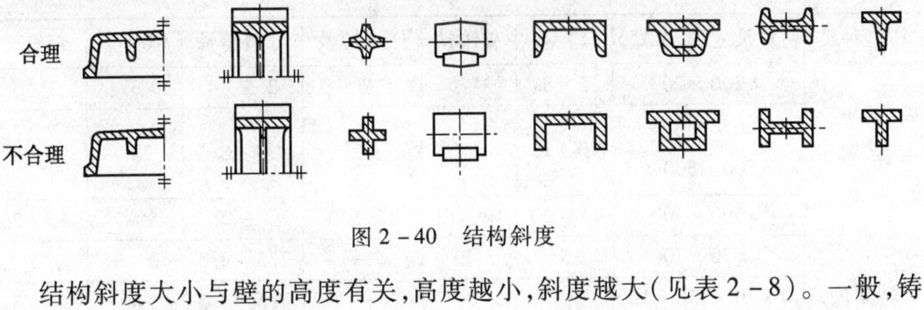

图 2-40 结构斜度

结构斜度大小与壁的高度有关,高度越小,斜度越大(见表 2-8)。一般,铸件凸台或壁厚过渡处,其斜度为 30°~45°;铸件内侧的斜度大于外侧;木模或手工造型时的斜度大于金属模或机器造型。对于平行于起模方向的加工面,设计时不给结构斜度,为便于起模,仅在制模时才给予很小的起模斜度(15′~3°)

表 2-8　铸件的结构斜度

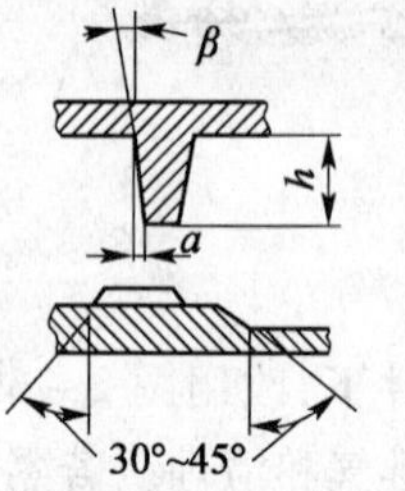

斜度(a∶h)	角度(β)	使用范围
1∶5	11°30′	h < 25 mm 的铸钢件和铸铁件
1∶10 – 1∶20	5°30′ ~ 3°	h = 25 ~ 500 mm 的铸钢件和铸铁件
1∶50	1°	h > 500 mm 的铸钢件和铸铁件
1∶100	30′	有色金属及其合金铸件

二、金属铸造性能对铸件结构的要求

为减少或避免铸件产生缺陷，在设计铸件结构时还应考虑金属铸造性能的要求。

1. 铸件壁厚应适当

铸件壁厚选择适当，既能保证铸件力学性能，又便于铸造生产、减少缺陷、节约金属。

在一定的铸造条件下，不同的铸造合金所能铸出的最小壁厚也不同。若设计的壁厚小于合金所允许的最小壁厚，则易产生浇不到、冷隔等缺陷。铸件的最小壁厚主要取决于合金的种类、铸造方法和铸件尺寸。砂型铸造的最小壁厚见表 2-9。

铸件壁也不宜过厚，否则会在铸件壁的中心处形成粗大晶粒，易产生缩孔、缩松等缺陷。每种合金都有一个最大临界壁厚，超过这一壁厚，铸件的承载能力不再按壁厚的增加而成比例增加。最大临界壁厚大约是其最小壁厚的三倍。

一般铸件外壁、内壁和筋的厚度之比是 1∶0.8∶0.6，以使各部位壁的冷却速度均匀。

表 2-9　铸件允许的最小壁厚 δ　mm

铸型种类	铸件尺寸(长×宽)	铸钢	灰铸铁	球墨铸铁	可锻铸铁	铝合金	铜合金
砂型	< 200 × 200	5 ~ 8	3 ~ 5	6	2.5 ~ 4	3	3 ~ 5
	200 × 200 ~ 500 × 500	10 ~ 12	4 ~ 10	12	5 ~ 8	4	6 ~ 8
	> 500 × 500	15 ~ 20	10 ~ 15	12 ~ 20	—	5 ~ 7	15 ~ 20
金属型	< 70 × 70	5	4	—	2.5 ~ 3.5	2 ~ 3	3
	70 × 70 ~ 150 × 150	—	5	—	3.5 ~ 4.5	4	4 ~ 5
	> 150 × 150	10	6	—	—	5	6 ~ 8

注：1. 结构复杂的铸件及高强度灰铸铁，选取较大值。

2. 最小壁厚是指未加工壁的最小壁厚。

为保证铸件强度和刚度,避免厚大截面和防止金属积聚,设计结构时,应根据载荷性质和大小,合理选择截面形状(如空心、工字形、丁字形、槽形和箱形),并在脆弱处增设加强筋(图 2 - 41)。为减轻重量、便于固定型芯、排气和清理,可在壁上开窗口(即工艺孔),在窗口边缘做出凸台。

2. 铸件壁厚应尽量均匀

铸件各部分壁厚若相差过大,则在厚壁处易形成金属积聚的热节,凝固收缩时在热节处易形成缩孔、缩松等缺陷。此外,因冷却速度不同,各部分不能同时凝固,易形成热应力,并有可能使厚壁与薄壁连接处产生裂纹(图 2 - 42a)。如铸件壁厚均匀(图 2 - 42b),则可避免这些缺陷。

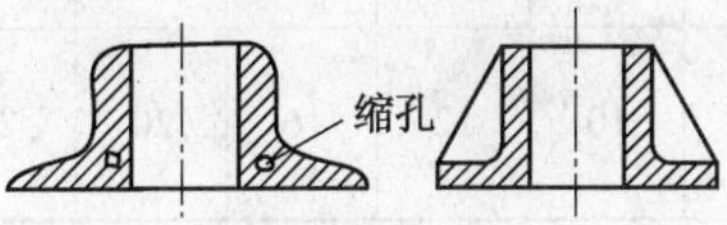

a) 不合理　b) 合理

图 2 - 41　采用加强筋,减小壁厚

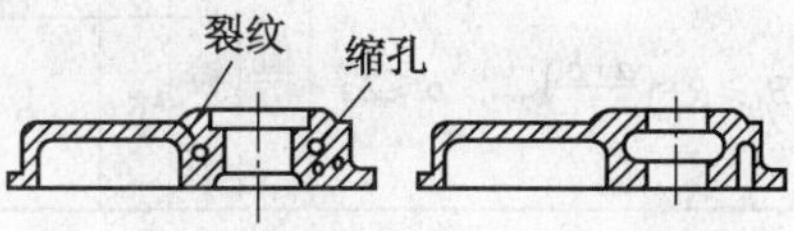

a) 不合理　b) 合理

图 2 - 42　铸件壁厚应尽量均匀

检查壁厚是否均匀时,应将铸件的加工余量考虑在内,这样才能准确。因有时不包括加工余量时,各壁厚较均匀,但包括加工余量后,加工面的铸造厚度增加,致使各部分壁厚不均。

3. 铸件壁的连接应合理

壁的连接处或转角处易产生应力集中、缩孔、缩松等缺陷。设计时应避免壁厚突变、尖角,防止发生金属热节。

(1) 铸件壁的转角处应有结构圆角　图 2 - 43a 为直角连接,直角处金属积聚,热节圆比别处大,易产生缩孔、缩松;内侧转角处应力集中严重,对某些易产生柱状晶的金属,因直角处晶体直交,削弱了晶体间的结合力。上述各因素均使直角处力学性能下降,易产生裂纹。为防止转角处产生上述缺陷,必须采用圆角结构(图 2 - 43b)。此外,铸造圆角还可减少砂眼,美化铸件外形,有利于造型。圆角是铸件结构的基本特征。

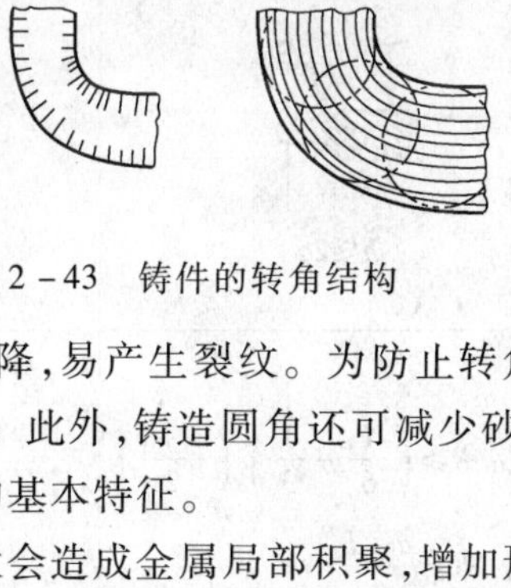

图 2 - 43　铸件的转角结构

铸件内圆角的大小应与其壁厚相适应,过大会造成金属局部积聚,增加形成缩孔的倾向。一般圆角处内接圆直径不超过相邻壁厚的 1.5 倍,具体数值见表 2 - 10。

（2）筋或壁的连接应避免交叉和锐角　主要目的是为了减少热节，防止产生缩孔、缩松等缺陷。中小型铸件可选用交错接头（图 2 – 44a）；环状接头用于大型铸件（图 2 – 44b）；壁与壁间应避免锐角连接，若两壁间需呈小于 90°的夹角，则应采用图 2 – 44c 所示合理的过渡形式。

表 2 – 10　铸件内圆角半径 *R* 值　mm

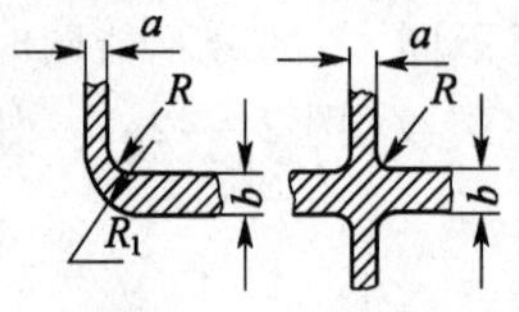 $R_1 \geqslant R + \left(\frac{a+b}{2}\right)$　$b \leqslant 2a$	$\frac{a+b}{2}$		≤8	8 ~ 12	12 ~ 16	16 ~ 20	20 ~ 27	27 ~ 35	35 ~ 45	45 ~ 60
	R 值	铸铁	4	6	6	8	10	12	16	20
		铸钢	6	6	8	10	12	16	20	25

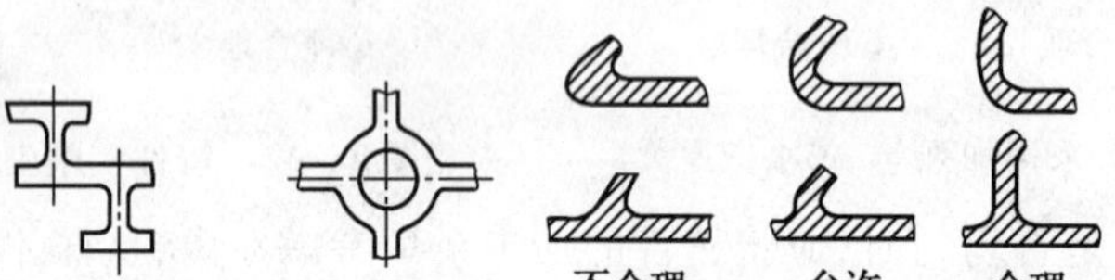

a) 交错接头　　b) 环状接头　　c) 两壁夹角小于90°的连接

图 2 – 44　铸件接头结构

（3）厚壁与薄壁间的连接应逐步过渡　铸件壁厚不可能完全均匀，有时差异很大。为减少应力集中、防止裂纹，设计时不同壁厚间的连接应采用逐步过渡，避免壁厚的突变。其过渡形式和尺寸见表 2 – 11。

表 2 – 11　铸件壁厚的过渡形式和尺寸

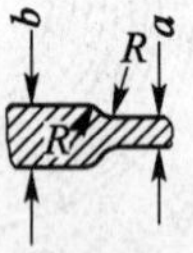 $b \leqslant 2a$	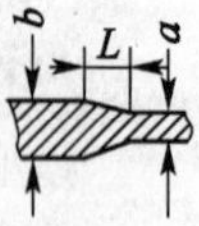 $b > 2a$	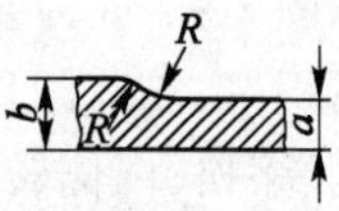 $R \leqslant 1.5a$
铸铁：$R \geqslant \left(\frac{1}{6} \sim \frac{1}{3}\right)\left(\frac{a+b}{2}\right)$ 铸钢：$R \approx \frac{a+b}{4}$	铸铁：$L \geqslant 4(b-a)$ 铸钢：$L \geqslant 5(b-a)$	$R \geqslant \frac{2a+b}{2}$

4. 铸件应尽量避免有过大的水平面

铸件上大的水平面不利于金属液的填充，易产生浇不到、冷隔等缺陷；过大的型腔上表面，因受高温金属液长时间烘烤，易开裂使铸件产生夹砂结疤；大的水平面也不利于气体和非金属夹杂物的排除。图 2－45b 铸件的斜面比图 2－45a 大水平面的工艺性好，有利于防止产生上述缺陷。

a) 工艺性差　b) 工艺性好

图 2－45　大平面的设计

5. 铸件结构应有利于自由收缩

当铸件收缩受到阻碍，产生的应力超过合金的强度极限时，将产生裂纹，所以设计铸件时应尽量使其能自由收缩。图 2－46a 轮辐为偶数、直线形，易制模，若采用刮板造型时，分割轮辐较准确。但对线收缩很大的合金，有时因应力过大，会使轮辐产生裂纹。为防止裂纹，可改用弯曲轮辐（图 2－46b）或奇数轮辐（图 2－46c），这样就可借弯曲轮辐或轮缘的微量变形自行减小应力。

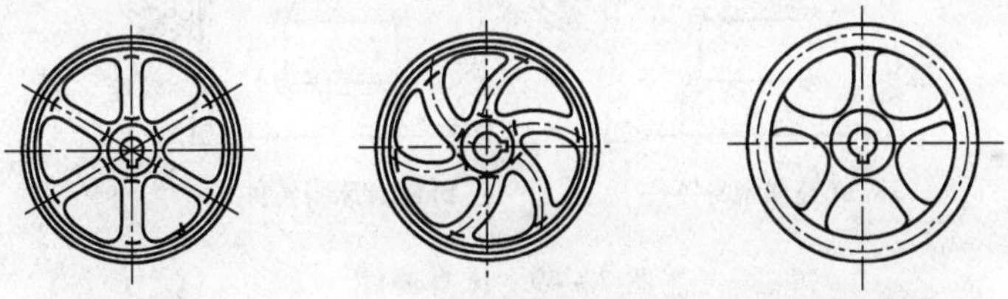

a) 偶数轮辐　b) 弯曲轮辐　c) 奇数轮辐

图 2－46　轮辐的设计

6. 应防止铸件翘曲变形

细长铸件、大而薄的平板铸件及壁厚不均匀的长形箱体在收缩时易翘曲变形。设计这类铸件时，应正确选择零件截面形状和合理设置加强筋，以提高其刚度。图 2－47b 是采用加强筋防止变形的平板设计。为充分发挥加强筋的作用，应将其布置在受力方向的反面，使它承受压力。

7. 铸件结构应符合凝固原则的要求

设计中、小型薄壁铸件，可采用同时凝固原则，此时铸件壁厚要均匀，过渡要平缓，如图 2－48a 所示。对致密性要求高的承受压力的铸件，应按顺序凝固原则设计结构，以利于铸件上部由冒口补缩，如图 2－48b 所示。

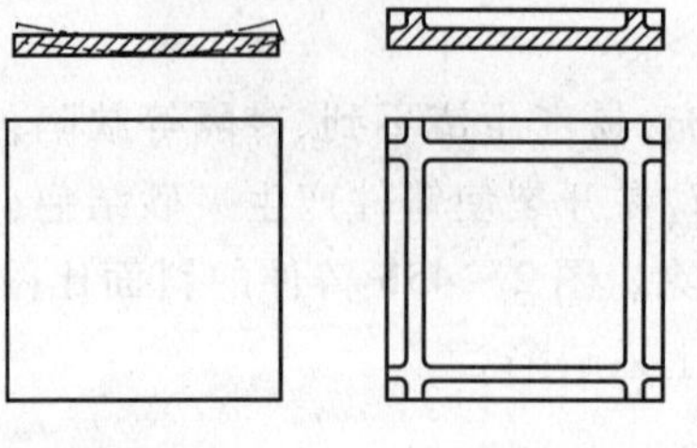

图 2－47 平板的设计

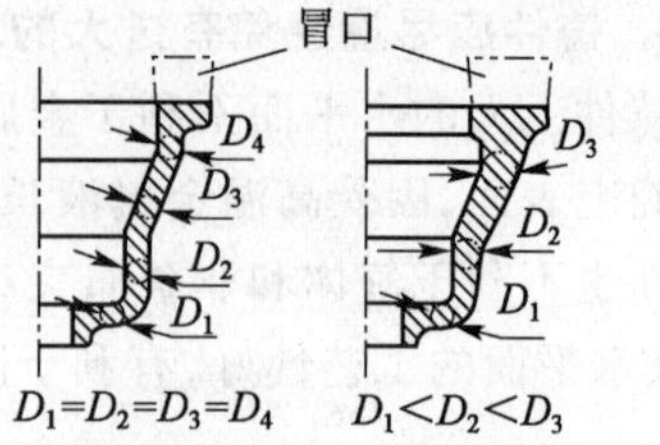

图 2－48 铸件结构与凝固原则

三、组合铸件

对于大型或形状复杂的铸件，在不影响其精度、强度和刚度的要求下，为使铸件结构简单、合理，以便于造型、浇注和切削加工，可将其分成几个小铸件进行分铸，经切削加工（或粗加工）后，再用焊接方法或螺栓将其组合成整体。采用组合铸件也可解决铸造熔炉、起重运输、加工工艺和设备等方面的困难。图 2－49a所示的床身铸件，其形状复杂，工艺上困难较多，故应采用图 2－49b 所示的组合件（由铸件 Ⅰ 和 Ⅱ 组合）。

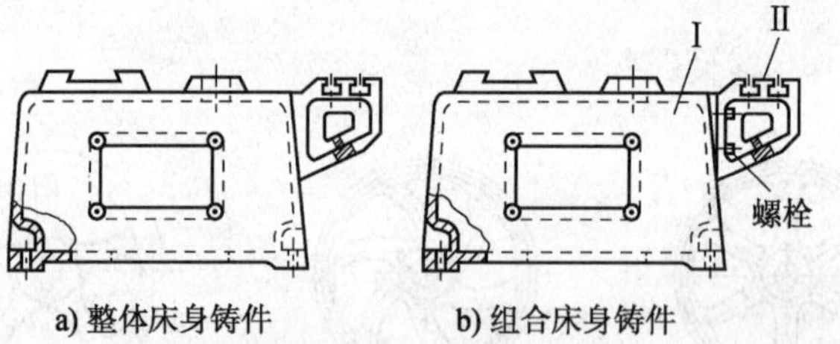

图 2－49 床身铸件

第四节 特种铸造

特种铸造是指与砂型铸造不同的其他铸造方法，常用的特种铸造方法主要有以下几种：

一、金属型铸造

金属型铸造是指金属液靠重力浇入用金属制成的铸型中，以获得铸件的方法。金属型可重复使用，故又称永久型铸造。

1. 金属型的构造

用金属材料制成的铸型称为金属型。根据分型面位置不同，金属型分为整体式、垂直分型式、水平分型式和复合分型式。垂直分型式(图 2－50)便于开设内浇道和取出铸件,易于实现机械化,应用较多。

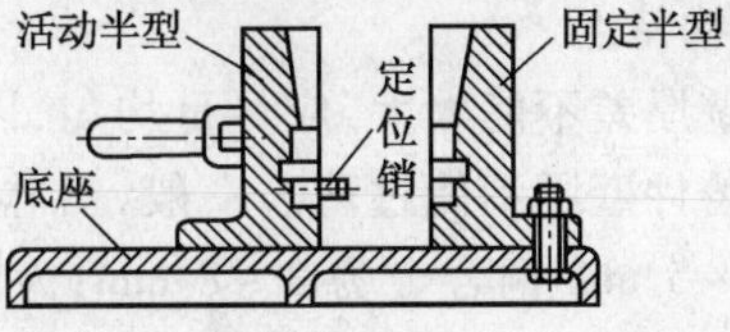

图 2－50　垂直分型式金属型

金属型一般用灰铸铁制成,要求较高时可用碳钢或低合金钢。金属型本身无透气性,为排出型腔内气体,在分型面上开出一些排气槽,槽深小于 0.2～0.4 mm,以防金属液流出。为防止产生气孔和利于金属液的充型,大多数金属型开有出气口。为能在较高温度下从铸型中取出铸件,多数金属型设有顶出铸件的机构。

铸件内腔用砂芯或金属芯获得。薄壁复杂件或钢铁材料件常用砂芯;金属芯一般用于形状简单件或非铁金属(有色金属)材料件,金属芯一般由几部分组合而成,浇注后按先后顺序取出芯的各组成部分。

2. 金属型铸造的工艺要求

金属型导热比砂型快,韧性差(无退让性),铸件易产生冷隔、浇不到、裂纹,灰铸铁件常产生白口组织。铸型在金属液冲刷下,易损坏,影响了金属型寿命和铸件表面质量。为减少和避免上述缺陷,生产时需采取下列工艺措施:

(1) 金属型应保持合理的工作温度。合理的工作温度可减缓铸型的冷却速度、提高金属液的充型能力、促进铸铁的石墨化和延长铸型寿命。为此,浇注前要对金属型进行预热;在连续生产中,如铸型温度过高时,应利用散热装置(气冷或水冷)散热。金属型的合理工作温度为:铸铁件 250～350 ℃,有色金属铸件 100～250 ℃。

(2) 为保护型腔和减缓铸型传热速度,每次浇注前在型腔表面和浇冒口中要喷刷一层厚度为 0.3～0.4 mm 的耐火材料,以使金属液和铸型型腔分开。不同的金属液采用不同的涂料,灰铸铁常用由石墨、滑石粉、耐火黏土、桃胶和水组成的涂料;铝合金常用由氧化锌粉、滑石粉和水玻璃组成的涂料。生产熔点在 1 000 ℃以上的合金时,还要在涂料外表面增加一薄层重油或乙炔烟,以便在浇注时产生还原性气体,形成隔热气膜,减小铸件表面 *Ra* 值。一般,金属型的浇注温度比砂型高 30 ℃左右。

(3) 开型时间要适宜。铸件宜早些从金属型中取出,以防因金属型腔无退让性,铸件收缩过大造成取件困难,或产生裂纹、白口组织。但开型过早也会因金属强度较低而使铸件产生变形。一般,铸铁件的出型温度为

780 ~ 950 ℃;铝合金件的出型温度为 470 ~ 500 ℃;镁合金小件可在浇注后 6 ~ 10 min内出型。

3. 金属型铸件的结构特点

(1) 金属型铸件的壁厚差不能太大,应尽量均匀,以防出现裂纹;为防止出现浇不到、冷隔等缺陷,铸件壁厚不能过薄。一般,铝硅合金铸件的最小壁厚为 2 ~ 5 mm,铝镁合金为 3 ~ 5 mm 铜合金为 3 ~ 8 mm;为防止铸铁件产生白口组织,其最小壁厚一般为 4 ~ 6 mm,并应控制铁液中碳、硅含量之和不小于 6%。采用孕育处理的铁液来浇注,对预防产生白口组织非常有效。对已产生白口组织的铸铁件,要利用自身余热及时进行退火处理;铸钢的最小壁厚一般为 5 ~ 10 mm。

(2) 为便于金属型芯的安放和抽出,金属型铸件的孔径不能过小,孔不能过深。金属型铸件的结构应能保证顺利出型,其结构斜度比砂型铸件大。

(3) 金属型铸件壁的相交处应有铸造圆角;铸件外形应避免出现妨碍收缩的凸起或凹陷;铸型上部应避免有大平面,以防止气体和熔渣积聚。

4. 金属型铸造的特点和应用范围

与砂型铸造相比,金属型铸造有以下特点:

(1) 实现了"一型多铸"(几十次至万次),节约了大量造型材料、工时和占地面积,提高了生产率,改善了劳动条件。

(2) 金属型冷却快,铸件组织细密,力学性能和致密度高,例如铜、铝合金铸件的抗拉强度和屈服强度(屈服点)比砂型铸造提高 20% 以上。

(3) 铸件尺寸的公差等级,成批和大量生产时可达 CT9 ~ CT6(相当于 IT14 ~ IT12),表面粗糙度 *Ra* 值为 12.5 ~ 6.3 μm,加工余量为 0.8 ~ 1.6 mm。可实现少、无切削加工。

(4) 金属型制造成本高、周期长,不适于小批量生产,不宜铸造形状复杂、大型薄壁件,铸铁件易产生白口组织。此外,必须采用机械化、自动化装置进行生产才能改善劳动条件。

金属型铸造主要适于大批量生产形状简单的有色合金铸件和灰铸铁件。如发动机中的铝活塞、气缸体、缸盖、油泵壳体、水泵叶轮、铜合金轴瓦和轴套等。壁厚为 2 ~ 100 mm,重量为几十克至几百千克。若采用特殊的铸型也可生产钢铸件。

二、压力铸造(压铸)

压力铸造是指熔融金属在高压下高速充型,并在压力下凝固的铸造方法。常用压射比压为 5 ~ 150 MPa,充型速度为 0.5 ~ 50 m/s,充型时间为 0.01 ~ 0.2 s。

1. 压铸的工艺过程

压铸工艺过程是:向型腔喷射涂料、闭合压铸型、压射金属、打开压铸型、顶出铸件。

压铸型是指由动型、定型及金属芯组成的压力铸造用金属型,它安装在压铸机上,可移动的压铸型部分称为动型,动型包括顶杆。安装在压铸机固定板上固定不动的压铸型部分称为定型,其中有浇注系统与压室相通。压铸型上装有拔出金属型芯的机构和自动顶出铸件的机构。压铸型用耐热的合金工具钢制成,加工质量要求很高,需经严格的热处理。

压铸机是压铸生产中的专用设备,主要由开型与合型、压射、抽芯、顶出铸件等机构组成。开合型机构的作用是开、合压铸型,并在压射金属时用压力顶住压铸型以防金属液由分型面处漏出。压铸机的主参数常用锁型力(MN)表示。压射机构的作用是对金属液施以高压,使其高速充满型腔,并在高压下凝固成形。

压铸机分为热压室式和冷压室式两类。冷压室式的压室有立式和卧式两种。

热室压铸机(图 2-51)的压室 2 位于盛有金属液的热坩埚 1 中。金属液经孔 4 注满压室,压射冲头 3 向下运动时,金属液在 10~30 MPa 的压力下压入压铸型的型腔。保压、冷凝后压射冲头返回,剩余金属液由浇注系统流回压室。打开压铸型,铸件由顶杆 6 顶出。

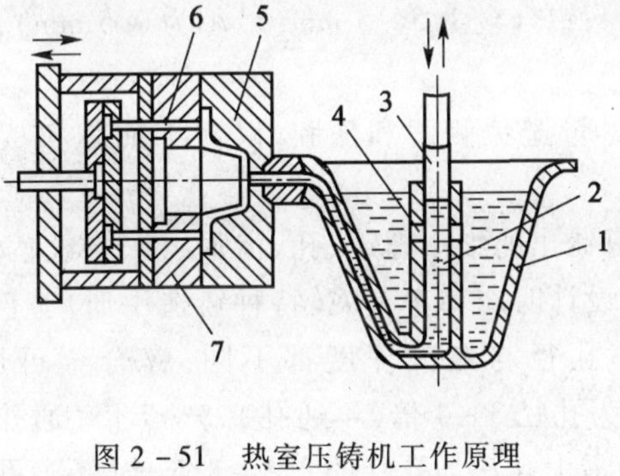

图 2-51 热室压铸机工作原理

1—热坩埚; 2—压室; 3—压射冲头; 4—孔; 5—定型; 6—顶杆; 7—动型

热压室压铸生产工序简单、生产率高、易实现自动化,金属消耗少,工艺稳定,压入型腔的金属液干净,无氧化类杂质,铸件质量好。因热室压铸机的压力由杠杆机构或压缩空气产生,压力较小,且压室浸在金属液中易被腐蚀,所以只适于压铸低熔点合金(如锌、镁、铅、锡等)。铸件重量为几克到几十千克。

冷室压铸机的压室和坩埚分开,在工作时才将金属液浇入压室进行压射,这种压铸机一般用高压油为动力,锁型力很大,为 0.25~2.5 MN(25~250 t)。卧式冷室压铸机工作过程如图 2-52 所示,将金属液定量浇入压室 4 中,压射冲头

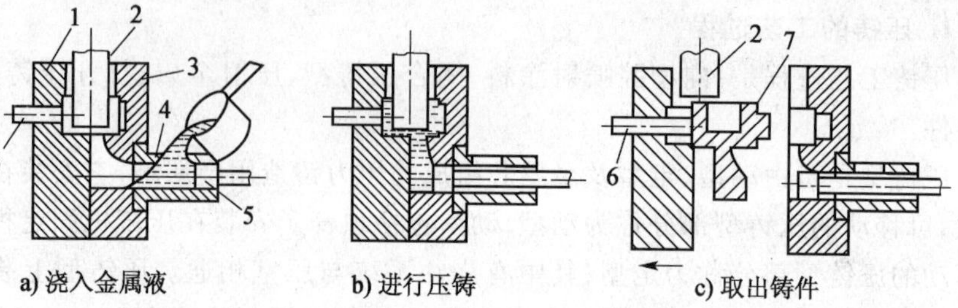

图 2－52　卧式冷室压铸机工作原理

1—动型；2—型芯；3—定型；4—压室；5—压射冲头；6—顶杆；7—铸件

(活塞)5 以 40～100 MPa 的压力将其压入压铸型 1 和 3 的型腔。保压、冷凝后抽出型芯 2,打开压铸型,用顶杆 6 把铸件 7 顶出。浇注前将压铸型加热至 120～320 ℃,取出铸件后用压缩空气吹净压铸型工作面并涂刷专用涂料,以防铸件与压铸型表面熔结在一起。此压铸机可压铸铜、铝、镁和锌等合金,铸件重量可达 45 kg,因其生产率高、结构简单,便于自动化生产,所以比立式压铸机应用广泛。

2. 压铸件的结构特点

(1) 压铸件应尽量采用薄壁,并保持壁厚均匀。这是因为压铸时金属液充型速度和冷却速度很快,厚壁处不易得到补缩而易形成缩孔、缩松、气孔等缺陷。压铸件适宜的壁厚为:铝合金 1.5～5 mm(最小为 0.5 mm);锌合金 1～4 mm;铜合金 2～5 mm.

(2) 压铸件应尽量避免侧凹和深腔,以便于抽芯和从压铸型中顺利取出铸件。

(3) 压铸件上可铸出的细小螺纹、孔、齿形、槽、花纹、文字、图案等,其尺寸都有一定限制,结构设计时应参考有关《特种铸造手册》。例如不同种类的合金可以压铸出的最小孔径与最大深度都不同,锌合金可压出的最小孔径为 ϕ0.8 mm,最大孔深为孔径 3～4 倍(不通孔),5～7 倍(通孔);铝合金可压出的最小孔径为 ϕ2 mm,最大孔深为孔径的 2.5～3.5 倍(不通孔)、4～6 倍(通孔)。压铸件可压铸的螺纹尺寸为:锌合金最小螺距为 0.75 mm,螺纹最小外径 6 mm(外螺纹)和 10 mm(内螺纹)、螺纹最小长度是其螺距的 8 倍(外螺纹)和 5 倍(内螺纹)。

(4) 压铸件的侧面之间应采用圆角过渡,平滑连接,以使金属液充型流畅,易于排出气体,减少涡流,避免因锐角而产生应力集中,导致裂纹。

(5) 压铸件的加强筋设计要合理,除增加铸件强度和刚度,防止变形外,还应使金属液流入型腔时能均匀分布。

(6) 压铸件的结构斜度比砂型铸件大,以使压铸件能顺利从压铸型中取出,也可延长压铸型寿命。

(7) 压铸件一般不需切削加工,以保留铸件上的致密表面层。但在要求高精度配合的部位和不允许有起模斜度的表面等,需要进行切削加工时,应留有加工余量。

(8) 设计带镶嵌件的压铸件时镶嵌件周围要有一定厚度的金属层,以利于金属液收缩时抱紧镶嵌件。其包住镶嵌件的最小厚度与镶嵌件最大直径有关;镶嵌件在压铸型内定位要正确、牢固,镶嵌件表面或端部(即铸入部分)要求滚花、开槽、凸起或用其他措施防止径向或轴向移动,以保证连接牢固可靠;镶嵌件与压铸件之间不应产生严重的电化学腐蚀;镶嵌件应避免尖角。

3. 压铸的特点和应用范围

(1) 压铸生产率比其他铸造方法都高,并易于实现半自动化、自动化。例如,一般锌合金压铸件平均生产率可达每小时100件以上。

(2) 压铸件质量高,成批及大量生产时,尺寸公差等级可达CT8～CT4(相当于IT13～IT11,最高可达IT9～IT8),表面粗糙度Ra值为3.2～0.8 μm。大多数压铸件不需切削加工即可直接进行装配,可实现少、无切削加工,省料、省工、成本低。

(3) 可铸出结构复杂、轮廓清晰的薄壁、深腔、精密铸件,可直接铸出各种孔眼、螺纹、齿形、花纹、图案和文字等。

(4) 对形状复杂而无法脱芯的铸件或局部有特殊性能(耐磨性、电导性、绝缘性等)要求的铸件,可用金属或非金属先制成镶嵌件,放入压铸型中的规定部位,再进行压铸,以形成完整的压铸件。

(5) 压铸件强度和表面硬度高,组织细密,其抗拉强度比砂型铸件提高25%～40%。

(6) 压铸设备和压铸型费用高,压铸型制造周期长,所以压铸只适于大批量生产。

(7) 因金属液在高压高速下充型,并在压力下凝固成形,普通压铸件内常有小气孔存在于表皮下面,所以压铸件的切削加工余量不能过大,以防气孔露出表面。普通压铸件不能进行热处理,因加热时气体膨胀会造成铸件表面鼓泡或变形。

(8) 压铸铸铁件或铸钢件时,压铸型寿命很短,困难较大。因受压铸机锁型力的影响,压铸件的尺寸受限,不能过大。

随着充氧压铸、真空压铸和精速密压铸等新工艺的出现,压铸的某些缺点正在被克服。例如,充氧压铸生产的压铸件,可以避免产生气孔,还可进行热处理。

压铸目前主要用于生产铝、锌、镁、铜等有色合金的中、小型铸件。在压铸件产量中,铝合金压铸件占 30% ~50%,其次为锌合金压铸件。用压铸法生产的零件有发动机气缸体、气缸盖、变速箱箱体、发动机罩、仪表和照相机的壳体与支架、管接头、齿轮等。

目前压铸已广泛应用在汽车、拖拉机、电器仪表、航空、航海、精密仪器、医疗器械、日用五金及国防工业等部门。随着压铸新工艺的出现,铸铁、铸钢压铸技术的不断改进与提高,压铸应用范围将日益扩大。

三、低压铸造

低压铸造是指铸型一般安置在密封的坩埚上方,坩埚中通入压缩空气,在熔融金属表面上造成低压力 0.06 ~0.15 MPa,使金属液由升液管上升,填充铸型和控制凝固的铸造方法。

1. 低压铸造工作过程

低压铸造工作原理如图 2 – 53 所示。工作时由储气罐向保温室中送入低压力的干燥压缩空气或惰性气体,使金属液(高出液相线 100 ~150 ℃)沿升液管从密封坩埚中,以 1.5 ~1.6 m/s 的速度压入铸型型腔中,将其充满后,仍保持一定压力(或适当增压)至型腔内金属液完全凝固。然后撤出压力,使升液管和浇注系统中没有凝固的金属液,在重力作用下流回坩埚,打开铸型取出铸件。低压铸造是介于重力铸造(靠金属液本身重量流入型腔)和压力铸造之间的一种铸造方法。

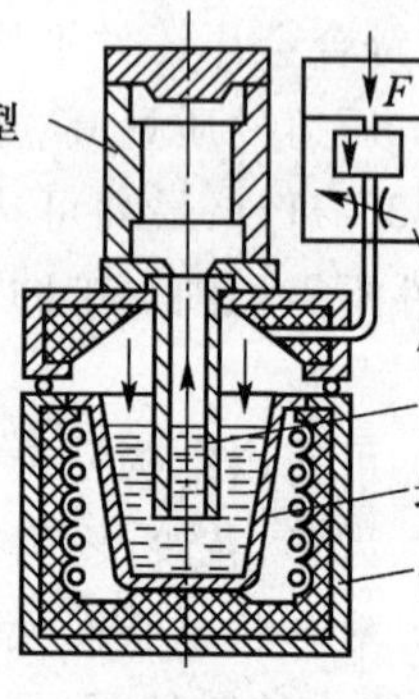

图 2 – 53　低压铸造工作原理

2. 低压铸造的特点和应用范围

低压铸造的充型压力和速度可人为控制,故适用于各种材料的铸型(金属型、砂型、熔模铸型);铸件在压力下凝固结晶,浇注系统兼冒口又能起补缩作用,浇注时压力低,金属液充型平稳,减少了对型腔的冲击和飞溅。采用底注法,铸件是顺序凝固,因此铸件质量好、组织致密、力学性能高,能有效地克服铝合金的针孔①等缺陷;铸件成品率高,浇注系统余头小,故金属利用率高(最高可达 95%);因提高了充型能力,有利于形成轮廓清晰、表面光洁的铸件,尤其是有利于薄壁复杂较大铸件的成形;低压铸造设备简单、费用少、便于操作,易于实现机械化、自动化生产,劳动条件好;因低压铸造充型速度和压力比压铸低,型腔内空

① 针孔是指一般为针头大小出现在铸件截面上的析出性气孔。暴露在铸件表面,切削加工 1 ~2 mm后可以去掉的,成群分布在铸件表层的分散性气孔,称为表面针孔。在切削加工或热处理后才能发现的,位于铸件表皮下的分散性气孔,称皮下气孔。

气能充分排出，铸件不易产生气孔，所以低压铸造生产的铸件一般能进行热处理。

低压铸件的尺寸公差等级可达 CT9 ~ CT6（相当于 IT14 ~ IT12），表面粗糙度 *Ra* 值为 12.5 ~ 3.2 μm。铸件重量为几十克至几百千克，最小壁厚为 2 ~ 5 mm。

低压铸造的主要缺点是生产率低，铸件表面粗糙度 *Ra* 值比压铸件大。

低压铸造主要用于成批、大量生产质量要求较高的铝合金、镁合金、铜合金等形状较复杂的薄壁铸件，也可生产铸铁件、铸钢件。例如，发动机缸体和缸盖，高速内燃机铝活塞，带轮，变速箱壳体，医用消毒缸等。我国现已生产出 30 t 的铜合金螺旋桨和大型球墨铸铁曲轴等。

四、离心铸造

离心铸造是指将金属液浇入绕水平、倾斜或立轴旋转的铸型，在离心力作用下，凝固成铸件的铸造方法。离心铸造是在离心铸造机上用金属型或砂型进行的，铸件轴线与旋转铸型的轴线重合。

1. 离心铸造机

离心铸造机根据转轴位置的不同，分为立式、卧式和倾斜式三种。

立式离心铸造机（图 2 - 54a）的铸型在垂直轴上旋转，金属液因重力作用，使铸件内垂直表面呈抛物线形状，壁上薄下厚。铸型转速越慢，铸件高度越大，则其壁厚差越大。因此，只适用于铸造高度不大的环类、套类及成形铸件，例如青铜齿轮、巴氏合金及青铜轴套等。在这类铸造机上固定铸型和浇注都较方便。

图 2 - 54b 为铸造复杂薄壁工作轮的铸型。1 和 6 是金属型的上、下半型，2 是形成浇口杯和工作轮叶片的型芯，离心机工作台 3 装在主轴 5 上，4 是减缓金属液冲击的型芯。工作时，铸型的转速为 150 ~ 1 200 r/min，浇注前铸型预热至

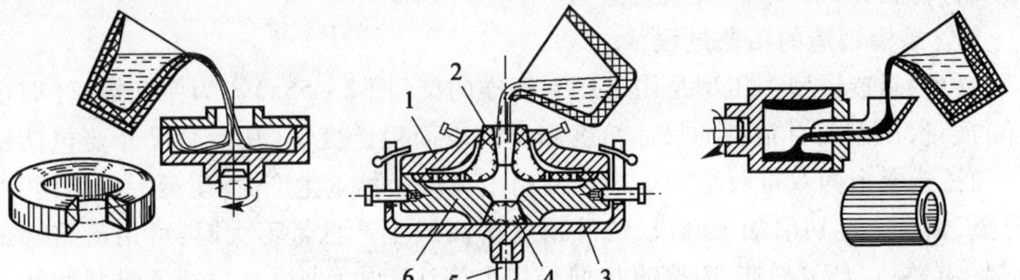

a) 立式离心铸造　　b) 立式离心铸造铸型　　c) 卧式离心铸造

图 2 - 54　离心铸造工作原理

1—上半型；2、4—型芯；3—工作台；5—主轴；6—下半型

150 ~ 200 ℃，金属液浇注温度应高于液相线 100 ~ 150 ℃。

卧式离心铸造机(图 2 - 54c)的铸型在水平轴上旋转，当其转速足够大时，铸件的壁厚沿长度和圆周方向都很均匀，因此应用较广。主要用于铸造较长的管类，缸套等铸件。

2. 离心铸造的特点和应用范围

在离心力作用下，金属液充型能力得到提高，可浇注流动性较差的合金铸件和薄壁铸件；金属的结晶从外向内顺序进行，因而铸件组织细密，无缩孔、缩松、气孔、夹渣等缺陷，力学性能好(比砂型铸件提高 10% ~ 20%)；离心铸造可生产成形件，也可生产中空铸件。铸造圆形中空铸件时不用型芯；不用浇注系统，减少了金属消耗；可铸造双金属铸件，例如钢套内镶铜，其结合面牢固、耐磨，可节约贵重金属材料。

离心铸件尺寸公差等级可达 CT9 ~ CT7(相当于 IT14 ~ IT12)，表面粗糙度 *Ra* 值为 12.5 ~ 6.3 μm。

离心铸造的缺点是：金属液中的气体、熔渣等夹杂物，在离心力作用下因密度小而集中在铸件内表面，为减小内表面粗糙不平，提高内表面质量，需经切削加工切除，必须增大加工余量；离心铸件易产生偏析，不适于生产重力偏析大的合金及轻合金，例如铅青铜、铝合金、镁合金等。

离心铸造是生产大口径铸铁管、汽缸套、铜套、双金属滑动轴承的主要方法，铸件最大重量可达 10 吨以上。离心铸造因需专用设备，故不适于单件、小批生产。

五、 熔模铸造

熔模铸造是指用易熔材料(如蜡料)制成模样，在模样上涂覆若干层耐火涂料，制成型壳，熔出模样后经高温焙烧，即可浇注的铸造方法。由于模样常采用蜡质材料制作，故又称“失蜡铸造”。

1. 熔模铸造的工艺过程

(1) 制造压型　压型是用于压制模样的型(图 2 - 55a)。为保证蜡模(即模样)质量，压型要有很高的尺寸精度和小的表面粗糙度值，其型腔尺寸要包括蜡料和铸造合金的双重收缩率。当铸件精度高或大批量生产时，压型一般用钢、铜合金、铝合金经切削加工制成；铸件精度不高或生产批量不大时，可用易熔合金(锡、铅、铋)、环氧树脂、石膏直接向母模上浇注而成(母模是包括了蜡料和铸造合金双重收缩率的实体零件)。

(2) 制造熔模　熔模是指可以在热水或蒸汽中熔化的模样。制造熔模的材料有蜡基材料(50% 石蜡和 50% 硬脂酸组成)与树脂基材料(松香)，后者主要用于高精度铸件。生产中常用蜡基材料制造熔模，称此熔模为蜡模。制造蜡模

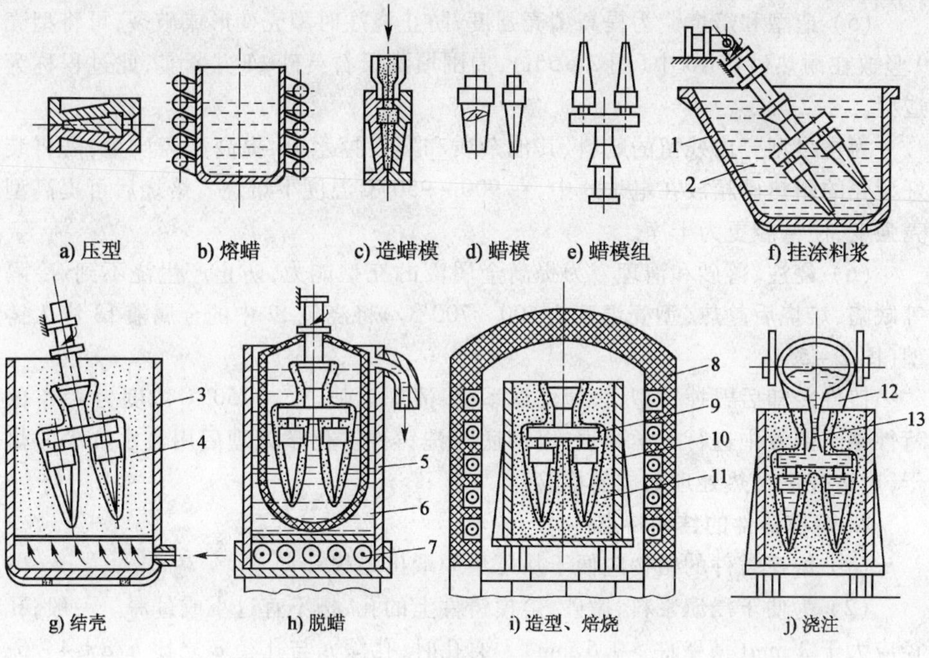

图 2－55 熔模铸造工艺过程

1—挂浆容器；2—浆料；3—结壳装置；4—石英砂；5—水罐；6—水；7—加热装置；8—电炉；9—型壳；10—耐热砂箱；11—石英砂；12—浇包；13—金属液

的过程是：将熔融（糊状）蜡料压入压型（图 2－55b、c），冷凝后取出，用水冷却，经修整、检验后得到单个蜡模（图 2－55d）。为提高生产率，可将单个蜡模熔焊在预制好的蜡质公用浇注系统上，制成蜡模组（图 2－55e）。一个蜡模组上可熔焊 2～100 个蜡模。

（3）制造型壳 将蜡模组浸到容器 1 中（图 2－55f），挂上浆料 2（一般铸件用石英粉水玻璃涂料，高合金钢件用刚玉粉硅酸乙酯水解液）后，再放入装置 3 中（图 2－55g），并往其表面喷撒一层石英砂 4，然后将粘附石英砂的蜡模组放入硬化剂中（水玻璃涂料型壳浸入氯化铵溶液中硬化，刚玉粉硅酸乙酯水解液涂料型壳通入氯气硬化）。浸入氯化铵溶液中的型壳，利用氯化铵与水玻璃发生化学反应生成的硅酸溶胶将砂粒粘牢并硬化。重复进行挂涂浆料、撒砂、硬化多次，直到结壳厚度达 5～10 mm（小铸件 5～6 层，大铸件 6～9 层。前两层用较细粒度的砂，后几层粒度较粗）。这种有足够强度的硬壳铸型称为型壳。

（4）脱蜡 用加热装置 7 将水罐 5 中的水 6 加热至 85～95 ℃，把型壳放入（图 2－55h），使蜡模熔化并浮到热水面上流出，收取蜡料供重复使用。蜡模流出后的型壳即为具有空腔的铸型。

除上述方法外，还可采用高压蒸气法脱蜡。

(5) 造型和焙烧　为提高型壳强度，防止浇注时型壳变形或破裂，可将型壳9竖放在耐热砂箱10中（图2－55i），周围填满干石英砂11并紧实，此过程称为造型。

为烧尽型壳内残留的蜡料、其他杂质和蒸发掉水分，提高型壳质量，需将装好型壳的耐热砂箱放在电炉8中，在900～950 ℃温度下焙烧。焙烧后可提高型壳强度，使型腔更为干净。

(6) 浇注、落砂和清理　为提高金属液的充型能力，防止产生浇不到、冷隔等缺陷，焙烧后趁热（型壳温度为600～700 ℃）将浇包12中的金属液13浇入铸型（图2－55j）。

铸件冷却后毁掉铸型，去掉浇注系统、清理毛刺，放入150 ℃浓度为45%的苛性钠水溶液中进行化学处理，以彻底清洗铸件。化学处理后用流水洗净并烘干，对铸件进行热处理和成品检验。

2. 熔模铸件的结构特点

(1) 熔模铸件的结构应便于从压型中取出蜡模和型芯。

(2) 为便于浸渍浆料、撒砂，熔模铸件上的孔、槽不宜过小或过深。一般，孔径应大于2 mm（薄壁件>0.5 mm）。通孔时，孔深 h 与孔径 d 之比 $h/d \leqslant 4 \sim 6$；盲孔时，$h/d \leqslant 2$。槽宽应大于2 mm，槽深为槽宽的2倍至6倍，槽越宽，槽深与槽宽的比值可越大。

(3) 熔模铸件的壁不宜过薄，一般应为2～8 mm，以防产生浇不到等缺陷。

(4) 熔模铸造工艺一般不用冷铁，少用冒口，常用直浇道直接补缩，故要求铸件壁厚均匀，或使壁厚分布能满足顺序凝固要求，不要有分散的热节。

(5) 因熔模强度不高，型壳易变形，故要求熔模铸件上不应有大的平面。为防止变形，可在大平面上增设工艺孔或加强筋。

3. 熔模铸造的特点和应用范围

(1) 可生产形状复杂、轮廓清晰、薄壁（0.2～0.7 mm），且无分型面、质量较高的铸件。一般的凸台、小孔均可直接铸出。铸件尺寸公差等级，成批、大量生产时可达：钢铁材料CT7～CT5（相当于IT13～IT11），铜合金和轻金属合金CT6～CT4。表面粗糙度值 Ra 为12.5～1.6 μm，加工余量为0.2～0.7 mm，实现了少、无切削加工，节省了金属材料。

(2) 能铸造各种合金铸件，尤其适合铸造高熔点、难切削加工和用别的加工方法难以成形的合金，如耐热合金、磁钢、不锈钢等。

(3) 生产批量不受限制，可实现机械化流水线生产。

(4) 工艺过程复杂，生产周期较长（4～15天），生产成本比砂型铸造高几倍。

(5) 因蜡模容易变形,型壳强度不高等原因,铸件的重量一般限制在 25 kg 以内。

熔模铸造主要用于生产汽轮机、涡轮发动机的叶片或叶轮,切削刀具,以及飞机、汽车、拖拉机、风动工具和机床上的小型零件。目前它的应用还在日益扩大,例如,实验性的铸件,重量已达 45 kg,最大尺寸为 1 016 mm。

六、实型铸造(消失模铸造或气化模铸造)

实型铸造是指用聚苯乙烯发泡材料制成的模样(气化模)代替木模、金属模,造型后不起模直接将金属液浇注到铸型中,高温使气化模燃烧、气化并形成空腔容纳金属液,获得铸件的方法。实型铸造工艺过程主要有制造气化模、挂涂料、填干砂紧实和浇注等工序。

单件、小批生产大、中型铸件的气化模用聚苯乙烯发泡板材分块制作经粘合制成,例如机床的床身等铸件;大批量生产中、小型铸件的气化模,是将聚苯乙烯颗粒直接放入成型模具内制成气化模。

在气化模表面挂涂料,经干燥后填干砂振动紧实,即可进行浇注。

实型铸造无需起模、分型和制芯,造型工序简化、生产率高、成本低,铸件尺寸精度、表面粗糙度值与熔模铸造相似。

实型铸造适用于生产各种批量、形状复杂、轮廓清晰、无分型面的合金铸件。

七、液态挤压铸造

液态挤压铸造的工艺过程是(图 2－56):将定量金属液浇入金属下型(模),金属上型(模)向下加压,使金属液在压力下充满型腔,并结晶凝固及产生微量塑性变形,形成铸件。

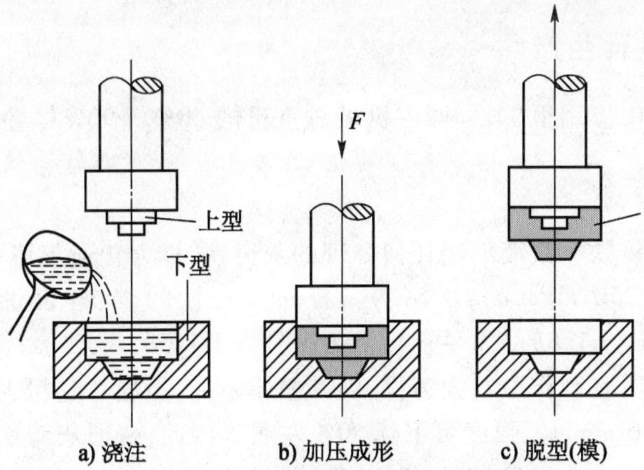

图 2－56 液态挤压铸造工艺过程

液态挤压铸造是一种铸造与锻造相结合的工艺方法。因工件主要是在液态下成形,也在固态下产生微量塑性变形,故又称“液态模锻”。这种铸造方法克服了铸造、锻造两种工艺的缺点,又保留了这两种工艺的优点,因此是很有前途的新工艺。

液态挤压铸造与其他铸造方法和锻造相比,其特点是:

(1) 因金属液是在压力下凝固,并在凝固后有微量塑性变形,所以产品晶粒细小,组织致密,无铸造缺陷,力学性能超过金属型铸件。某些力学性能接近甚至超过同种材料锻件的力学性能。

(2) 铸件尺寸公差等级为 CT8 ~ CT6(相当于 IT13 ~ IT12),表面粗糙度值 Ra 为 3.2 ~ 0.8 μm,铸件的非配合面一般不需切削加工。

(3) 不需浇冒口系统,提高了金属利用率。例如,某载重汽车油泵壳体重 2.3 kg,用金属型铸造时,铸件和浇冒口共重 4.7 kg,金属利用率为 49%;用液态挤压铸造时,铸件重 3.2 kg,金属利用率为 72%。

(4) 液态挤压铸造所需的成形功率比锻造小,约为模锻的 1/3 ~ 1/4,可减小压机设备吨位,并能加工脆性材料。

(5) 液态挤压铸造不适合生产形状复杂、多型芯、壁太薄的铸件。

液态挤压铸造适用于各种有色金属及其合金、钢铁材料,特别适用于生产批量大、形状中等复杂、壁厚大而要求强度高、致密性好的中小型铸件。例如,油泵壳体、仪表壳体、阀体、柴油机活塞、车轮、变速箱体,以及齿轮、衬套、切削工具、模具、摩托车零件等。

第五节　常用合金铸件生产

一、铸铁件生产

铸铁在机械中应用很广,一般占机械总重量的 40% ~ 90%。生产中常用的铸铁有以下几种:

1. 灰铸铁

(1) 普通灰铸铁　铁液不经任何处理的灰铸铁,称为普通灰铸铁,也称低强度灰铸铁($\sigma_{b} \leqslant 250$ MPa, $\delta \leqslant 0.5\%$)。普通灰铸铁的碳、硅含量较高(w_C = 3.0% ~ 3.7%, w_{Si} = 1.8% ~ 2.4%),常用牌号为 HT150。

普通灰铸铁不宜制作厚壁大铸件,因其壁厚越大,石墨片越粗大,强度越低,当截面增加到 100 mm 时,强度可下降 50% 左右。因此,普通灰铸铁适用于受力较小,形状复杂的中、小铸件,例如机座、箱体、带轮、支架、阀体等。

(2) 孕育铸铁　为提高普通灰铸铁的力学性能,较为有效的措施是降低碳、硅含量。为防止低碳、低硅造成白口组织，生产中常对灰铸铁进行孕育处理。孕育处理就是在浇注前往铁液中加入孕育剂，以产生大量人工晶核和改善铁液的结晶条件，得到分布均匀的细小片状石墨和细珠光体基体。经过孕育处理的铸铁称为"孕育铸铁"。常用的孕育剂是硅含量为75%的硅铁或硅钙合金，其块度为3～18 mm，加入量为铁液重量的0.2%～0.5%。孕育剂可放在出铁槽或浇包中，随高温铁液冲熔，并被吸收。孕育处理前的原始铁液中碳、硅含量要低（一般 w_C = 2.7%～3.3%，w_{Si} = 1.0%～2.0%）。这种铁液若不经孕育处理就直接浇注，将得到白口或麻口组织。因低碳铁液流动性差，加上孕育处理时铁液温度要降低，所以铁液的出炉温度应高达1 400～1 450 ℃。

孕育铸铁的强度、硬度比普通灰铸铁有显著提高，因此称高强度灰铸铁，其抗拉强度为300～400 MPa，硬度为170～270 HBW。孕育铸铁中含碳量越低，石墨片越细小，则强度、硬度越高，耐磨性越好。但因石墨仍为片状，故塑性、韧性仍很低。孕育铸铁的冷却速度对其组织和性能影响极小，这就使铸件的组织和性能的均匀性高，即铸件的同一截面上力学性能较均匀。孕育铸铁的强度越高（HT300以上），其截面上组织和性能的均匀性越好，这种特性对厚壁铸件非常重要，如图2-57所示。

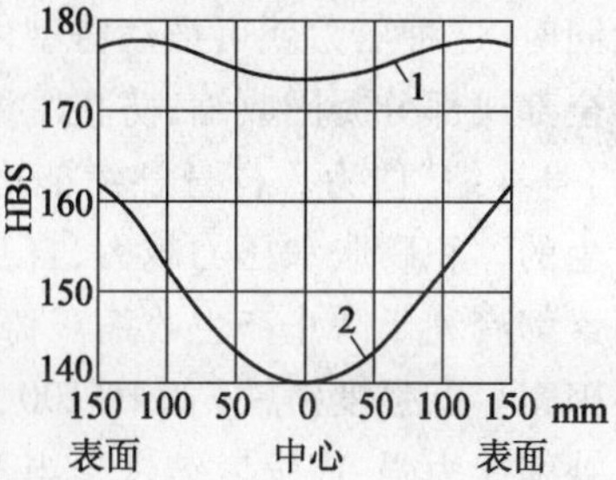

图2-57　孕育处理对大型铸铁件（300 mm × 300 mm）截面硬度的影响
1—经孕育处理（孕育铸铁）；
2—普通灰铸铁

孕育铸铁适用于动载荷较小，静载荷较大，对强度、硬度和耐磨性要求较高的重要铸件，尤其是厚大铸件，例如床身、凸轮轴、气缸体等。

（3）灰铸铁的铸造性能　灰铸铁流动性好、收缩小，铸造性能好。生产中常用碳当量 w_{CE} 来综合反映灰铸铁中主要元素对流动性的影响。对于未经处理和未加大量合金元素的铸铁，碳当量的计算方法是将铸铁中硅、磷等元素折算为碳量，并将其折算值加上实有的总碳含量，以百分率表示：

$$w_{CE} = \left[w_C + \frac{1}{3}(w_{Si} + w_P) \right] \times 100\%$$

式中：w_C——总碳含量；

w_{Si}、w_p——硅、磷含量。

亚共晶成分的铸铁当浇注温度一定时，随碳当量的增加，其流动性急剧增大。这是因为碳当量的增加可使液相线温度降低，增加了过热度，延长了纯液态流动时间。此外，碳当量的增加还可降低铁液粘度，使结晶温度范围减小，流动阻力减小。

部分过共晶铸铁,在一定范围内流动性随碳当量的增加而增加。这是因为从液体中析出的石墨热导性差,结晶潜热高(约为铁的14倍),使铁液保持流动状态的时间增长所致。

生产中常用的灰铸铁,其碳当量接近4.3%,结晶温度范围甚窄,基本上是按层状凝固方式结晶的,因此具有很好的流动性,可浇注薄壁和形状复杂的铸件。

灰铸铁在凝固时易形成坚硬的外壳,这层硬壳可承受因金属液结晶时石墨析出体积膨胀所造成的压力,保证了铸型型腔不会因此压力而扩大或变形。与此同时,这种压力就可推动铸型内未凝固的铁液去填补结晶时的间隙,因而可抵消全部或部分凝固收缩,防止了缩孔、缩松的形成。灰铸铁这一结晶特点,称为"自身补缩"能力。自身补缩能力的程度取决于石墨化的程度,析出石墨越多,产生的体积膨胀和压力越大,自身补缩能力就越强。一切能提高石墨化程度的因素都有利于防止产生收缩。铸铁碳当量是影响形成缩孔、缩松倾向大小的主要因素。低强度铸铁(如HT100,HT150)碳当量高,形成缩孔、缩松的倾向小,自身补缩能力强;高强度铸铁碳当量低,形成缩孔、缩松的倾向大。在常用铸造合金中灰铸铁收缩最小。

(4) 灰铸铁的铸造工艺特点　目前90%的灰铸铁用冲天炉熔炼,冲天炉炉料由金属炉料、燃料(焦炭、天然气)和熔剂(石灰石、萤石)组成。金属炉料包括高炉铸造生铁、回炉铁(废旧铸件、浇冒口等)、废钢和铁合金(硅铁、锰铁等)①。金属炉料熔化后,化学成分发生了变化。一般,$w_C = 3\% \sim 3.4\%$;硅的烧损量约10%~15%;锰的烧损量一般为20%~25%;磷基本不变;因焦炭中的硫溶于铁液中,使铁液硫含量增加50%,所以冲天炉熔炼时,要得到低硫铁液较困难。冲天炉生产率高,热效率较高、结构简单、操作方便、适应性强、铁液成本低,在国内外应用广泛。

用电弧炉和感应炉可熔炼出高质量的灰铸铁,但成本较高。

灰铸铁件主要用砂型铸造,高精度灰铸铁件可用特种铸造方法铸造。因灰铸铁的铸造性能好,所以其铸造工艺较简单。由于流动性好,故其浇注系统多采用封闭式($S_{内} < S_{横} < S_{直}$)或半封闭式($S_{内} < S_{直} < S_{横}$)(S—浇道横截面积),以达到较好的挡渣效果;因熔点低,浇注温度不高,所以对造型材料的耐火度要求不高;因其收缩小又具有自身补缩能力,故其防止收缩的工艺措施要求不高,一般不用冒口或只用出气口。灰铸铁常采用同时凝固原则,高强度灰铸铁常采用顺序凝固原则。

---

① 铁合金是指,以铁为基体金属并含有一种或几种合金元素的,添加在金属炉料中的合金。

2. 球墨铸铁(简称球铁)

(1) 球铁生产 球铁是用灰铸铁铁液经球化、孕育处理后制成的。为保证球铁质量,生产中应注意下列几点:

① 原铁液的化学成分 原铁液成分与灰铸铁原则上相同,但要求严格。一般为:高碳(w_C = 3.6% ~4%),以改善球化效果和铸造性能;低硫($w_S \leqslant$ 0.06%),因硫会增加球化剂损耗,严重影响球化效果;低磷($w_P \leqslant$0.1%),因磷会降低球铁塑性、韧性和强度,增加冷脆性。

② 球化剂和孕育剂 球化剂的作用是使石墨结晶时呈球状析出,其种类很多,我国目前广泛采用的是稀土镁合金球化剂,而过去是以镁或镁系合金作球化剂。镁是良好的促进石墨球化的元素,实验证明:铁液中只要残留0.04% ~0.08%的镁时,石墨就会完全球化。但镁的沸点低(1 120 ℃)、密度小(1.738 g/cm^3),若直接加到铁液中,将立即沸腾气化,其回收率只有5% ~10%,且操作方法复杂,劳动条件差,易出事故。仅用稀土元素作球化剂其作用不如镁,但却有强烈的脱硫、去氧、除气、净化金属、细化晶粒、改善铸造性能的作用。把稀土元素、镁和硅铁熔化制成稀土镁合金作球化剂,综合了稀土和镁的优点,球化效果好。此外,稀土镁合金密度比铁液大,可使球化处理的设备简单,与铁液反应平稳,利用率高,劳动条件得到改善。球化剂的加入量一般为铁液重量的1.3% ~1.8% 。

因镁等球化剂都是阻碍石墨化的元素,故球化处理后,为提高铁液石墨化能力,防止出现白口或麻口组织,还要进行孕育处理。常用的孕育剂是w_{Si} = 75%的硅铁,加入量一般为铁液重量的0.5% ~1.6%。孕育剂还有细化石墨,使其分布均匀和减轻偏析的作用。

③ 球化处理工艺 将球化剂加入铁液的过程,称为球化处理。球化处理方法很多,用稀土镁合金进行球化处理时,一般采用包底冲入法,如图2-58a在球化剂上面覆盖硅铁粉和稻草灰,有时还可用铁屑或铁板将其压紧,以延缓铁液与球化剂的作用,提高吸收率,防止球化剂过早上浮而影响球化效果。开始时,先冲入铁液总量的1/2 ~2/3,待反应完毕,加草灰扒渣后再冲入其余高温铁液(此时加入孕育剂),再撒草灰、搅拌扒渣后即可浇注。型内球化法(图2-58b)可降低球化剂用量,克服球化衰退和孕育衰退等现象,并能提高球铁的力学性能。

冲入法球化处理,反应平稳、热损失少、操作简便、安全可靠,铁液量不受限制,利于流水线生产。但要求球化剂密度较大,沸点较高。

(2) 球铁的铸造性能和工艺特点 球铁的铸造性能介于灰铸铁与铸钢之间。因其化学成分接近共晶点(碳当量为4.5% ~4.7%),其流动性与灰铸铁相近,可生产壁厚为3 ~4 mm铸件。但由于球化和孕育处理时,铁液温度要降低50 ~100 ℃,且易于氧化,因此要求铁液的出炉温度高(1 400 ℃以上),以保证必需的浇注温度。同时要加大内浇道截面,采用快速浇注等措施,以防止产生浇不

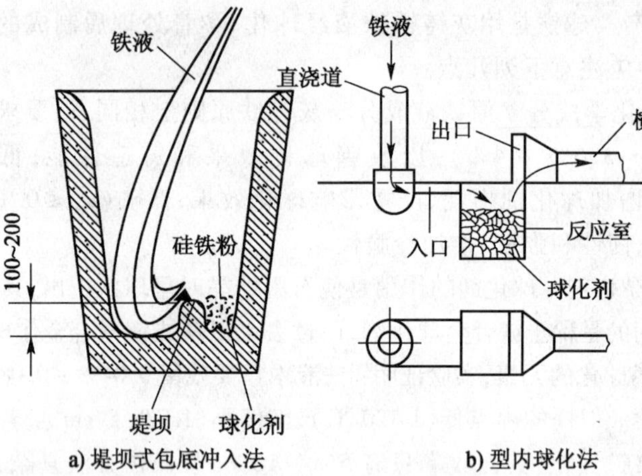

图 2-58 球化处理方法

到、冷隔等缺陷。

球铁件表面完全凝固的时间长,而且外壁与中心几乎同时凝固,造成凝固后期外壳不坚实。此时因析出石墨的膨胀所产生的压力会使铸型型腔扩大,使铸件尺寸及铸件内各结晶体之间间隙增大,故容易产生缩孔、缩松等缺陷。球铁的线收缩率为1.25%~1.7%,常采用顺序凝固原则,并增设冒口以加强补缩。使用干型或水玻璃快干型,以提高铸型强度。此外,球铁凝固时有较大应力,产生变形、裂纹的倾向大,所以要注意消除应力。

由于铁液中 MgS 与型砂中水分作用,生成 H_2S 气体,易使铸件产生皮下气孔。所以应严格控制型砂中水分和铁液中硫的含量。

球铁还易产生石墨飘浮及球化不良等缺陷,所以必须严格控制碳、硅的含量和尽量缩短球化处理后铁液停留时间。一般不超过15~20 min。球化处理后常含有 MgO、MgS 等夹渣,故应考虑排渣措施(过滤网、集渣包等),一般常采用半封闭式浇注系统。

3. 可锻铸铁(马铁)

可锻铸铁件的生产过程是:首先获得白口铸铁件,然后经高温石墨化或氧化脱碳退火。

可锻铸铁的碳、硅含量较低,熔点比灰铸铁高,结晶温度范围较宽,故其流动性差,凝固收缩大,易产生浇不到、冷隔、缩孔及裂纹等缺陷。为避免产生这些缺陷,在铸造工艺上应按照顺序凝固的原则设置冒口和冷铁;提高铁液的出炉温度和浇注温度;适当提高型砂的耐火度、退让性和透气性;为挡住熔渣,在浇注系统中应安放过滤网。

二、铸钢件生产

1. 概述

铸钢按化学成分分为铸造碳钢和铸造合金钢两大类。铸造碳钢占铸钢总产量的80%以上,应用最广。铸造碳钢的强度与球铁相当,但塑性、韧性、疲劳强度比球铁高很多。因此,对承受较复杂、交变应力和较大冲击载荷的铸件,铸钢比球铁更好。此外铸钢的焊接性比球铁好很多,便于采用铸——焊组合工艺制造重型零件。用于制造零件的铸钢主要是中碳钢。

低合金铸钢(合金总的含量<5%)的力学性能比碳钢高;高合金铸钢(合金总的含量>10%)常具有耐热、耐酸、耐磨和抗氧化性等特殊性能。例如,高锰钢用来铸造坦克履带、挖土机掘斗,高速工具钢可直接铸出异形铣刀,铸造不锈钢则用于制造耐酸泵等耐蚀件。合金铸钢件主要用于动力机械、石油化工、冶金等工业部门,其重量为几克至几十吨,壁厚为1~300 mm。

2. 铸钢的熔炼

熔炼铸钢的方法主要有电弧炉和感应电炉等。三相电弧炉构造如图2-59,通电后三根石墨电极与金属炉料间产生强烈的电弧。电弧产生的热量将金属炉料熔化,炼成钢液。电弧炉的容量一般为5~30 t(最大可达300 t),熔炼时间为2~4 h。电弧炉炼钢具有温度高、合金元素烧损较少、操作方便、开炉停炉方便、设备投资少;金属炉料的适应性强,对其质量要求不严;可炼多种钢(优质钢、高级合金钢和特殊钢),并能严格控制钢液成分,质量高等优点。但其消耗电能大、成本高。

感应电炉(图2-60)是利用感应线圈中通过的交变电流产生磁场,在金属炉料内产生感应电流(称涡流),使金属料发热并熔化。感应电炉炼钢合金元素烧损少,成分、温度易控制,钢液质量高,熔炼速度快,操作简便,劳动条件好,能耗少。但设备投资大,容量小。它能熔炼各种高级合金钢和含碳量极低的钢种,适于生产中、小型铸钢件。

目前真空感应电炉和等离子感应炉等新的炼钢法已被广泛采用。等离子感应炉的生产率比感应电炉高25%~30%,耗电量比感应电炉低很多。

熔炼铸钢的炉料包括废钢、回炉钢、炼钢生铁、铁矿石、熔剂和其他材料。铸钢件可用砂型铸造、壳型铸造、熔模铸造、离心铸造和金属型铸造等方法生产。

3. 铸钢的铸造性能和工艺特点

铸钢的熔点高(约1 500 ℃)、流动性差、收缩率大(达2.0%),在熔炼过程中易吸气和氧化,易产生粘砂、浇不到、冷隔、缩孔、变形、裂纹、夹渣和气孔等缺陷。因此,其铸造性能差,在铸造工艺上应采取相应措施,以确保铸钢件质量。

铸钢的浇注温度高(1 550~1 650 ℃),因此所用型(芯)砂的透气性、耐火

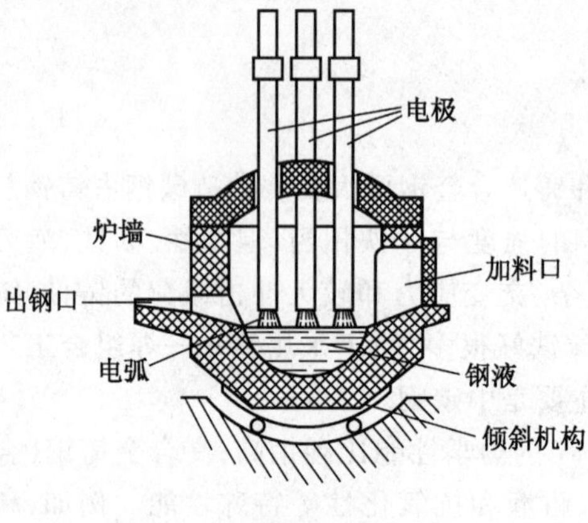

图 2-59　三相电弧炉

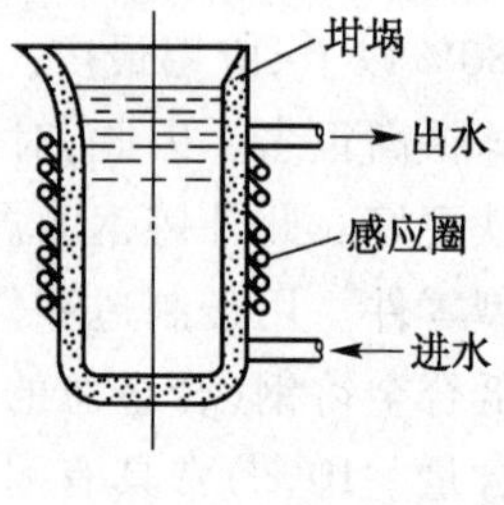

图 2-60　感应电炉

度、强度和退让性都要好。原砂要采用颗粒大而均匀的石英砂，大铸件常用人工破碎的石英砂。为防止粘砂，铸型表面要涂以石英粉或锆砂粉涂料。为减少气体来源，提高合金的流动性和铸型强度，大铸件常用干型或快干型来铸造。对低碳钢、薄壁小件、结构复杂不易充型的铸件，浇注温度应高些；对高碳钢、大铸件、厚壁件、易产生热裂的铸件，浇注温度应低些。

中小型铸钢件的浇注系统开设在分型面上或开设在铸件的上面（顶注）；大型铸钢件开设在下面（底注）。为使金属液迅速充满铸型，减少流动阻力，其浇注系统的形状应简单，内浇道横截面面积应是灰铸铁的 1.5～2 倍，一般采用开放式①。铸钢件大多需要设置一定数量的冒口，采用顺序凝固原则，以防缩孔、缩松等缺陷，冒口所耗钢液常占浇入金属重量的 25%～50%。为控制凝固顺序，在热节处需设置冷铁。对少数壁厚均匀的薄件，因其产生缩孔的可能性小，可采用同时凝固原则，并常开设多道内浇道，以使钢液均匀、迅速地充满铸型。

三、非铁合金铸件生产（俗称有色合金）

常用的铸造有色合金有铜合金、铝合金、镁合金及轴承合金。在机械制造中应用最多的是铸造铝合金和铸造铜合金。

1. 铸造铝合金

铸造铝合金有铝硅、铝铜、铝镁和铝锌等四类合金。其中铝硅合金（又称硅铝明）具有良好的铸造性能，如流动性好、收缩率较小（0.8%～1.1%），不易产生裂纹，致密性好，应用较广，约占铸造铝合金总产量的 50% 以上。含硅 10%～13% 的铝硅合金是最典型的铝硅合金，是共晶类型的合金。

① 开放式浇注系统是指直浇道出口截面积小于横浇道出口截面积总和，横浇道出口截面积总和小于内浇道截面积总和的浇注系统，即 $S_{直} < S_{横} < S_{内}$

铝合金一般用坩埚炉或电炉熔炼。所用金属炉料是工业纯铝、铝硅合金、回炉铝合金、中间合金①及其他添加物等。铝液在高温下易氧化，生成高熔点（2 050 ℃）的 Al_2O_3，其密度略大于铝，呈固态夹杂物悬浮在铝液中很难清除，恶化了合金的铸造性能和力学性能。铝液在高温下易吸气，冷却时被覆盖在其表面的致密的 Al_2O_3 薄膜阻碍而不易排出，形成许多针孔，影响铸件的致密性和力学性能。为减少铝液的氧化与吸气，熔化时用熔剂（KCl 和 NaCl 等盐类）将其表面覆盖，使铝液与炉气隔离，熔炼温度应低于 800 ℃，并尽量少搅拌熔液。在熔炼后期为排除气体和夹杂物，应对铝液进行精炼。方法是向铝液中通入氯气或加入六氯乙烷或氯化锌，以形成 Cl_2、$AlCl_3$、HCl 气泡。使溶解在铝液中的氢气扩散到气泡内，在这些气泡上浮过程中，将铝液中的气体和 Al_2O_3 夹杂物带出液面，使铝液得到净化。

对铝硅合金熔液还应进行孕育处理，以细化晶粒。一般是在 730 ~ 780 ℃时向铝液中加入 NaF、NaCl 、KCl 、Na_3AlF_6 的混合物。

铸造铝合金的熔点低，流动性好，对型砂耐火度要求不高，可用细砂造型，以减小铸件表面粗糙度值，还可浇注薄壁复杂铸件；为防止铝液在浇注过程中的氧化和吸气，通常采用开放式浇注系统，并多开内浇道，使铝液迅速而平稳地充满铸型，不产生飞溅、涡流和冲击；为去除铝液中的夹渣和氧化物，浇注系统的挡渣能力要强；应能形成合理的温度分布，使铸件进行顺序凝固，并在最后凝固部位设置冒口进行补缩，以利于消除缩孔和缩松等缺陷。

2. 铸造铜合金

铸造铜合金分为铸造黄铜和铸造青铜两大类。铸造车间熔化铜合金的设备有坩埚炉和有芯工频感应电炉。坩埚炉常用焦炭或煤气作燃料，因其成本低、使用方便，故应用较广。炉料有金属炉料、脱氧剂和熔剂，金属炉料有铜锭、铜屑、回炉料、纯金属（锌、锡等）及中间合金等。

液态铜合金易氧化生成 Cu_2O 溶于铜中使力学性能下降，因此在熔化铜合金时，应使金属炉料不与燃料直接接触，以减少铜及合金元素的氧化和烧损，保持金属料的纯净。为防止铜氧化，常加入熔剂（硼砂或玻璃）以覆盖铜液，造成铜液与空气隔开。熔炼青铜时还要加入磷铜等脱氧剂进行脱氧。因锌是良好的脱氧剂，所以熔化黄铜时，不必另加熔剂和脱氧剂。

液态铜合金易吸气，主要是氢气。锡青铜常用吹氮法除气，吹入铜液中的氮气泡在上浮时，将氢气带走。铝青铜除用吹氮法去气外，还可加氯盐（$ZnCl_2$）、氯化物（CCl_4）除气。黄铜用沸腾法除气，熔炼温度超过锌的沸点后，锌的蒸气泡逸出，带走铜液中气体。

---

① 中间合金是指为便于把合金元素（尤其是易氧化和难熔元素）加入铸造合金而特殊制备的合金。

铸造黄铜的熔点低,结晶温度范围较窄(30 ~ 70 ℃),流动性好,对型砂耐火度要求不高,可用较细的型砂造型,以减小铸件表面粗糙度值,减少加工余量,并可浇注薄壁复杂铸件。但容易产生集中缩孔,铸造时应配置较大的冒口。

锡青铜的结晶温度范围宽(150 ~ 200 ℃),流动性差,但凝固收缩及线收缩率均小,不易产生缩孔,却易产生晶内偏析与缩松,降低了铸件致密性。然而这种缩松便于存储润滑油,故适于制造滑动轴承。为此,壁厚不大且致密性要求不高的锡青铜铸件,常用同时凝固的方法。锡青铜宜采用金属型铸造,使铸件结晶细密。锡青铜在液态下易氧化,在开设浇注系统时,应使金属液流动平稳,防止飞溅,故常用底注式浇注系统。

铝青铜的结晶温度范围窄,流动性好,易获得致密铸件。但其收缩大,易产生集中缩孔,为此需安置冒口、冷铁,使之顺序凝固。又因铝青铜易氧化和吸气,所以浇注系统宜采用底注式,并在浇注系统中安放过滤网以除去浮渣。

铅青铜浇注时因铅密度大会下沉,故需控制浇注温度,浇注前要充分搅拌,并加快铸件冷却,以减少偏析。

第六节 铸件质量与检验

一、铸件缺陷及其产生原因

铸造生产工序繁多,很容易使铸件产生各种缺陷。为降低废品率,应首先正确判断铸件缺陷的类别,并分析产生的原因,以采取相应措施。常见的铸件缺陷如下所述:

1. 气孔与砂眼

气孔是指主要为梨形、圆形、椭圆形的孔洞,内壁较光滑,一般不露出铸件表面,大孔常孤立存在,小孔则成群出现。产生的原因:型砂含水过多或起模、修型时刷水太多;砂型紧实度过大或透气性差;型芯排气道堵塞或型芯未烘干;金属液溶气太多;浇注系统不合理,充型(浇注)速度过快,气体排不出;铸件结构不合理,不利于排气等。

砂眼是指铸件内部或表面带有砂粒的孔洞。产生的原因:型砂或芯砂强度低;型腔内部分型砂未紧实;铸型被破坏,型砂卷入金属液中等。

2. 缩孔、缩松、热裂与冷裂

见第二章第一节。

3. 夹砂结疤(夹砂)与机械粘砂(渗透粘砂)

夹砂结疤是指铸件表面产生的疤片状金属突起物。其表面粗糙,边缘锐利,有一小部分金属和铸件本体相连,疤片状突起物与铸件之间有砂层。产生的原因：砂型烘烤过度，使局部砂层开裂或翘起；砂型局部温度太高、粘土过多；砂型紧实度不均匀，强度和透气性不好；铸件设计不合理等。

机械粘砂是指铸件的部分或全部表面上，粘附着一层砂粒和金属的机械混合物。清除粘砂层时可以看到金属光泽。产生的原因：型砂耐火度不好，砂粒太粗；型腔未刷涂料或刷得太薄；浇注温度太高；砂型紧实度不够等。

4. 冷隔与浇不到

冷隔是指在铸件上穿透或不穿透，边缘呈圆角状的缝隙。冷隔常出现在远离浇注系统的宽大上表面或薄壁处、金属液汇合处、激冷部位（冷铁、芯撑）等。产生的原因：浇注温度过低；充型速度太慢或浇注时发生中断；流动性不好；浇道截面太小或位置不当；铸件设计不合理等。

浇不到是指铸件残缺或轮廓不完整或可能完整但边角圆且光亮。浇不到常出现在远离浇注系统的部位及薄壁处，其浇注系统是充满的。产生的原因基本上与产生冷隔的原因相同。

5. 错型（错箱）与偏芯（漂芯）

错型是指由于合型时错位，铸件的一部分与另一部分在分型面处相互错开。产生的原因：合型时上、下型未对准或造型时上、下模未对准；定位销磨损等。

偏芯是指由于型芯在金属液作用下漂浮移动，使铸件内孔位置偏错、形状和尺寸不符合铸件图要求的缺陷。产生的原因：型芯变形或放置时偏位；型芯尺寸不准或安置不牢；浇道位置不合适，金属液冲偏了型芯等。

二、铸件检验

铸件检验是指根据用户要求和图样技术要求等有关规定，用目测、量具、仪表或其他手段检验铸件是否合格的操作过程。其任务是找出质量低于要求的原因和违反工艺规程的情况；制定提高产品质量的措施；调整有关工序的执行方式和顺序；调整原材料的质量；仔细检验铸造装备和铸造生产的全部工艺过程等。铸件质量检验包括外观质量、内在质量和使用质量。

铸件按其质量分为三类：合格品（符合技术要求）；返修品（虽有缺陷，但经修补、矫正后可达到技术要求）；废品（不符合技术要求，无法修补）。

1. 铸件外观质量检验

铸件外观质量是指铸件表面状况和达到用户要求的程度，它包括表面粗糙度、表面缺陷、尺寸公差、形状偏差和重量偏差等。一般用观察（肉眼或放大镜）或有关量具、仪器等检查。

2. 铸件内在质量检验

铸件内在质量是指一般不能用肉眼检查出来的铸件内部状况和达到用户要求的程度，它包括化学成分、物理性能、力学性能、金相组织以及存在于铸件内部的孔洞、裂纹、夹杂物等缺陷。一般用化学分析、材料试验、金相检验、无损检验(无损探伤)等方法检验。

(1) 金相检验是使用显微镜对铸件断口进行观察,以确定内部组织和结构、晶粒大小、脱碳层厚度,以及是否存在夹杂、裂纹、缩松和偏析等。

(2) 无损检验是指不损坏铸件,检验其表层和内部缺陷的方法。它可定量或定性地查明孔洞、裂纹、偏析、夹杂物等缺陷。无损检验主要的方法有射线探伤、超声波探伤、磁粉探伤、渗透探伤和渗漏试验等。

① 射线探伤　射线探伤是利用 X 射线或 γ 射线穿透金属时,在缺陷处有较多的射线通过,使相应位置的底片感光较强,经显影后出现黑色条纹或斑点,以此来判断缺陷的类型、位置和大小,也可用荧光屏、像增强器、射线探测器等观察。X 射线适宜探测厚度小于 60 mm 的铸件,γ 射线适宜探测厚度 60 ~ 150 mm 的铸件,γ 射线的灵敏度比 X 射线低。

② 超声波探伤　当超声波束通过探头从铸件表面穿入内部遇到裂纹、孔洞等缺陷或铸件底面时,部分超声波束被反射回来,反射的波束由探头接收后,在荧光屏上显示出脉冲波形。根据波形可判断有无缺陷、缺陷的位置和大小,但难以确定缺陷的类型。超声波探伤的灵敏度和探测的深度均较高,对磁性和非磁性材料均适用,一般不受铸件厚度限制,并且可发现很小的缺陷,但若铸件太薄或缺陷接近铸件表面时不易检查出来。超声波探伤主要用于检查厚度较大、表面光滑、形状简单的铸件。

③ 磁粉探伤　将铸件置于外加磁场中磁化,使其内部有磁力线通过,并在检验处撒上细磁铁粉,若铸件无缺陷,磁力线在其中分布是均匀的,磁铁粉无聚集现象。若铸件表面或近表面(1 ~ 6 mm)处有缺陷(如裂纹、气孔、夹渣等),则该处磁阻较大,磁力线会发生弯曲,绕过缺陷跑出铸件表面,形成漏磁场,漏磁处就会吸附磁铁粉,使磁铁粉按缺陷形状聚集,故可判断缺陷的位置、形状和大小(最小可发现几微米的小缺陷),如图 2 - 61 所示。磁粉探伤只适用于磁性材料,并且不易发现铸件深部缺陷。

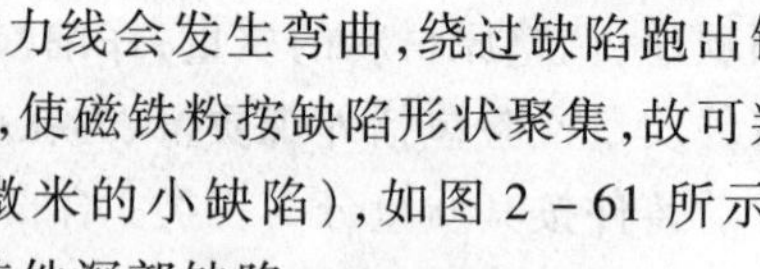

图 2 - 61　磁粉探伤

④ 渗透探伤　渗透探伤分着色检查和荧光检查两种,其中着色检查应用广泛。着色检查时,先用清洗剂洗净铸件被测部位的表面,经烘干或晾干后,将渗透剂(红色)喷洒在被测表面上,渗透剂遇有表面裂纹就会渗透进去。经一定时间后,用清洗剂洗净被测表面的渗透剂,然后再喷显像剂(白色)。进入缺陷中的红色渗透剂将使显像剂变色,从而可确定表面裂纹的部位、形状和大小。着色检查可检查磁性材料和非磁性材料,但只能探测出露出表面且难以用肉眼发现的缺陷,而内部或表层以下的缺陷无法探测出。

⑤ 渗漏试验 渗漏试验主要用以确定铸件的气密性，常用的方法有以下两种：

水压试验 先向容器内灌满水或其他液体，然后施加一定压力（为铸件工作压力的 1.5 ~ 2 倍），在高压下维持一定时间后，再将压力降至工作压力，检查容器有无水滴或渗漏现象。水压试验适用于检查承受较高工作压力的容器、管道和贮罐等铸件。

气压试验 将容器或管道放入水槽中，然后向容器内通入压缩空气（其压力要超过容器工作压力的 30% ~ 50%），观察水槽中有否气泡冒出。若大型容器不便放入水槽中，可用肥皂水涂在容器表面，也可显示出渗漏位置。气压试验适用于检查低压容器和管道等铸件。

3. 铸件使用质量检验

使用质量是指铸件能满足使用要求的性能，例如在强力、高速、磨耗、腐蚀、高温等不同条件下所表现出的工作性能，以及被加工性能、焊接性能、运转性能等。

此外，对重要的铸件必要时可进行破坏性试验，即从铸件的被测部位上切取试样，检验其显微组织、成分、力学性能等，或抽查一定数量的铸件进行超负荷试验等。

三、铸件的修补

铸件上的缺陷是否需要修补，要根据技术上的可能性与经济性来决定。铸件缺陷经修补后能达到规定的技术要求时，可作为合格品使用。铸件缺陷主要的修补方法有以下几种。

1. 补焊

补焊是指为修补工件的缺陷而进行的焊接，又称返修焊。补焊主要采用焊条电弧焊或气焊方法进行。补焊后，铸件补焊部位的力学性能与铸件母材相近，可承受较大载荷。为确保补焊质量，补焊前应将缺陷处的粘砂、氧化皮、水等夹杂物除净，开出坡口并露出新的金属光泽，以防未焊透、夹渣等。密集的缺陷应将全部缺陷区铲掉。清理的方法有：风铲铲除、砂轮打磨、切削加工、火焰或碳弧切割等。

为限制焊补时裂纹扩展，应在离裂纹两端 5 ~ 10 mm 处，各钻一个 ϕ6 mm ~ ϕ10 mm 的止裂孔，孔深应比裂纹深 2 ~ 3 mm。

2. 金属喷镀

铸件缺陷处经清理后，喷镀一层金属，先进的等离子喷镀效果好。

3. 浸渍法

此法用于承受气压不高，渗漏又不严重的铸件。方法是：将稀释后的酚醛清漆、水玻璃压入铸件缩松或缝隙，或将硫酸铜或氯化铁和氨的水溶液压入铸件孔隙,硬化后即可将孔隙填塞堵死。用真空浸渍胶接方法,效果良好。

4. 填腻修补

用腻子填入孔洞类缺陷。但只用于装饰,不能改善铸件质量。腻子由硫黄粉、白芨粉、白钒、铝粉和石墨粉等配制而成。

5. 金属液熔补

先将铸件缺陷处铲净、造型,浇入高温金属液将缺陷处填满。此法常用于青铜、铸钢等大型铸件的修补。

6. 胶接修补

采用焊接修补,工艺复杂,焊接高温往往会导致铸件变形。胶接修补简便易行,省工省时,可取得较好的效果。

胶接修补时,先用切削加工等方法将铸件缺陷处切除干净,经清洗和必要的处理后,即可进行胶接修补。

对于铸件表面的缺陷,若只影响外观,不影响强度与功能,例如底座、外壳上的缺陷,只需简单地采用将胶粘剂压进砂眼、缩孔等缺陷即可。胶接后颜色可保持与铸铁、铸钢、铸铝、铸铜一致。对要求修补部位与铸件母材有相似强度、硬度的铸件,可先将缺陷处加工成凹槽,再配入金属镶块。镶块与凹槽用过盈配合或用螺钉紧固。镶块配入凹槽时,在它们的表面涂上水玻璃或环氧树脂等胶粘剂,以达到胶合,必要时还可补焊一层金属来增加密封性。铸件常见缺陷的修补方法,见表 2-12。

表 2-12 铸件常见缺陷的修补方法

缺陷种类	修补方法	缺陷种类	修补方法
气孔、砂眼	用切削方法清理后,补焊或胶补,填腻修补	变形	除铸铁件外,用机械法校正
缩孔、缩松	缺陷面积小时,清理后缩孔用补焊或胶补,填腻修补,缩松用浸渍法修补	浇不到	一般不能修补,对于青铜和铸钢可用金属液熔补。铸钢件也可补焊
夹砂结疤（夹砂）	缺陷面积小时,用切削方法清理后,补焊或胶补	尺寸不符	仅在个别情况下允许补焊或胶补,金属喷镀
夹渣、冷隔	用切削方法去除夹渣 或氧化皮,清理后补焊或胶补	裂纹、损伤	允许修补的铸件,经切除、清理后补焊或胶补
力学性能不合格	一般情况下,可重新热处理	偏析、针孔、化学成分不合格	不能修补

第七节　铸造方法的选择

零件材料的铸造性能,零件结构形状的复杂程度、重量、轮廓尺寸、壁厚差、不加工壁的最小厚度和孔径,生产批量大小、工厂设备、技术的实际水平以及其他有关条件,是选择铸造方法时要考虑的因素和依据。正确的选择方法是:根据各种铸造方法的基本工艺特点,在保证零件技术要求的前提下,选择工艺简便、质量稳定和成本低廉的铸造方法。

砂型铸造虽有缺点,但其适应性强,所用设备简单,所以它仍然是当前铸造生产最基本的方法。特种铸造仅在一定条件下,才能发挥出优越性。

常用铸造方法的比较见表 2 – 13,常用铸造方法的经济特性见表 2 – 14。

表 2 – 13　常用铸造方法的比较

比较项目	砂型铸造	金属型铸造	压力铸造	低压铸造	离心铸造	熔模铸造
适用合金种类	不限制	不限制,以有色金属为主	以有色金属为主	以有色金属为主	以铸铁、铸钢、铜合金为主	不限制,以碳钢、合金钢为主
铸件晶粒	粗	细	特细	取决于铸型种类	细	粗
铸件重量范围	不限制	以中、小件为主,一般 <100 kg	一般 <10 kg,也可用于中型铸件	以中、小件为主	不限制	一般 <25 kg
铸件形状	不限制	不宜复杂	不宜厚壁或厚薄悬殊	不宜过大或壁厚薄悬殊	适宜回转体的中空铸件	不限制
铸件最小壁厚 δ/mm	铝合金 >3 灰铸铁 >3 铸钢 >5	铝合金 >2 灰铸铁 >4 铸钢 >5	铝合金 ≥0.5 铜合金 ≥2 锌合金 孔 ≥ ϕ0.8	2 ~ 5	最小内孔为 ϕ7	一般 ≥2 最小 0.2 孔 ≥ ϕ0.5
铸件尺寸公差,mm	100 ± 1.0	100 ± 0.4	100 ± 0.3	100 ± 0.4	取决于铸型材料	100 ± 0.3

续表

比较项目	砂型铸造	金属型铸造	压力铸造	低压铸造	离心铸造	熔模铸造
表面粗糙度值 Ra /μm	粗糙	12.5～6.3	3.2～0.8	12.5～3.2 与铸型材料有关	与铸型材料有关，12.5～6.3，孔表面粗糙	12.5～1.6
铸件加工余量	大	小	不加工	小	孔余量大	小或不加工
毛坯利用率%	60～70	75	95	80	70～90	90
生产批量	不限制	大批、大量	大批、大量	成批、大量	成批、大量	不限制，以成批为主
生产率	低、中	中、高	最高	中、高	中、高	低、中
凸台	可以，附加费用少	可以	可以，加少量费用	可以，加少量费用	可能	可以，有些困难
侧凹	可以，附加费用少	可以	可以，但成本增加较多	可以，但成本增加较多	不可以	可以，中等费用
镶嵌件	可以，附加费用少	可以	可以，但使生产率降低	可以，但使生产率降低	可以	不可以
应用举例	机床床身、机架、箱体、带轮、汽缸体、曲轴、水轮机转子、轴承盖等	铝活塞、水暖器材、水轮机叶片、民用器皿、缸体、缸盖、油泵壳体、轴瓦、轴套等	汽车化油器、喇叭、缸体、仪表和照相机的壳体及支架等	气缸体、缸盖、船用螺旋桨、纺织机零件等	铸铁管、套筒、环、叶轮、滑动轴承等	刀具、刀杆、风动工具、汽轮机叶片，汽车、拖拉机、自行车、机床、飞机、农机、电器仪表和武器上的小型零件

表 2-14 常用铸造方法的经济特性

零件最大外廓尺寸 l/mm	零件形状	砂型铸造			金属型铸造			压力铸造			熔模铸造		
		单件	成批	大量	单件	成批	大量	单件	成批	大量	单件	成批	大量
100 以下	简单	+	−	−	−	+	+	−	+	+	+	+	−
	中等	+	−	−	−	+	+	−	+	+	+	+	+
	复杂	+	+	+	−	−	−	−	+	+	+	+	+
100 ~ 400	简单	+	−	−	−	+	+	−	+	+	+	+	−
	中等	+	−	−	−	+	+	−	+	+	+	+	+
	复杂	+	+	+	−	−	−	−	+	+	+	+	+
400 ~ 1 000	简单	+	−	−	−	+	+	−	+	+			
	中等	+	+	+	−	+	+	−	+	+			
	复杂	+	+	+	−	−	−	−	+	+			
1 000 ~ 3 000	简单	+	+	+									
	中等	+	+	+									
	复杂	+	+	+									

注：正号表示该方法适用，负号表示该方法不适用

习题

1. 铸造生产为何应用很广泛，其成形特点和存在的主要问题是什么？

2. 金属铸造性能的好坏主要用什么衡量？它们对铸件质量有何影响？

3. 拟生产一批灰铸铁小型件，力学性能要求不高，但壁很薄，试分析如何提高铁液的流动性。

4. 提高金属流动性的主要措施有哪些？

5. 什么是金属液的充型能力？它与金属流动性有何关系？

6. 铸造生产时，合金结晶温度范围宽窄对铸件质量有何影响，为什么？

7. 浇注温度过高或过低，铸件容易出现什么缺陷？

8. 缩孔和缩松是怎么形成的？防止的措施有哪些？

9. 何谓顺序凝固原则和同时凝固原则？各应采用什么措施来实现，为什么？

10. 铸造应力有哪几种？形成的原因是什么？

11. 防止铸件产生应力、变形和裂纹的主要措施有哪些？

12. 试述砂型铸造手工造型的特点和应用。选择手工造型方法时，应考虑哪些因素？

13. 为什么说机器造型是现代砂型铸造生产的基本方式？

14. 确定浇注位置和分型面的原则是什么？

15. 确定分型面时，为什么应尽量使铸件的造型位置与浇注位置一致？

16. 图 2－62 所示各零件的分型面有哪几种方案，哪种方案较合理，为什么？（砂型铸造，单件小批生产）

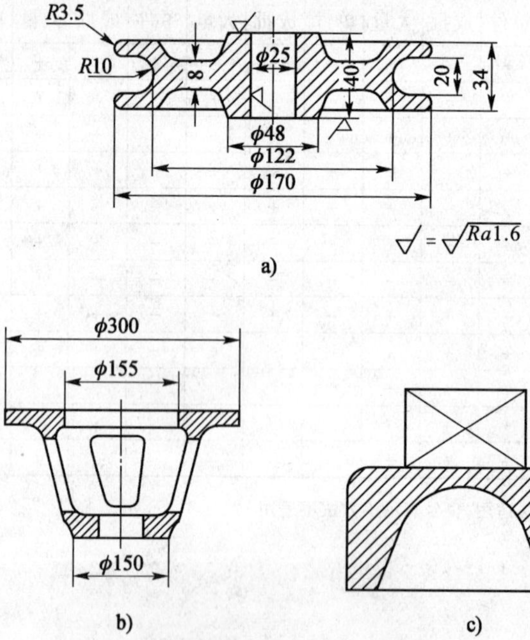

图 2－62　第 16 题图（各图次要尺寸从略）

17. 零件、铸件、模样三者在尺寸与形状上有何区别？

18. 为什么真正的空心球不采取工艺措施难以铸造出来？采取什么措施才能铸出？绘图说明。

19. 区别下列名词概念：

模样与型腔，铸件与零件，芯头与芯座，分型面与分模面，起模斜度与结构斜度，浇注位置与浇注系统位置，出气口与冒口，缩孔与缩松，逐层凝固与顺序凝固，造型位置与浇注位置。

20. 绘出图 2－63 所示零件的铸造工艺图和铸件图。

21. 为什么进行铸件结构设计时，要初步考虑铸件的大致分型面？试举例说明。

22. 为什么要规定铸件的最小壁厚？灰铸铁件壁厚过大或局部过薄会出现什么问题？

23. 图 2－64 所示铸件的两种结构设计，应选用哪一种较为合理，为什么？（提示：从工艺方面分析。）

24. 为什么圆角是铸件结构的基本特征？为什么圆角过大或过小都不好？试修改图 2－65 中不合理的圆角。

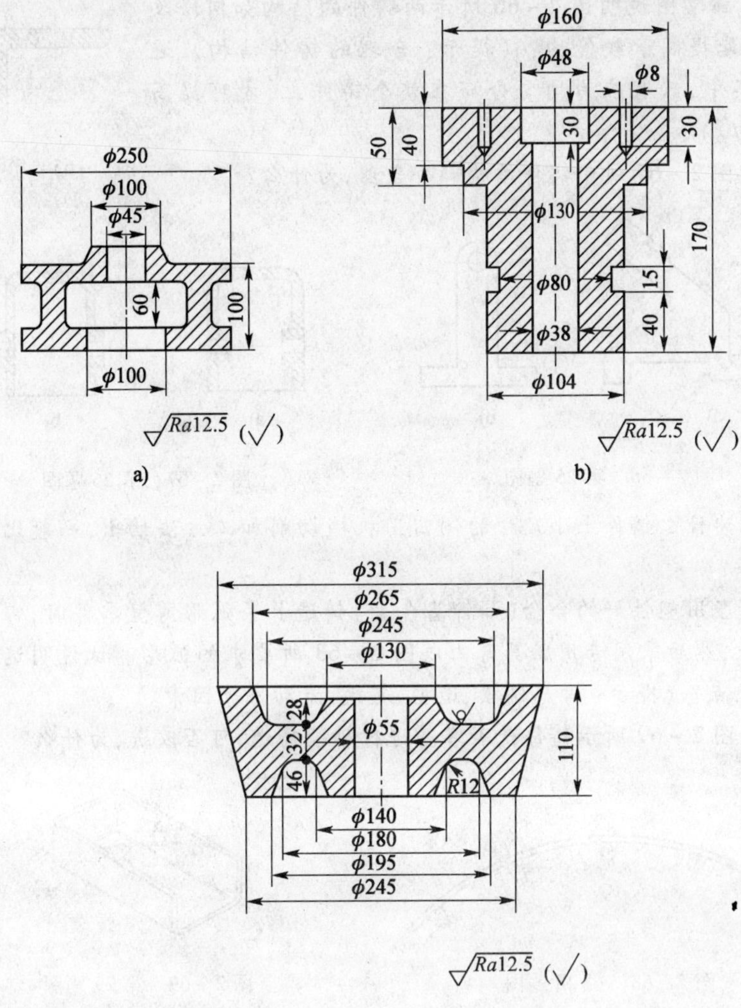

图 2－63　第 20 题图（各图次要尺寸从略）

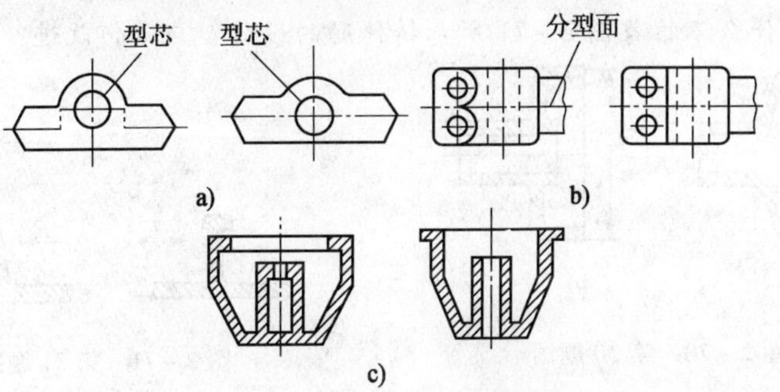

图 2－64　第 23 题图

25. 画草图说明图 2 – 66 所示两铸件的结构如何修改设计,才能提高承载能力?(提示:合理的铸件结构应避免应力集中,只有应力均匀分布在整个铸件上,才可提高承载能力。)

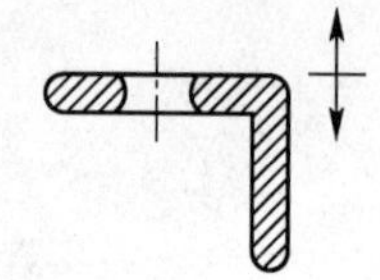

图 2 – 65　第 24 题图

26. 图 2 – 67 所示铸件结构哪个合理,为什么?

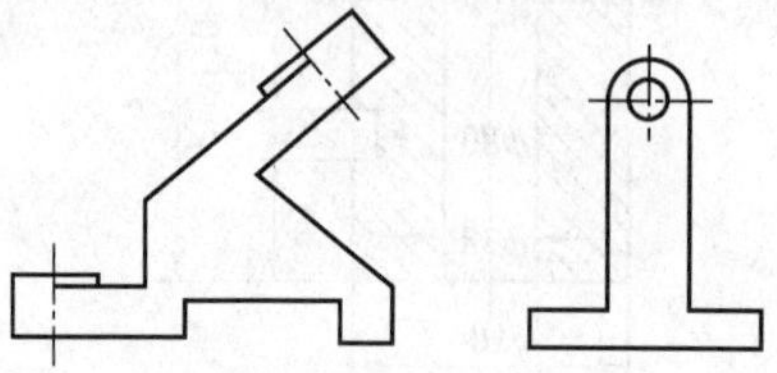

a)　b)

图 2 – 66　第 25 题图

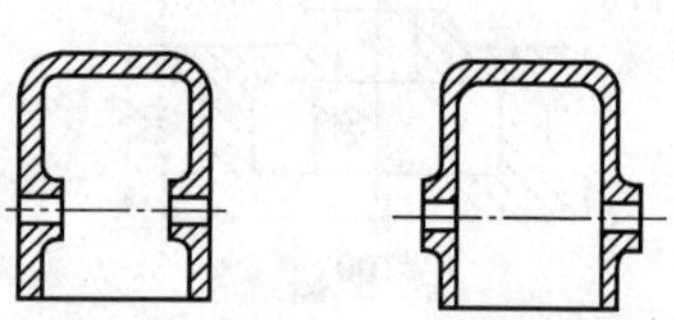

a)　b)

图 2 – 67　第 26 题图

27. 为什么铸件上小尺寸的侧凹用机械切削加工方法切出,一般比直接铸出更经济?

28. 当用塑性好的合金(如锌基合金)铸造长条弧形薄壁零件时,常将其铸成平面状,然后采用专用胎具弯曲成图 2 – 68 所要求的弧形。试说明这种技术的主要优点?(提示:考虑制模、造型、起模、流动性等因素。)

29. 图 2 – 69 所示铸件是否容易进行砂型铸造,可否改进,为什么?

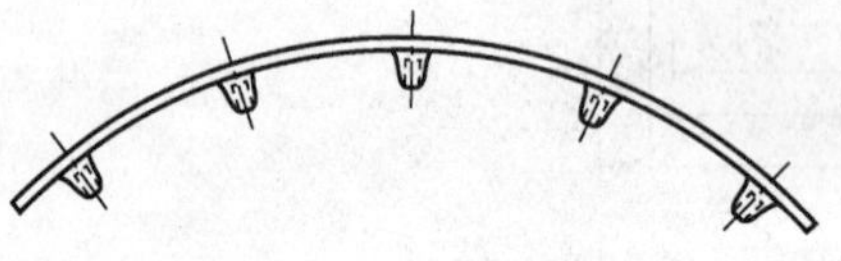

图 2 – 68　第 28 题图

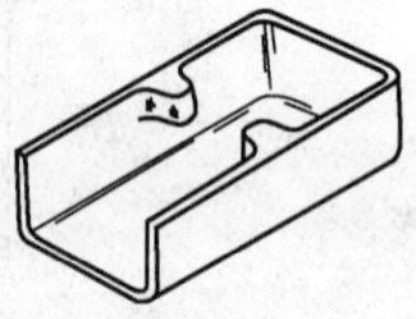

图 2 – 69　第 29 题图

30. 图 2 – 70 所示零件的两种结构设计,哪种合理,哪种不合理,为什么?(铸件尺寸较大。)

31. 为什么不推荐图 2 – 71 所示铸件肋的设计?应如何改进?

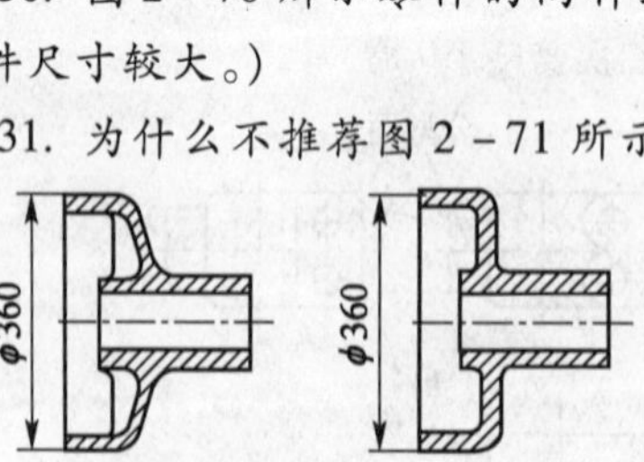

a)　b)

图 2 – 70　第 30 题图

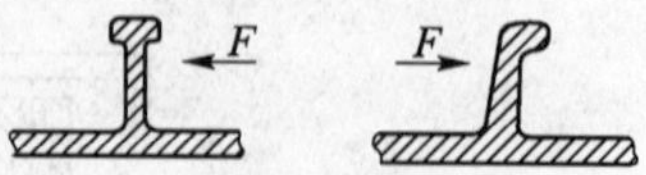

图 2 – 71　第 31 题图

32. 金属型铸造与砂型铸造相比，在生产方法、铸造工艺和铸件结构等方面有何特点？应用如何？

33. 用金属型浇注铸铁件时，为什么常出现白口组织？生产中如何预防和消除白口组织？

34. 试述压力铸造的工艺过程和特点。压铸件结构设计应注意什么？压铸适用于生产何种铸件？

35. 为什么普通压铸件不宜采用切削加工余量过大的后续精加工？为什么普通压铸件不宜进行热处理？

36. 试分析压力铸造与低压铸造有哪些异同。

37. 为什么经离心铸造后，许多金属铸件的力学性能得到提高（增加10%～20%）？

38. 用离心铸造方法如何生产双金属铸件？

39. 为什么熔模铸造特别适用于生产难以切削加工的、形状复杂或耐热合金钢铸件？

40. 设计熔模铸件结构时应注意哪些问题？

41. 液态挤压铸造有何特点？其应用范围是什么？

42. 比较金属型铸造、压力铸造、低压铸造、离心铸造、熔模铸造的特点和应用范围有何异同？

43. 特种铸造能否完全取代砂型铸造，为什么？

44. 为什么灰铸铁的收缩比铸钢小？

45. 灰铸铁的铸造性能和力学性能有何特点，为什么？灰铸铁最适宜制作哪类铸件？

46. 冲天炉炉料由哪些材料组成，各种材料的作用是什么？

47. 为何可锻铸铁只适宜制作薄壁小铸件？若壁厚过大易出现什么问题？

48. 试分析比较灰铸铁、球墨铸铁和铸钢的铸造性能和力学性能有何不同。

49. 灰铸铁与铸钢在铸造工艺和铸件结构上有何不同，为什么？

50. 为什么铸造铝合金易产生夹渣和针孔？应如何防止？常用的铸造铝合金是哪一类，为什么？

51. 试述黄铜和锡青铜的铸造性能有何特点？黄铜和锡青铜常用于制作哪些铸件？

52. 充型速度快慢对铸件质量有何影响？浇注时断流会产生什么缺陷？

53. 落砂时铸件温度过高有什么不好，为什么？

54. 试述铸件检验的内容与方法。

55. 产生冷隔与浇不到的原因是什么？防止产生冷隔与浇不到的措施有哪些？

56. 修补铸件的方法有哪些？其应用范围是什么？

57. 选择铸造方法时应考虑哪些因素，为什么？

58. 下列铸件在大批量生产时，采用什么铸造方法为宜（先选择所用材料，后选择成形方法）？

车床床身，汽轮机叶片，铸铁污水管，铝活塞，缝纫机机头壳体，缝纫机机架，哑铃，生活用铸铁锅，摩托车气缸体，滑动轴承，铸铁暖气片，生活用炉盖和炉条，机床手轮，自来水三通管接头，车床变速箱，汽车发动机壳体，发动机曲轴等

第三章

塑 性 加 工

金属塑性加工是指利用金属的塑性,使其改变形状、尺寸和改善性能,获得型材、棒材、线材或锻压件的加工方法。它包括锻造、冲压、挤压、轧制、拉拔等。锻造和冲压总称锻压。轧制、挤压和拉拔主要用于生产型材、棒材、板材、线材等,也可生产机械零件或毛坯。

塑性变形是金属塑性加工的基础,大多数钢和有色金属及其合金都有一定的塑性,因此它们均可在热态或冷态下进行塑性加工,塑性加工也称压力加工。

锻压是制造机械零件或毛坯的一种重要工艺方法,主要应用在机械、电力、电器、仪表、电子、交通、冶金矿山、国防和日用品等工业部门。机械中受力大而复杂的重要零件(如主轴、曲轴、连杆、齿轮、凸轮、叶轮、叶片、炮筒和枪管等)一般都采用锻件作毛坯。在飞机上锻压件重量占全部零件重量的85%;汽车上占80%;机车上占60%;电器、仪表和日用品中,冲压件占绝大多数。锻压件之所以被广泛采用,是因为它具有下列主要优点:

(1) 锻压过程中,金属经塑性变形和再结晶后,压合了铸造组织的内部缺陷(如气孔、微裂纹等),使组织致密、晶粒细化,内部杂质呈锻造流线状分布,改善和显著提高了力学性能。因此,锻件的强度比砂型铸件提高一倍以上。用锻压法制成的机械零件可减小零件的截面尺寸(承受载荷相同的条件下),减轻产品重量,提高金属材料的利用率和经济效益。

(2) 板料冲压件具有重量轻、精度高、刚度好的特点。

(3) 现代化的锻压生产具有很高的生产率。

锻压的主要缺点是:因为锻压件是在固态下成形,金属流动困难,所以锻件形状(特别是内腔形状)所能达到的复杂程度不如铸件;一般锻件的尺寸精度不高;锻压加工需要重型的机器设备和较复杂的模具。对厂房地基要求高;劳动强度较大,劳动条件较差。

近年来,随着科学技术的发展,塑性加工工艺和设备日益完善,特别是计算机技术在锻压生产中的普遍采用,使锻压件的品种、重量和尺寸不断扩大,锻压件精度和表面质量大为提高，一些锻压件可以达到车削、铣削，甚至磨削的水平，金属利用率和生产率也不断提高，因而锻压生产的应用范围更加广泛。

第一节　金属的锻压性能

一、金属的塑性变形

金属受外力作用而引起固体尺寸和形状的改变，称为变形。变形分为弹性变形和塑性变形（即永久变形）两种。

1. 单晶体的塑性变形

如图 3-1 所示，单晶体在外力 F 作用下被拉伸或压缩时，作用在某一晶面 $M—N$ 上的拉应力 f 可分解为垂直于该晶面的正应力 σ 和平行于该晶面的切应力 τ。正应力只能造成晶体的弹性变形或断裂，而切应力才会使晶体产生塑性变形。

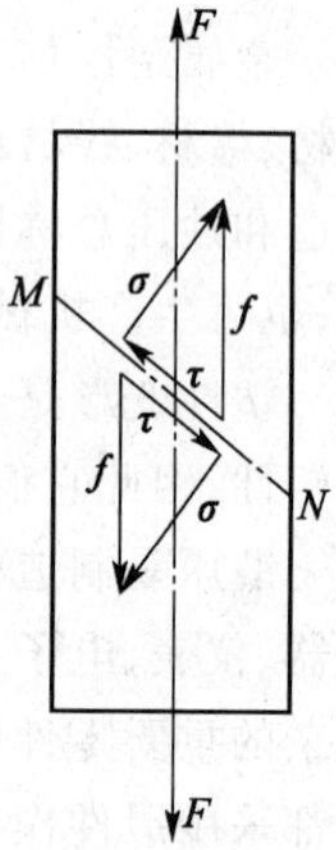

图 3-1　单晶体拉伸示意图

单晶体塑性变形的基本形式有两种，即滑移变形和孪生变形。滑移变形过程如图 3-2 所示，在切应力作用下，迫使原子离开原来的平衡位置，改变了原子间的相互距离，产生了变形，并引起原子位能的增高。但高位能的原子具有返回到原来低位能平衡位置的倾向，所以当切应力去除后，变形也即消失。这种变形称为弹性变形（图 3-2b）。当切应力增加到大于原子间的结合力后，则在某个晶面两侧的原子将产生相对滑动（图 3-2c），即晶体的一部分相对于另一部分沿一定晶面上的一定晶向发生滑动，称此滑动现象为滑移（此晶面称滑移面，是晶体中原子密度最大的晶面；此晶向称滑移方向，是晶体中原子密度最大的晶向）。晶体滑移后，若去除切应力，晶格歪扭可恢复，但已滑移的原子不能恢复到变形前的位置，被保留的这部分变形即塑性变形（图 3-2d）。

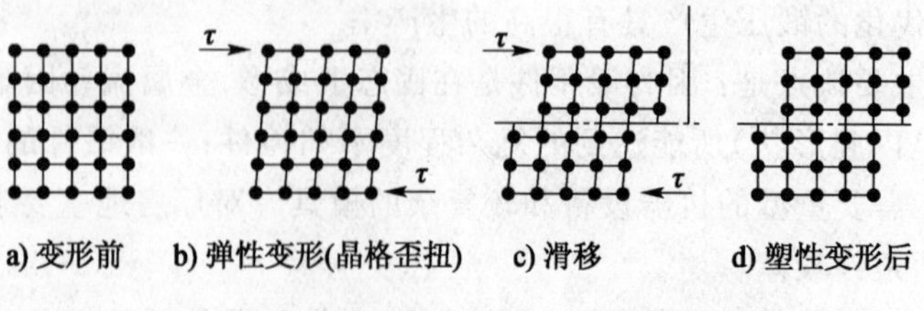

图 3-2　单晶体在切应力作用下的滑移变形

晶体在滑移面上发生滑移，实际上并不需要滑移面两侧的所有原子同时一起移动，即刚性移动。而是在切应力作用下，通过晶体内位错运动实现的。

晶体内一个晶面发生滑移后，晶体的变形量很小，很多晶面同时滑移积累起来就形成了可见的塑性变形。

孪生变形所需的切应力比滑移变形大，因此常用金属材料在一般条件下的塑性变形形式主要是滑移变形。

2. 多晶体的塑性变形

工业用金属一般都是多晶体，多晶体中仅就一个晶粒分析，其塑性变形方式也是滑移和孪生，所以多晶体的塑性变形可以看成是每个晶粒产生塑性变形的总和。但是，多晶体中由于晶界存在以及各晶粒位向不同（即晶粒间原子排列方向不同），故各晶粒在外力作用下所受的应力状态和大小是不同的。因此，多晶体产生塑性变形时并不是所有晶粒都同时进行，而是随着外力增加晶粒有先有后，分期分批地进行。一般，在外力作用下，与外力呈45°角的晶面上，产生的剪切应力最大，易达到产生滑移时所需要力的数值，这种位向称为软位向。若晶面与外力近似平行或垂直时，晶体不易产生滑移，称此位向为硬位向，软位向晶粒首先产生滑移，与此同时硬位向的晶粒受力后，开始向软位向方向变化（转动），随着切应力增加也相继产生滑移，如此一批批地进行，直至全部晶粒都发生变形为止。

综上所述，多晶体塑性变形过程比单晶体要复杂得多，它既有晶内滑移（晶内变形），也有晶间相对滑移或转动（即晶间变形），但以晶内变形为主，晶间变形很小，其变形抗力要比同种金属的单晶体高很多。

二、冷变形强化（加工硬化）

冷变形强化是指在冷变形时，随着变形程度的增加，金属材料的所有强度指标和硬度都有所提高，但塑性有所下降的现象（图3－3）。

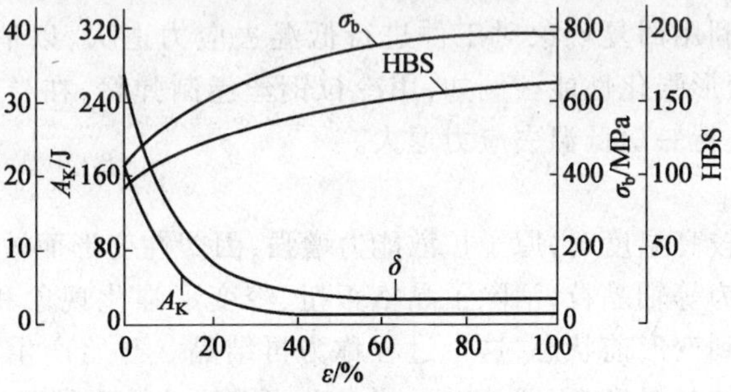

图3－3　冷塑性变形对低碳钢性能的影响

$ε$—工件变形程度

冷变形强化是由于金属塑性变形时组织变化引起的。滑移过程中，在滑移面上产生很多晶格位向混乱的微小碎晶块，滑移面附近晶格也处于强烈的歪扭状态,晶界处位错塞积,产生了较大的应力,增加了继续滑移的阻力,使继续变形越来越困难,造成了冷变形强化,亦称加工硬化。

冷变形强化在生产中很有实用意义,它可以强化金属材料,特别是一些不能用热处理进行强化的金属,如纯金属、奥氏体不锈钢、形变铝合金等,都可用冷轧、冷挤、冷拔或板料冲压(冷冲压)等加工方法来提高强度和硬度。

但是,冷变形强化会给金属进一步变形带来困难。所以,生产中常在变形工序之间安排中间退火,以消除冷变形强化,恢复金属塑性。

冷塑性变形不仅影响金属的力学性能,也会使某些物理和化学性能发生变化,如电阻增加、耐蚀性下降等。冷塑性变形时,外力对金属所作功约有 10% 转化为应力而残留在金属中。

三、回复与再结晶

1. 回复

冷变形强化的结果使金属的晶体结构处于不稳定的应力状态,强烈歪扭的晶格中处于高位能的原子有恢复到稳定平衡位置上去的倾向。但在室温下原子扩散能力小,这种不稳定状态能保持较长时间而不发生明显变化。只有将它加热至一定温度,让原子加剧运动,才会发生组织和性能变化,使金属恢复到稳定状态。

将冷变形后的金属加热至一定温度(约为 $0.3\ T_{熔}$,K)时,由于温度不高,原子扩散能力较弱,不能引起明显的组织变化,只能使晶格歪扭程度减轻,让原子回复到平衡位置,晶内残留应力大大减小,但晶粒形状、尺寸未发生变化。力学性能变化不大,只是强度、硬度略有下降,塑性、韧性稍有升高,基本上保持了冷变形强化后的性能,这一过程称为回复(或称恢复)。

使金属得到回复的温度称为回复温度,用 $T_{回}$ 表示。纯金属 $T_{回}=(0.25\sim0.30)T_{熔}$,式中 $T_{回}$、$T_{熔}$ 分别为以热力学温度表示的回复温度和熔点,单位为开(K)。

生产中常利用回复现象对工件进行低温去应力退火,以消除应力、稳定组织,并保留冷变形强化性能。例如,用冷拉钢丝卷制弹簧,在卷成后为消除应力使其定型,需进行一次低温去应力退火。

2. 再结晶

当加热到较高温度时,原子扩散能力增强,因塑性变形而被拉长的晶粒重新形核、结晶,变为等轴晶粒,消除了晶格歪扭、冷变形强化现象和应力,使金属组织和性能恢复到变形前状态,这个过程称为再结晶。开始产生再结晶现象的最低温度称为再结晶温度,用 $T_{再}$ 表示,单位为开(K)。纯金属再结晶温度 $T_{再}$ 为

$$T_{再}\approx 0.40T_{熔}\ \mathrm{K}$$

一般,纯铁的再结晶温度为 450 ℃、钨为 1 200 ℃、铜为 200 ℃、铝为100 ℃、锌为室温、铅和锡低于室温。再结晶是以一定速度进行的,因此需要一定时间。再结晶速度取决于变形的温度和预先变形程度,变形金属加热温度越高,预变形

程度越大,再结晶过程所用时间越短。生产中,为加速再结晶过程,再结晶退火温度要比再结晶温度高 100 ~200 ℃。

再结晶过程完成后,若继续升高加热温度,或保温时间过长,则会发生晶粒长大现象,使晶粒变粗、力学性能变差,故应正确掌握再结晶退火的加热温度和保温时间。

四、冷变形与热变形(亦称冷成形与热成形)

由于金属在不同温度下变形后的组织和性能不同,因此金属的塑性变形分为以下两种:

1. 冷变形

在再结晶温度以下进行的变形加工称为冷变形。冷变形过程中只有冷变形强化而无回复与再结晶现象。变形后的金属没有明显的温度差和氧化现象,可获得较高的精度和表面质量。但冷变形时变形抗力大,需用较大吨位的设备。为避免破裂,冷变形程度不宜过大,变形过程中需增加中间退火和其他辅助工序。目前冷变形主要局限于低碳钢、有色金属及其合金的薄壁件或小件的加工。

2. 热变形

热变形是指在再结晶温度以上进行的变形加工,变形后具有较高力学性能的再结晶组织。热变形加工的实际温度远高于再结晶的温度(例如,钢的再结晶温度为 450 ℃,而钢的热锻温度为 800 ~1 250 ℃),因此变形过程中出现的冷变形强化被随即发生的再结晶所抵消,使变形加工能连续进行。热变形加工能以较小的功得到较大的变形(热变形抗力大约为冷变形的 1/5 ~1/10),所以一般金属压力加工多采用热变形。但热变形时工件表面易氧化,表面粗糙度值较大,尺寸精度较低。

铸锭经锻、轧等热变形加工后,可压合气孔和微裂纹等缺陷,提高了组织的致密度,消除了部分偏析。铸态粗大的晶粒经过较大的塑性变形和再结晶后,变成了较细小而均匀的晶粒(图 3－4),因此改善了钢的组织,提高了力学性能,强度比原来提高了 1.5 倍以上,塑性和韧性提高得更多。

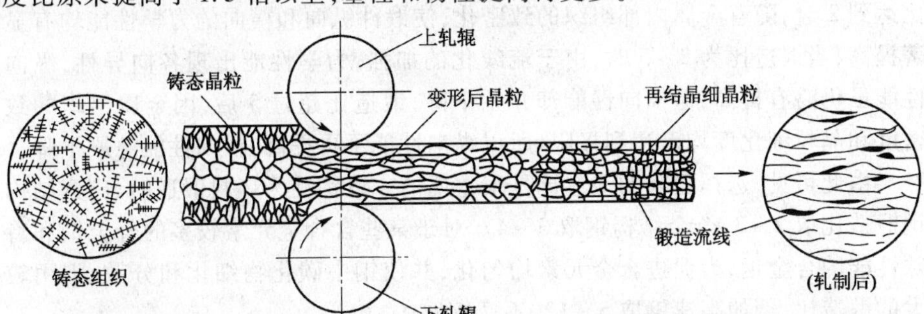

图 3－4　钢锭在热轧过程中的组织变化

五、锻造流线(纤维组织)

因钢液不可能完全纯净,所以钢锭的晶界上分布一些杂质。经锻造、轧制后晶粒被拉长或压扁,塑性杂质沿主要伸长方向被拉长呈带状分布,脆性杂质被破碎沿主要伸长方向呈碎粒状或链状分布。再结晶时晶粒形状改变,但这些杂质的状态和分布均不能改变,仍然沿着被拉长的方向保留下来,呈现出一条条连续或断续的具有方向性的细线,形成了锻造流线,也称流纹(图 3-4)。流线使热锻后的金属组织具有一定的方向性,使金属的力学性能在不同方向上产生了明显差异,即锻件在纵向上(平行流线方向)塑性和韧性增加,而在横向上(垂直流线方向)塑性和韧性降低。但强度在不同方向上的差别不大。轧制正火状态 45 钢的力学性能与其流线方向的关系见表 3-1。

表 3-1 钢力学性能与锻造流线方向的关系

取样方向	σ_{b}/MPa	σ_{s}/MPa	δ/%	ψ/%	A_{KV}/J
纵向(平行流线方向)	700	461	17.5	62.8	49
横向(垂直流线方向)	659	431	10	31	23

锻造流线的明显程度与金属变形程度有关,变形程度越大,流线越明显。锻压生产中,一般用锻造比 y 表示变形程度。锻造比与锻造工序有关,锻造中典型工序拔长和镦粗的锻造比为:

$$y_{拔长} = S_0/S = l/l_0 \quad y_{镦粗} = h_0/h$$

式中:S_0、S——分别为坯料拔长变形前、后的截面积;

l_0、l——分别为坯料拔长变形前、后的长度;

h_0、h——分别为坯料镦粗变形前、后的高度。

锻造比对锻件的锻透程度和力学性能有直接影响,如图 3-5 所示。当锻造比达到 2 时,随着金属内部组织的致密化,使锻件纵向和横向的力学性能均有显著提高;当锻造比为 2~5 时,由于流线化的加强,力学性能出现各向异性,纵向性能虽仍略有提高,但横向性能却开始下降;锻造比超过 5 后,因金属组织的致密度和晶粒细化度均已达到极限,所以纵向性能不再提高,横向性能急剧下降。

由此可见,选择适当的锻造比是很重要的。以钢锭为坯料锻造时,碳素结构钢锻造比取 2~3,合金结构钢取 3~4。对于某些含合金元素较多的合金钢和特殊性能的合金钢,为促进合金元素均匀化,并使钢中碳化物细化和分散,需用较大的锻造比,例如高速钢取 5~12,不锈钢取 4~6。

以钢材为坯料锻造时,因材料轧制时内部组织和力学性能都已得到改善,且

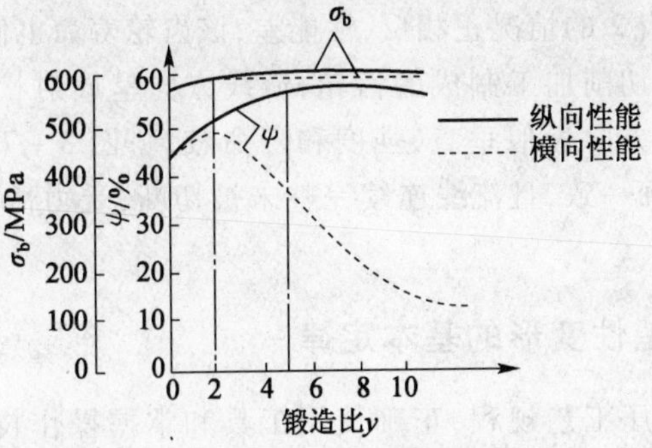

图 3－5　锻造比对力学性能的影响

有了锻造流线，所以锻造比一般取 1.1～1.3。

锻造流线的化学稳定性很高，只能经过锻压使金属变形，才能改变其形状和方向，用热处理或其他方法都不能消除或改变流线的形状与分布。因此，在设计和制造零件时，为使零件具有最好的力学性能，应使零件工作时的最大正应力方向与流线方向平行；最大切应力方向与流线方向垂直；锻造流线的分布与零件外形轮廓相符合而不被切断。例如，采用轧制的棒料直接用切削加工方法制成的螺栓（图 3－6a），螺栓头部与杆部的流线被切断不连续，受横向切应力时使用性能好，受纵向切应力时易损坏；若采用局部镦粗方法制造螺栓（图 3－6b），流线未切断、连续完整，受纵、横切应力时使用性能均好。

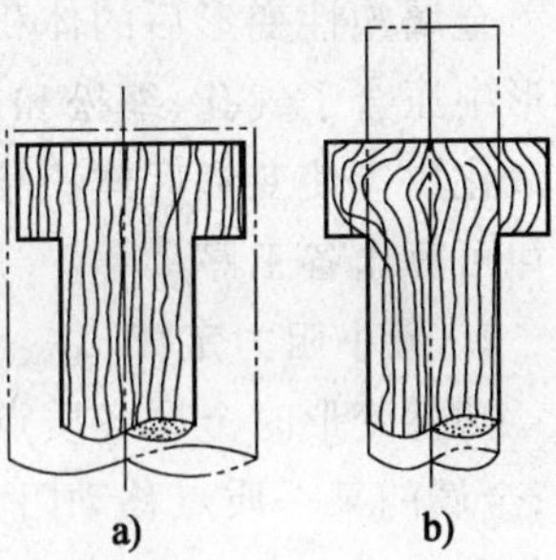

图 3－6　螺栓的锻造流线

图 3－7a 是用轧制的棒料直接切削成形的齿轮，原棒料的流线被切断，受力时齿根产生的正应力垂直于流线方向，质量最差，寿命最短；图 3－7b 是用扁钢经切削成形的齿轮，齿 1 的根部正应力与流线方向平行，切应力与流线方向垂

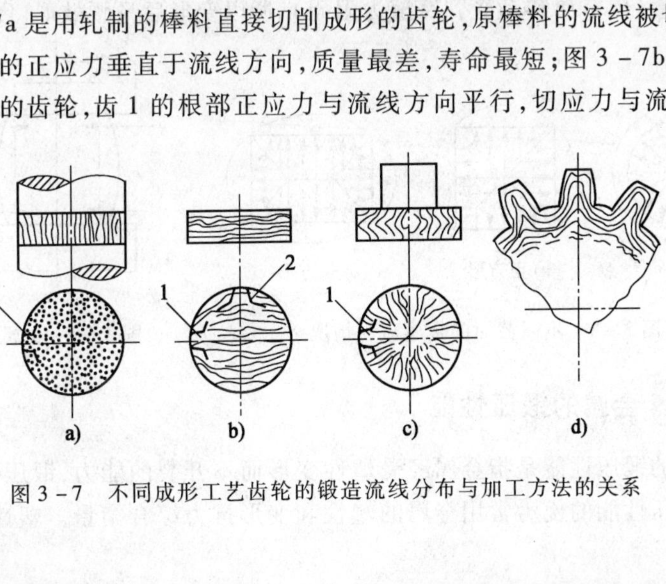

图 3－7　不同成形工艺齿轮的锻造流线分布与加工方法的关系

直，力学性能好。齿 2 的情况正相反，性能差，该齿轮寿命也低；图 3－7c 是用棒料局部镦粗后再经切削加工制成的齿轮，流线方向呈放射状（径向），各齿的切应力方向均与流线方向近似垂直，强度和寿命较高；图 3－7d 是热轧成形的齿轮，流线方向与齿廓一致，且流线连续完整未被切断，受力情况好，质量好，寿命最长。

六、金属塑性变形的基本定律

为合理制订锻压工艺规程，正确使用工具和掌握操作技术，必须掌握以下定律：

1. 体积不变定律（体积不变条件）

金属塑性变形后的体积等于变形前的体积，称为体积不变定律。实际上，因变形中压合了气孔、缩松和内部的微裂纹，使密度略有增加。此外，加热中产生的氧化皮等使变形后体积略有减小，但其数值很小，可忽略不计。应用体积不变定律可算出各工序尺寸。

2. 最小阻力定律

塑性变形时金属各质点首先向阻力最小方向移动，称为最小阻力定律。一般，金属的某一质点移动阻力最小的方向是通过该质点向金属变形部分的周边所作的法线方向，因为质点沿此方向移动的距离最短，所需的变形功最小。例如，圆形截面的金属朝径向流动，方形、长方形截面则分成四个区域分别朝垂直于四个边流动，最后逐渐变成圆形、椭圆形（图 3－8）。由此可知，圆形截面金属在各个方向上流动最均匀，故镦粗时总是先把坯料锻成圆柱体。

圆柱形坯料镦粗时，与上下砧铁接触的两端面金属移动速度比无摩擦力的中间部分慢（因金属移动受到摩擦力阻碍），所以变形后呈腰鼓形（图 3－9）。

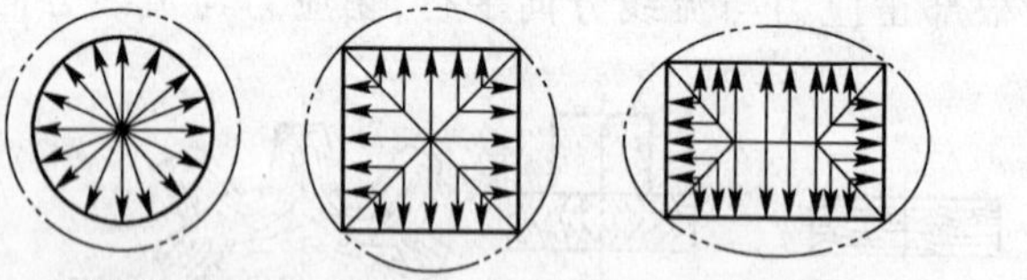

a) 圆形　　b) 正方形　　c) 长方形

图 3－8　不同截面的金属流动情况

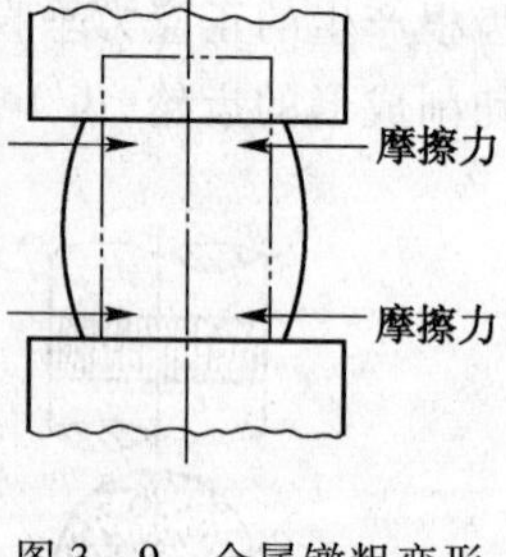

图 3－9　金属镦粗变形

七、金属的锻压性能

金属的锻压性能是指金属经受塑性变形而不开裂的能力，锻压性能亦称可锻性。锻压性能的优劣常用金属的塑性和变形抗力综合衡量。塑性越好，变形抗力越小,则锻压性能越好;反之,锻压性能差。金属的锻压性能是金属材料重要的工艺性能,影响锻压性能的主要因素是金属内在因素和变形条件。

1. 化学成分

纯金属的锻压性能比其合金好。碳钢随碳含量的增加,锻压性能变差。合金钢中合金元素的种类、含量越多,特别是加入钨、钼、钒、钛等能提高金属高温强度的元素时,锻压性能越差。碳钢的锻压性能比合金钢好。

2. 组织结构

纯金属及固溶体组织(如奥氏体)锻压性能好。金属化合物(如 Fe_3C)使锻压性能变差。金属在单相状态下的锻压性能较多相状态的好。铸态柱状组织和粗晶组织不如锻轧组织和晶粒细小而均匀组织的锻压性能好。

3. 变形温度

在不产生过热的条件下,提高金属变形时的温度可使原子动能增加,原子间的结合力减弱,使塑性增加,变形抗力减小。高温下的再结晶过程非常迅速,能及时克服冷变形强化现象。因此,适当提高变形温度对改善金属锻压性能有利,例如 45 钢在 800 ℃时,σ_b = 50 MPa,δ = 60%;而在 1 200 ℃时,σ_b = 20 MPa,δ = 80%。

4. 变形速度

变形速度即单位时间内的相对变形量。如图 3-10 所示,随着变形速度的提高,金属的回复和再结晶不能及时克服冷变形强化现象,使金属塑性下降,变形抗力增加,锻压性能变差。但是,当变形速度超过临界值 C 后,由于塑性变形产生的热效应增大,使金属温度明显升高,加快了再结晶过程,使塑性增加、变形抗力减小,改善了锻压性能(消耗于塑性变形的部分功转化成热能且来不及扩散,使变形金属温度升高的现象,称为热效应。变形速度越快,热效应越明显)。

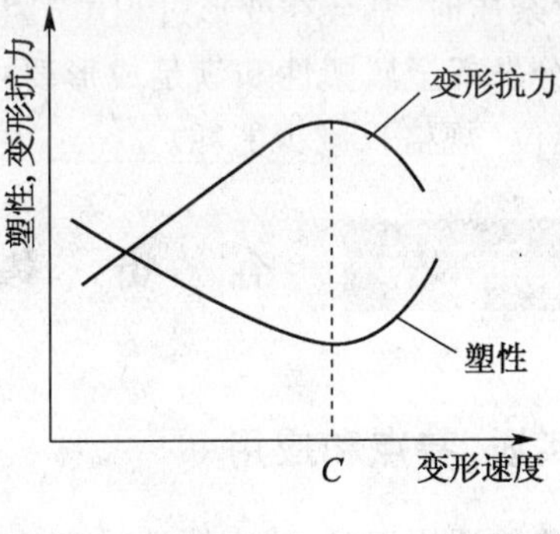

图 3-10 变形速度对金属锻压性能的影响

但是,除高速锤锻造和高能成形外,常用的各种锻压设备都不能超过临界变形速度,坯料在变形过程中产生的热效应不明显,不能提高塑性。所以,塑性差的合金钢和高碳钢或大型锻件，宜采用较小的变形速度，在压力机上锻造而不在锻锤上锻造，以防锻裂坯料。

5. 应力状态

用不同的锻压方法使金属变形时，其内部所产生的应力大小和应力性质（拉或压）是不同的，甚至在同一变形方式下，金属内部不同部位的应力状态也可能是不同的。如图 3－11 所示，挤压和模锻时坯料内部的应力状态为三向受压；拉拔时径向受压，轴向受拉；自由锻镦粗时，坯料内部存在三向压应力，而到侧表面层，水平方向的压应力转变为拉应力。拉应力易使滑移面分离，使缺陷处易产生应力集中而破坏，促使裂纹产生和发展，而压应力的作用与拉应力相反。因此，三个方向中压应力数目越多，塑性越好。但压应力会增加金属变形时的内部摩擦，使变形抗力增大，要相应地增加锻压设备的吨位；拉应力数目越多，则塑性越差。同种应力状态下引起的变形抗力大于异种应力状态下的变形抗力，例如加工同样截面的工件，自由锻比模锻省力，拉拔比挤压省力。

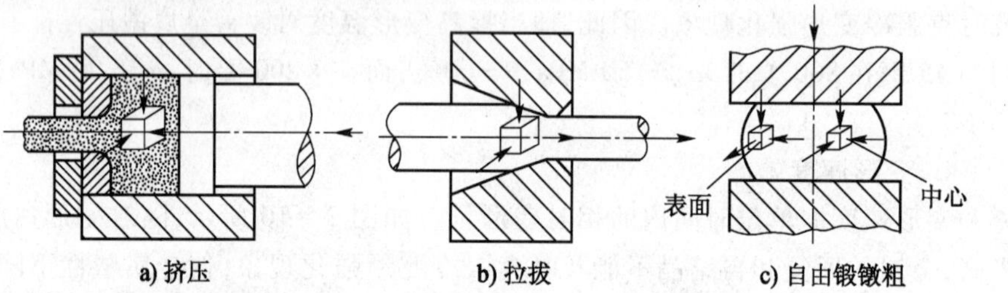

图 3－11　金属变形时的应力状态

6. 坯料表面质量

坯料表面质量对塑性有很大影响，在冷塑性变形时更为显著。表面越粗糙或有刻痕、微裂纹和粗大杂质时，都会在变形过程中产生应力集中或开裂。

锻压加工时应在充分发挥金属塑性和满足成形要求的条件下，力求减小变形抗力，以降低设备的吨位（规格），减少能耗。

第二节　自　由　锻

一、自由锻的实质、特点和应用

自由锻是指只用简单的通用工具，或在锻造设备的上、下砧间直接使坯料变形而获得所需几何形状及内部质量的锻件的加工方法。

自由锻分手工锻和机器锻两种。手工锻生产率低，劳动强度大，锤击力小，只能生产小型锻件。目前手工锻已被机器锻所代替，机器锻是自由锻的基本方法。

自由锻工艺灵活，所用工具、设备简单，通用性大，成本低，可锻造几十克至数百吨重的锻件。但自由锻锻件尺寸精度低，加工余量大，生产率低，劳动条件差，劳动强度大，要求工人技术水平较高。生产批量越大，这些缺点越严重。

自由锻是生产水轮发电机机轴、涡轮盘、船用柴油机曲轴、轧辊等重型锻件（重量可达 250 t）唯一可行的方法，在重型机械制造中占有重要的地位。对于中小型锻件，从经济上考虑，只有在单件、小批生产时，采用自由锻才是合理的。

二、自由锻工艺规程的制订

生产某一锻件必须根据它的生产批量、技术条件、重量、尺寸、结构复杂程度、材料与材质等条件，结合车间的设备、技术水平、切削加工所提出的特殊要求等因素，来制订锻造工艺规程。自由锻工艺规程要保证生产工艺的可行性和经济性，它是指导锻件生产的依据，也是生产管理和质量检验的依据。其主要内容和制订步骤如下：

1. 绘制锻件图

锻件图是计算坯料、制订工艺、设计工具和检验锻件的依据。它是根据零件图样并考虑余块、加工余量和锻件公差等因素绘制的，如图 3－12 所示。

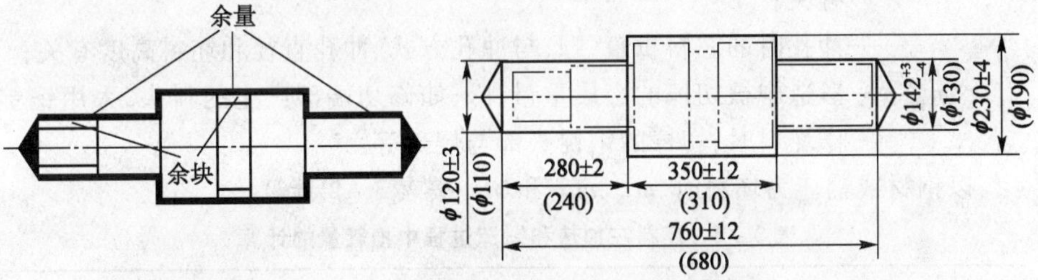

a) 锻件余量及余块　　b) 锻件图

图 3－12　自由锻锻件

（1）余块　为简化锻件形状，便于锻造，在锻件的某些难以锻出的部位，在切削加工余量以外，加添一些金属，这些加添的金属称为余块。例如，当零件上带有较小的凹槽、台阶、凸肩、凸缘和小孔等难以直接锻出时，均应附加余块，如图 3－12 所示。但添加余块，需增加切削加工工时和材料的损耗，流线会被切断，降低零件强度。因此，是否添加余块，应结合本厂锻造水平及经济性等因素综合考虑后确定。

（2）切削加工余量　锻件上凡需切削加工的表面应留加工余量。加工余量的大小与零件形状、尺寸、精度、表面粗糙度和生产批量有关，同时还应考虑生产条件和工人技术水平等因素。具体数值可查阅有关手册。

(3) 锻件公差　零件的基本尺寸加上加工余量为锻件基本尺寸。锻件基本尺寸允许的变动量,称为锻件公差。锻件实际尺寸与其基本尺寸之间允许有一定的偏差,超过基本尺寸的称上偏差,小于基本尺寸的称下偏差,上偏差与下偏差之代数差的绝对值为锻件公差。一般锻件公差为加工余量的1/4 ~ 1/3,具体数值可根据锻件形状、尺寸、生产批量、精度要求等,从有关手册中查出。

绘制锻件图时,锻件形状用粗实线表示,零件主要轮廓形状用细双点画线表示。锻件尺寸和公差标在尺寸线上面,零件尺寸加括号标注在尺寸线下面,以供操作者参考,如图 3 – 12 所示。

2. 计算坯料重量和尺寸

生产大型锻件所用的坯料一般是重量在300 t以下的钢锭,中小型锻件常采用初轧坯和各种型材,如方钢、圆钢、扁钢等。坯料的重量可按下式计算:

$$m_{坯} = m_{锻} + m_{烧} + m_{芯} + m_{切}$$

式中:$m_{坯}$——坯料重量,kg;

$m_{锻}$——锻件重量,kg;

$m_{烧}$——加热时坯料表面氧化烧损的重量,kg,与坯料性质、加热次数有关;

$m_{芯}$——冲孔时的芯料重量,kg,与冲孔方式、冲孔直径和坯料高度有关;

$m_{切}$——锻造中被切掉的金属重量,kg,如修切端部产生的料头,采用钢锭作坯料时,切掉的钢锭头部与尾部等。

以钢材或钢坯为坯料时,$m_{烧}$、$m_{芯}$ 和 $m_{切}$ 按表 3 – 2 计算。

表 3 – 2　坯料在加热和锻造过程中损耗量的计算

烧损量 $m_{烧} = K_1 m_{锻}$	冲孔芯料损耗 $m_{芯} = K_2 D^2 h_0$	切头损耗 $m_{切}$
室式煤炉 $K_1 = 2.5\% \sim 4\%$	实心冲子冲孔 $K_2 = 1.18 \sim 1.57$	圆形截面 $m_{切} = (1.65 \sim 1.8) d^3$
油炉 $K_1 = 2\% \sim 3\%$	空心冲子冲孔 $K_2 = 6.16$	矩形截面 $m_{切} = (2.2 \sim 2.36) b^2 h$
煤气炉 $K_1 = 1.5\% \sim 2.5\%$	垫环冲孔 $K_2 = 4.32 \sim 4.71$	系数单位为 kg/dm^3

注:D—冲孔直径,dm;h_0—坯料高度,dm;d—切头直径,dm;b—切头部分的宽度,dm;h—切头部分的高度,dm;K_2 单位为 kg/dm^3;K_1适用于一次加热,如需多次加热,则每增加一个火次,系数加 0.5 K_1。

根据坯料重量和密度,按 $V_0 = m_{坯}/\rho$(ρ—金属密度,钢铁材料 $\rho = 7.85\ g/cm^3$)算出坯料体积 V_0 确定坯料尺寸时,应满足锻件的锻造比要求,并考虑变形工序对坯料尺寸的限制。

(1) 采用镦粗法锻造时,为避免镦弯,坯料的高径比(h_0/d_0)应≤2.5。为下料方便,坯料的高径比(h_0/d_0)应≥1.25。将此关系代入体积计算公式,可求出坯料直径 d_0 或边长 l_0。

① 对于圆截面坯料:

$$V_0 = \frac{\pi}{4}d_0^2 h_0 \leqslant 2.5 \times \frac{\pi}{4}d_0^3$$

$$d_0 \geqslant 0.8\sqrt[3]{V_0}$$

② 对于方截面坯料:

$$V_0 = l_0^2 h_0 \leqslant 2.5 l_0^3$$

$$l_0 \geqslant 0.75\sqrt[3]{V_0}$$

(2) 采用拔长法锻造时,拔长后的最大截面部分应达到规定的锻造比要求,即

$$S_0 \geqslant y_{拔长} S_{max}$$

式中:$y_{拔长}$——规定的拔长锻造比,一般取1.1~1.3;

S_{max}——经过拔长后的最大截面积。

由此公式可求出坯料截面积 S_0,再求出坯料直径 d_0 或边长 l_0。

① 对于圆截面坯料

$$d_0 = 1.13\sqrt{S_0}$$

② 对于方截面坯料

$$l_0 = \sqrt{S_0}$$

以上算出的坯料直径或边长,还应按国家标准加以修正,选用标准值作为坯料的实际直径或边长。最后,根据 V_0 和 S_0 算出坯料高度 h_0(长度),即 $h_0 = V_0/S_0$。

3. 确定锻造工序

自由锻的工序分为基本工序、辅助工序及精整工序三大类。基本工序是使金属坯料产生塑性变形,以达所需形状和尺寸的工艺过程,主要包括镦粗、拔长、冲孔、切割和弯曲等。生产中常用基本工序的名称及应用见表3-3。辅助工序是为基本工序操作方便而进行的预先变形工序,如压钳口、压钢锭棱边、压肩等。精整工序是用以提高锻件表面质量的工序,如清除锻件表面凹凸不平及整形等,一般在终锻温度以下进行。

表 3-3 自由锻基本工序的名称及应用

工序名称	定义	图例	操作规则	应用
镦粗	坯料的高度减小,横截面积增大的工序	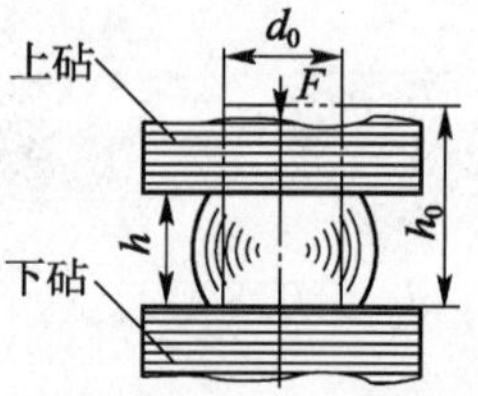	1. 坯料原始高度 h_0 与直径 d_0 之比 $h_0/d_0 \leqslant 2.5$,否则会镦弯; 2. 镦粗部分加热要均匀; 3. 镦粗面应垂直于轴线; 4. 锻打时坯料要不断转动,使其变形均匀	1. 锻打高度小、截面大的工件,如齿轮、圆盘、叶轮等; 2. 作为冲孔前的准备工序; 3. 增加以后拔长的锻造比
a)、b)局部镦粗 c)展平局部镦粗	将坯料的一部分镦粗的工序	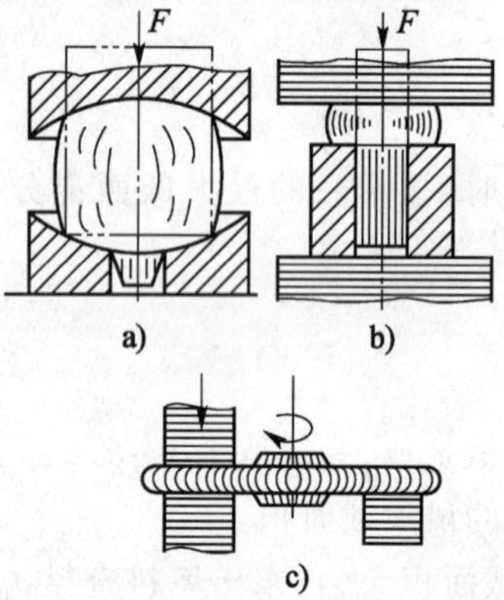		
拔长	缩小坯料横截面积,增加其长度的工序	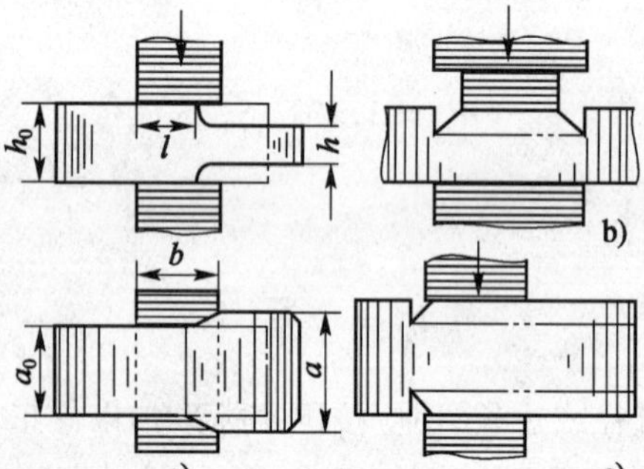	1. 拔长面 $l=(0.4\sim0.8)b$; 2. 拔长中要不断翻转坯料(每次转 90°); 3. 拔长凹槽和台阶前应先压肩	1. 锻造长而截面小的工件,如轴、拉杆、曲轴等; 2. 锻造空心件,如炮筒、汽轮机主轴、圆环和套筒等; 3. 与镦粗交替进行,以获得更大的锻造比
带芯轴拔长	减小空心坯料的壁厚和外径,增加其长度的工序	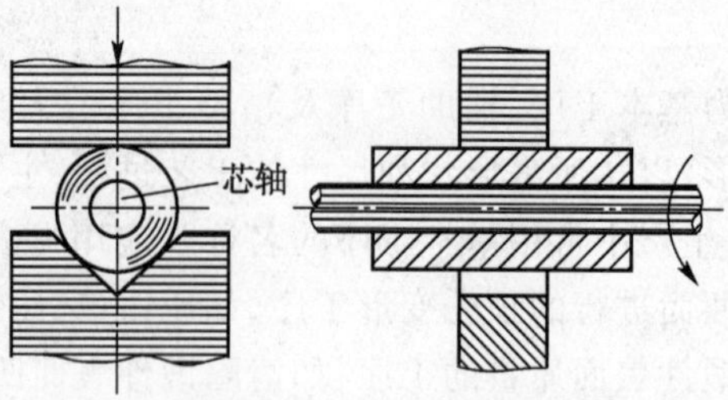		

续表

工序名称	定义	图例	操作规则	应用
实心冲头冲孔	在坯料上冲出透孔或不透孔的工序	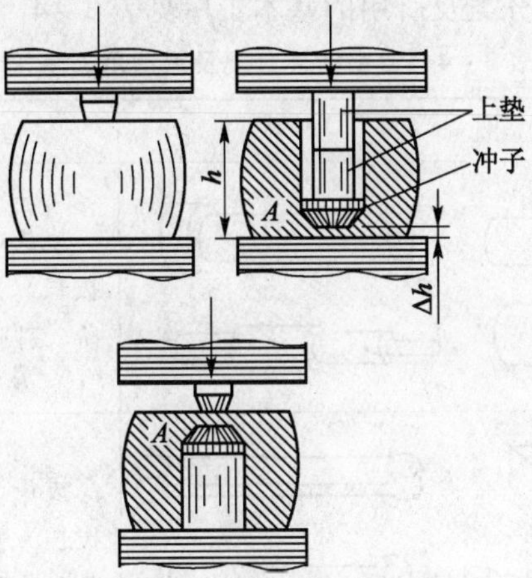	1. 冲孔面应镦平； 2. $\Delta h = (15\% \sim 20\%)h$，大的孔 $\Delta h \geqslant 100 \sim 160$ mm； 3. $d <$ 450 mm 的孔，用实心冲头冲孔；$d \geqslant 450$ mm 的孔，用空心冲头冲孔； 4. $d <$ 25 mm 的孔，不冲出； 5. 实心冲头冲孔时，坯料直径与孔径之比应 $\geqslant$ 2.5 ~ 3	1. 锻造空心件，如齿轮坯、圆环和套筒等； 2. 质量要求较高的大工件，如大型汽轮机的轴，可用空心冲孔，以去除质量较低的中心部分
空心冲头冲孔		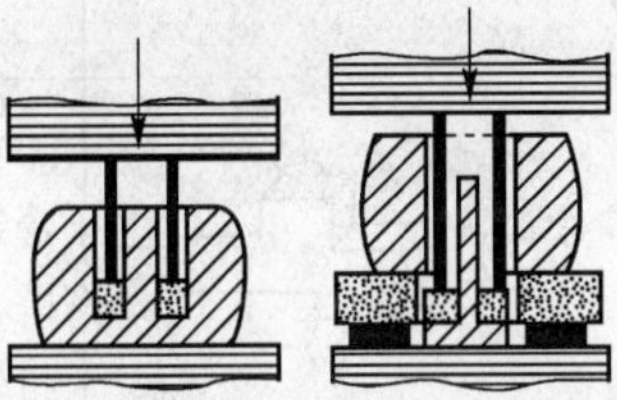		
垫环冲孔		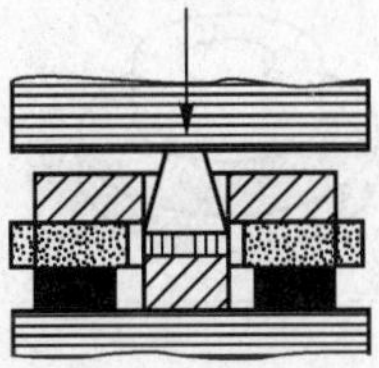		
在芯轴上扩孔	以芯轴代替下砧，减小空心坯料的壁厚，增加其内径和外径的工序	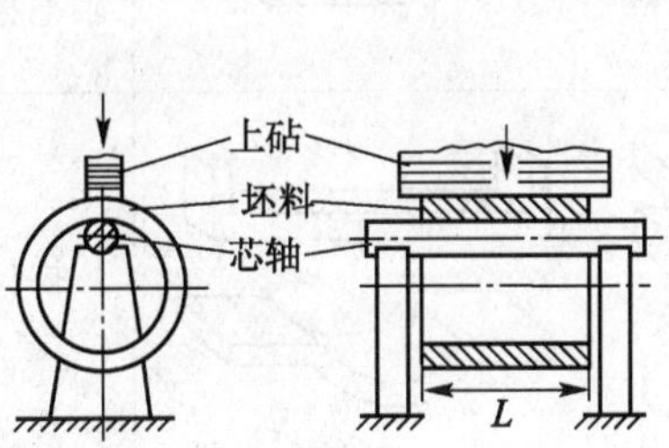	芯轴上扩孔的芯轴直径 $d \geqslant 0.35L$（L 为孔的长度），且芯轴要光滑	大圆环

锻造工序应根据锻件形状、尺寸、技术要求和生产批量等进行选择。其主要内容是：确定锻件成形所必需的工序；选择所用的工具；确定工序顺序和工序尺寸等。一般自由锻件的分类及所用的基本工序见表 3－4。

表 3－4　自由锻件分类及锻造用工序

类别	图例	锻造用工序	实例
实心圆截面光轴及台阶轴	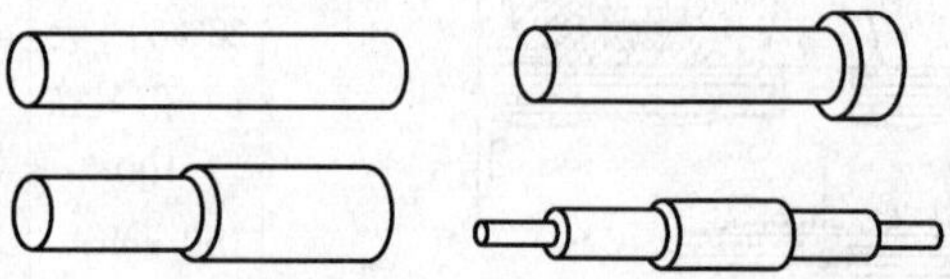	拔长（或镦粗及拔长）、压肩、锻台阶、滚圆	主轴、传动轴
实心方截面光杆及台阶杆	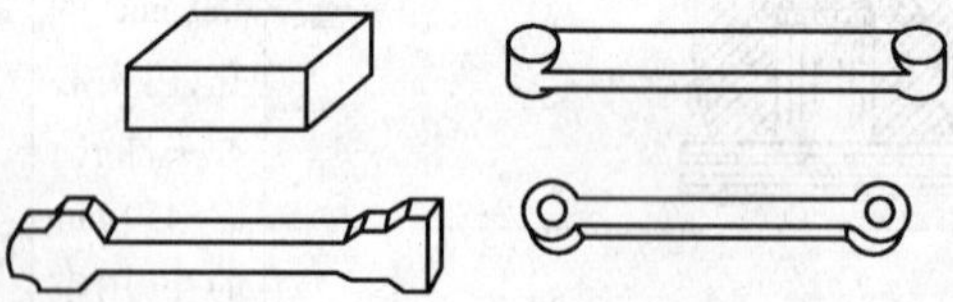	拔长（或镦粗及拔长）、压肩、锻台阶和冲孔	连杆等
单拐及多拐曲轴	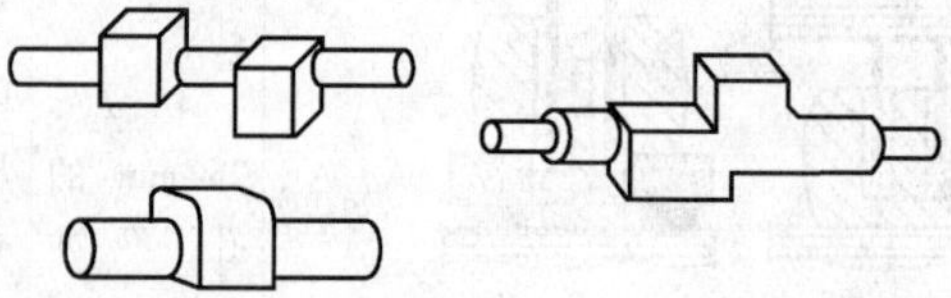	拔长（或镦粗及拔长）、错移、锻台阶、切割、滚圆和扭转	曲轴、偏心轴等
空心光环及台阶环	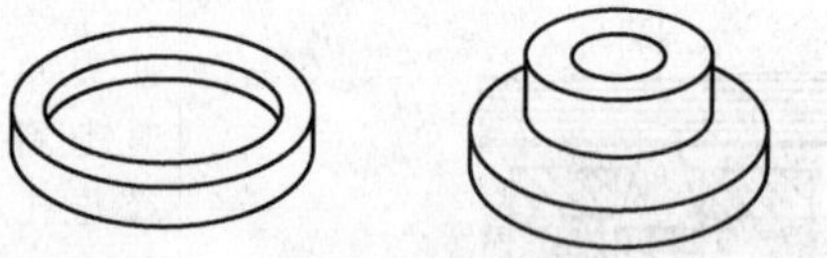	镦粗（或拔长及镦粗）、冲孔、在芯轴上扩孔、定径	圆环、齿圈，端盖、套筒
空心筒		镦粗（或拔长及镦粗）、冲孔、在芯轴上拔长、滚圆	圆筒、套筒等
弯曲件	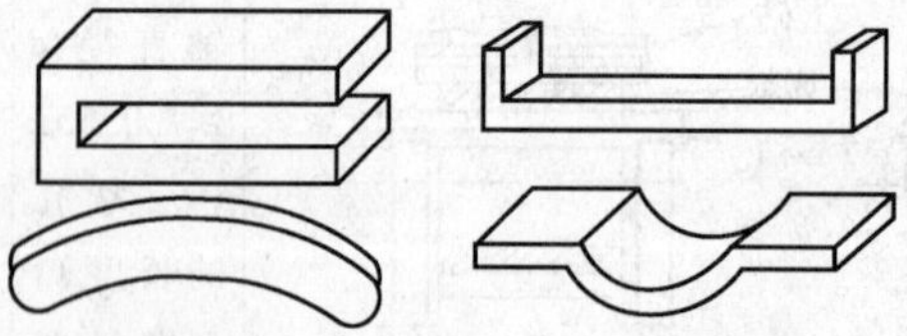	拔长、弯曲	吊钩、弯杆、轴瓦盖等

4. 选择锻造设备

自由锻所用设备有自由锻锤和自由锻水压机两类。

(1) 自由锻锤

自由锻锤是一种冲击作用式动力锻造设备。金属在锤上一次变形的时间为千分之几秒。自由锻锤的规格(即打击能量)大小,用其落下部分的重量表示。落下部分产生的能量并非全部消耗在坯料的变形上,其中一部分消耗在锻造工具的弹性变形上和金属砧座的振动中,砧座的重量越大,打击效率越高。

自由锻锤主要有空气锤和蒸汽-空气锤两种,空气锤主要用于锻造小型锻件(<100 kg)。蒸汽-空气锤是自由锻锤的一种主要形式(图3-13),这种锻锤用压力为0.7~0.9 MPa的蒸汽或压缩空气来驱动。蒸汽-空气锤根据机架结构一般分为双柱拱式、桥式和单柱式三种。蒸汽-空气锤能以不同能量锻打各种不同的锻件,锤头可以悬起,这种锤落下部分的重量为1~5 t,可以锻打中等重量的锻件(50~700 kg),所用坯料主要是轧材。

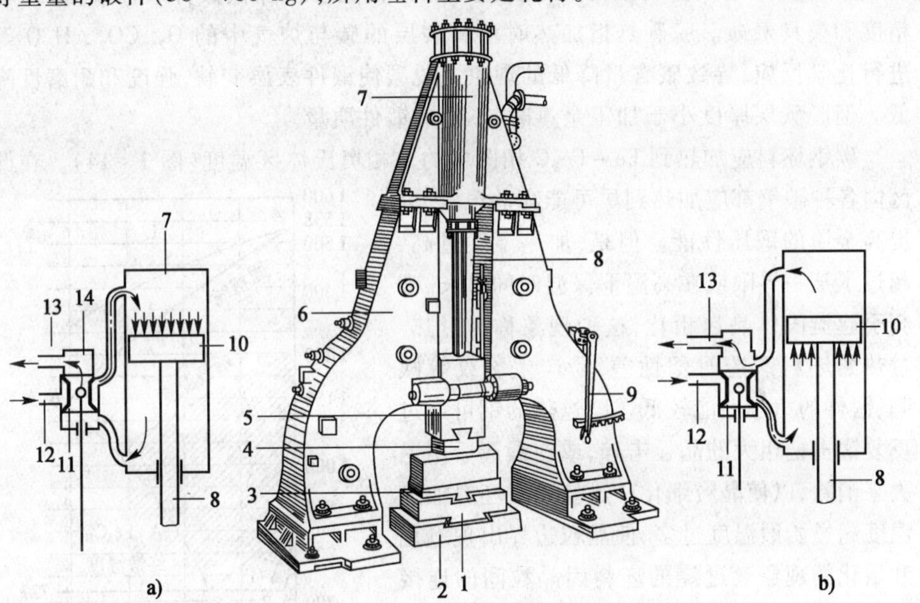

图3-13 双柱拱式蒸汽-空气锤

1—砧垫;2—底座;3—下砧;4—上砧;5—锤头;6—机架;7—工作气缸;8—锤杆;9—操纵手杆;10—活塞;11—滑阀;12—进气管;13—排气管;14—滑阀气缸

(2) 水压机

水压机以静压力作用在坯料上,坯料在水压机上的一次变形时间为一秒到几十秒。水压机工作时振动较小、噪声小、工作条件较好,作用在坯料上的静压力时间比自由锻锤作用在坯料上的冲击力时间长,锻透深度大,可改善锻件内部质量。水压机能量利用率较锻锤高,压力大(可达数万 kN 或更大)。水压机是锻造大型锻件的主要设备,所锻钢锭的重量为1~300 t。水压机的规格以产生的最大压力来表示，其工作速度为 0.1～0.3 m/s。

锻造设备应根据锻件材料的种类、锻件尺寸（或重量），以及锻造的基本工序、设备的锻造能力等因素进行选择，并应考虑工厂现有设备条件。

5. 确定坯料加热、锻件冷却和热处理方法

(1) 坯料加热

加热的目的是为了提高坯料的塑性和降低变形抗力，以改善金属的锻压性能。此外，加热对生产率、锻件质量和金属的利用率也有很大影响。

加热时，在保证坯料均匀热透条件下，应尽量缩短加热时间，以减少氧化和脱碳。氧化后形成氧化皮，氧化皮是指坯料在加热时，铁与炉气中的氧化介质发生化学反应，在坯料表面生成 FeO、Fe_3O_4 和 Fe_2O_3 等氧化物的总称（亦称铁鳞），氧化皮除造成金属损失外，还会被压入坯料表面，降低锻件表面质量、尺寸精度和模具寿命。脱碳是指加热时坯料表层的碳与炉气中的 O_2、CO_2、H_2O 等进行化学反应，导致碳含量降低的现象。脱碳使锻件表层变软，强度和耐磨性降低。但脱碳层厚度小于加工余量时，不影响锻件质量。

碳钢坯料应加热到 Fe－Fe_3C 相图中的单相奥氏体区温度（图 3－14）。在此区内各种碳钢都应加热到尽可能高的温度，以提高金属的锻压性能。但是，加热温度过高，超过了某一界限或在高温下保温时间过长，都会引起奥氏体晶粒粗化，这种现象称为过热。过热的坯料锻造时塑性差，易产生裂纹等缺陷，锻件的力学性能较低。已过热的钢可通过反复锻击把粗大的晶粒击碎，或在锻造后用退火来消除，以使晶粒细化。过烧是指坯料加热温度超过始锻温度过多，使晶粒边界出现氧化和熔化的现象。过烧的坯料因晶粒间的连接被破坏，完全失去了塑性，一经锻打即成碎块，这种坯料无法补救，只能重新熔炼。

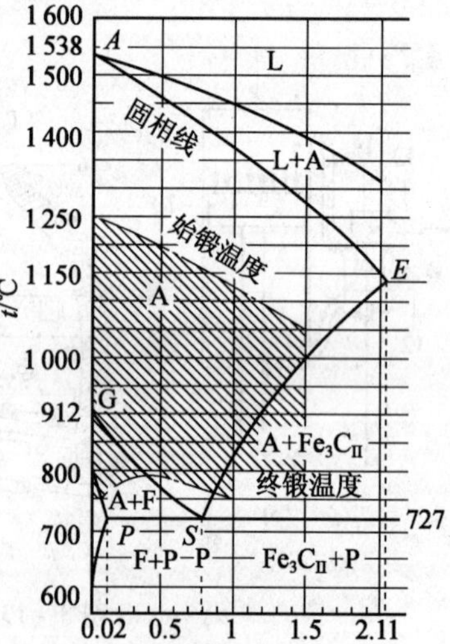

图 3－14　碳钢的锻造温度范围

允许坯料加热的最高温度即开始锻造时坯料的温度称为始锻温度。始锻温度应以不出现过热现象为上限，在此前提下尽量提高其温度，以使坯料有最佳的锻压性能，并能减少加热次数（即火次）和提高生产率。碳钢的始锻温度低于 *AE* 线 150～250 ℃。

坯料经过锻造在停锻时锻件的瞬时温度称为终锻温度。终锻温度应高于再结晶温度，低于这个温度再结晶无法进行，冷变形强化现象不能消除，变形抗力太大，塑性降低，甚至在锻件上产生裂纹及损坏设备、工具；终锻温度也不宜过高，即锻件变形过程不宜在高温下结束，以防坯料变形后晶粒长大，形成粗大组织，使力学性能下降。碳钢的终锻温度为 800 ℃左右。

坯料横截面上不应有温差，以防在坯料内产生热应力。如坯料中心区有拉应力，金属塑性又低，则热应力就可能引起裂纹。截面上的温差随加热速度的提高而增加，因此加热时还需确定一个允许的加热速度。常用金属材料的锻造温度范围见表 3－5。

表 3－5　常用金属材料的锻造温度范围

金属材料	始锻温度/ ℃	终锻温度/ ℃	金属材料	始锻温度/ ℃	终锻温度/ ℃
碳素结构钢	1 200～1 250	800～850	高速工具钢	1 100～1 150	900
碳素工具钢	1 050～1 150	750～800	弹簧钢	1 100～1 150	800～850
合金结构钢	1 100～1 200	800～850	轴承钢	1 080	800
合金工具钢	1 050～1 150	800～850	硬铝	470	380

(2) 锻件的冷却

锻件冷却是确定锻造工艺必不可少的内容。冷却不当会造成锻件表面硬度增高，难以切削加工，甚至出现变形和裂纹。

一般，锻件的碳及合金元素含量越高，锻件尺寸越大，形状越复杂，冷却速度应越慢。锻件的冷却方式主要有以下三种：

① 空冷　是指热态锻件在空气中冷却的方法。空冷速度较快，常用于 $w_C \leq 0.5\%$ 的碳钢和 $w_C \leq 0.3\%$ 的低合金钢小型锻件的冷却。

② 坑冷　是指热态锻件埋入充填热导性小的砂子、炉渣、石灰、石棉的地坑或铁箱中缓慢冷却的方法，常用于碳素工具钢和合金钢锻件的冷却。

③ 炉冷　是指热态锻件放入炉中缓慢冷却的方法，常用于合金钢大型锻件、含合金元素多的重要锻件。

(3) 锻件的热处理

一般结构钢锻件采用退火或正火处理。若正火后硬度仍高，可再进行高温回火处理，回火温度为 560～660 ℃。工具钢锻件采用正火加球化退火，以消除网状碳化物，获得粒状珠光体组织。对于切削加工中不再进行最终热处理的中碳钢和低合金钢重要锻件，如轴类和齿轮类等锻件，可进行调质处理。

6. 制订锻造工艺规程示例

图 3－15 所示齿轮零件，材料为 45 钢，生产数量为 20 件，属于小批生产，采用锤上自由锻成形，其锻造工艺规程内容如下：

(1) 绘制锻件图　对于 8×ϕ30 孔、圆周小凹槽、小台阶等部分考虑到技术

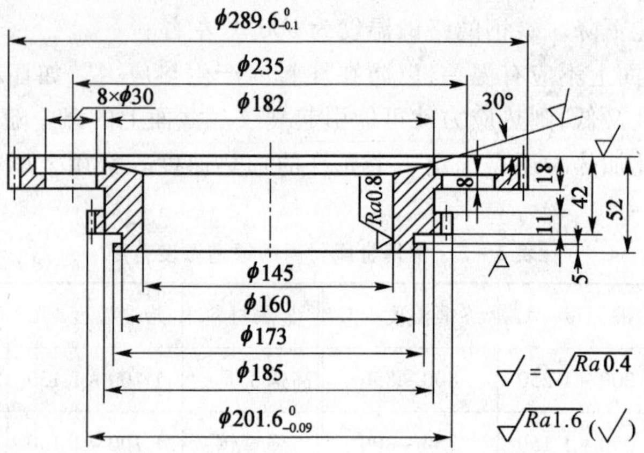

图 3－15 齿轮零件图

上的可行性和经济性后，决定不予锻出，采用余块简化。

本零件属于空心台阶环类锻件，从有关表格查出加工余量和公差为：外圆 11^{+3}_{-4}；内孔 15^{+4}_{-6}；高度 10^{+2}_{-3}。

按绘制锻件图的有关规定，绘出锻件图。齿轮锻件图见表 3－6 中的齿轮锻件图。

(2) 计算坯料重量和尺寸，按有关公式算出：

锻件重量 $m_{锻}$ 为 18.5 kg；芯料重量 $m_{芯}$ 为 0.3 kg（第一次冲孔取 D = 60 mm，h_0 = 65 mm，K_2 = 1.3）；烧损重量 $m_{烧}$ 为 0.7 kg（加热 2 次，即两火锻成，取 K_1 = 3.5%）。

坯料重量：$m_{坯} = m_{锻} + m_{芯} + m_{烧} = 19.5$ kg

采用镦粗法锻造，取坯料高径比为 2，算出坯料计算直径 $d_{计}$ = 122 mm，按热轧圆钢标准直径修正后，取 d_0 为 120 mm。算出坯料高度 h_0 = 221 mm。最后坯料尺寸定为 φ120 mm × 221 mm。

(3) 选择自由锻工序　根据本锻件形状和尺寸，确定采用镦粗、局部镦粗、冲孔、冲头扩孔及整形等工序。

台阶类锻件需设计专用漏盘，漏盘孔腔体积应比镦粗件相应部分体积增大 10% ~15%，漏盘高度应相应增加 15% ~35%，按体积不变定律，即可算出漏盘孔腔直径。漏盘孔腔应带有斜度。

(4) 选择锻造设备　确定选用 7 500 N 自由锻锤。

(5) 确定坯料加热、锻件冷却和热处理方法　按表 3－5 确定 45 钢始锻温度为 1 200 ℃，终锻温度为 800 ℃。锻后空冷，冷却后进行正火处理。

(6) 填写工艺卡片　将上述内容填入工艺卡片，见表 3－6。

表 3－6　齿轮坯锻造工艺卡

锻件名称	齿轮	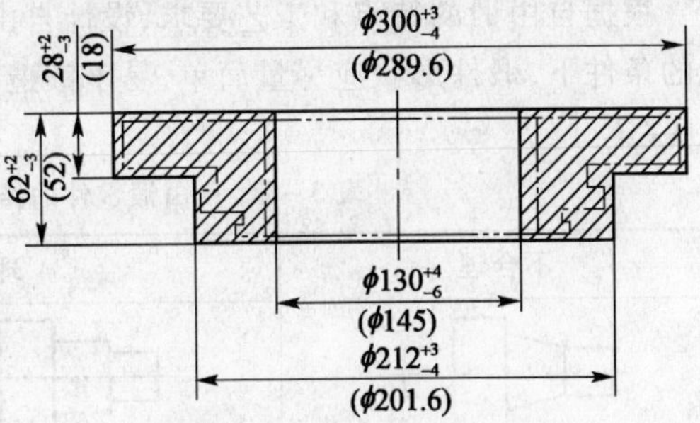 齿轮锻件图(图中各圆角半径从略)
锻件材料	45 钢	
坯料重量	19. 5 kg	
锻件重量	18. 5 kg	
坯料尺寸	$\phi120\times221$	
每坯锻件数	1	

火次	温度/ ℃	工序名称	变形过程图	设备	工具
1	始锻温度 1 200 终锻温度 800	镦粗	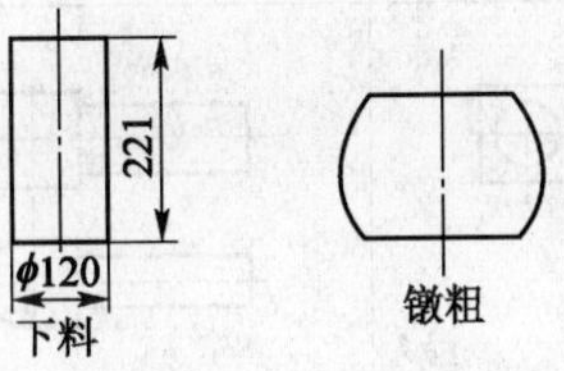	7 500 N 自由锻锤	普通 漏盘
2	1 200 ~ 800	局部镦粗 （漏盘镦粗 ）	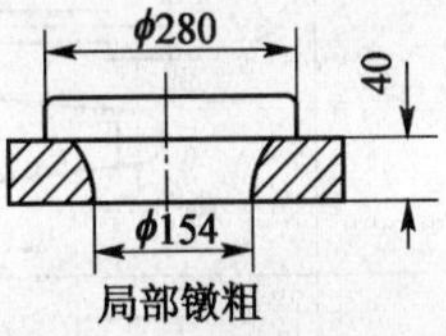	7 500 N 自由锻锤	
3	1 200 ~ 800	冲孔	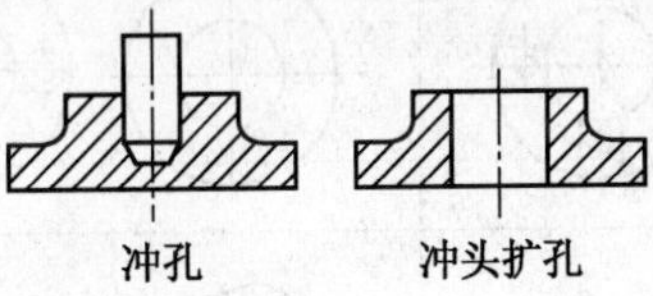	7 500 N 自由锻锤	冲头
4	1 200 ~ 800	冲头扩孔		7 500 N 自由锻锤	冲头
5	1 000 ~ 800	整形	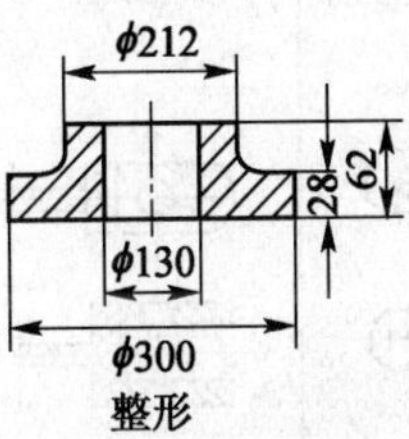	7 500 N 自由锻锤	

三、自由锻零件的结构工艺性

根据自由锻的特点和工艺要求，设计自由锻件结构的原则是：在满足使用性能的条件下，锻件形状应尽量简单，易于锻造。自由锻零件的结构工艺性要求见表 3－7。

表 3－7　自由锻零件的结构工艺性要求

不合理	合　理	说　明
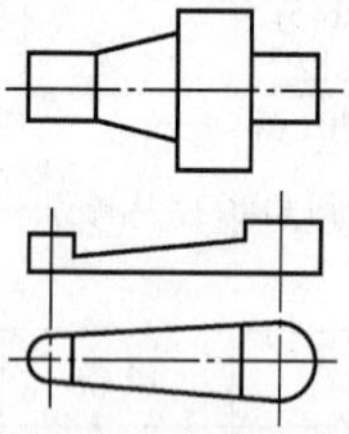	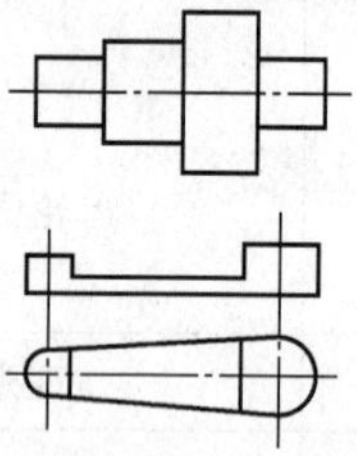	圆锥体结构和锻件上的斜面不易锻出，为减少专用工具，简化工艺过程，方便操作，提高生产率，尽量用圆柱面代替圆锥面、平行平面代替倾斜平面
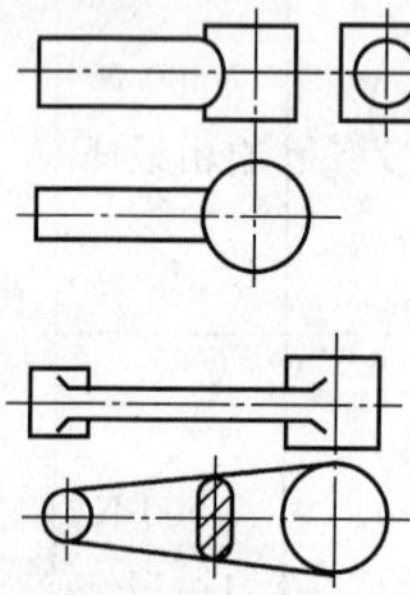	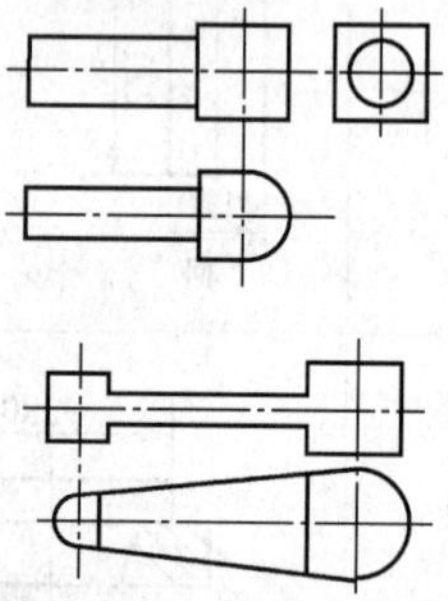	圆柱体与圆柱体相交处，不易锻造，因此，零件相邻部分的接触面要避免曲面相交，最好是平面与平面或平面与圆柱面交接，应避免椭圆形或工字形截面、弧线及曲线形表面，采用简单的、对称的、平直的形状
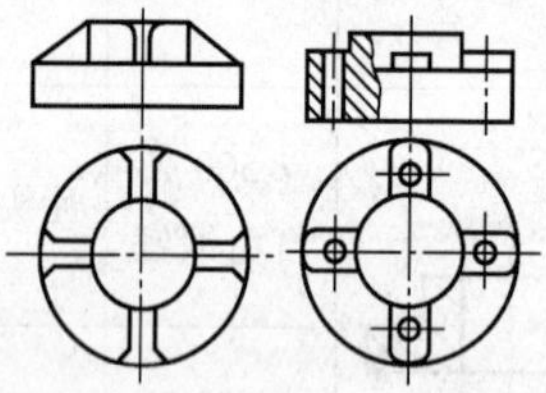	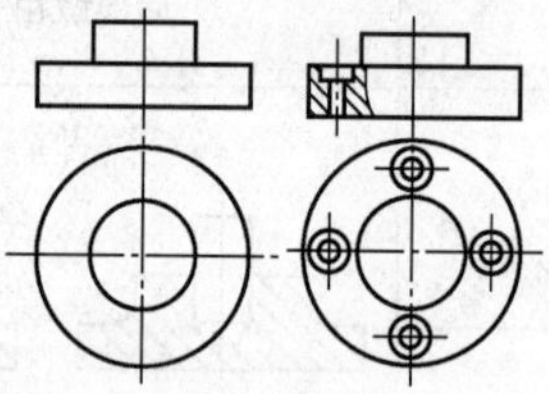	应避免加强筋板与表面凸台等结构，小孔和凹槽等结构可采用切削加工方法加工
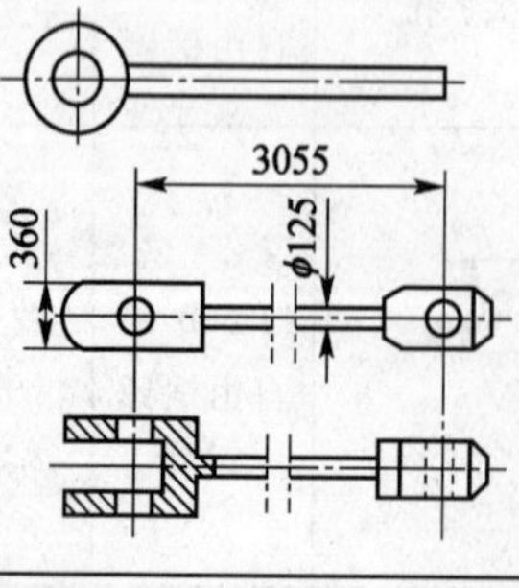	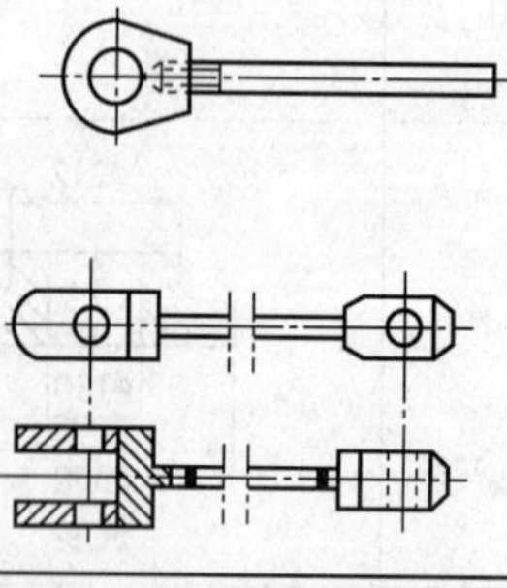	横截面有急剧变化或形状复杂的零件，应分成几个容易锻造的简单部分锻造，再用焊接或机械连接方法组合成整体

第三节 模 锻

一、模锻的实质、特点和应用

利用锻模使坯料变形而获得锻件的锻造方法称为模锻。模锻与自由锻相比,其优点是:锻件尺寸精度高,表面粗糙度值小,能锻出形状复杂的锻件;余量小,公差仅是自由锻件公差的 1/3 ~ 1/4,材料利用率高,节约了机加工工时;锻件的流线组织分布更为合理,力学性能高;生产率高,操作简单,易于实现机械化生产,锻件成本低。但是,锻模材料昂贵且制造周期长、成本高,每种锻模只可加工一种锻件;需用吨位较大的专用设备,模锻件重量一般小于 150 kg。模锻适于中小型锻件的成批和大量生产,广泛用于汽车、拖拉机、飞机、机床和动力机械等工业中。随着工业发展,模锻件在锻件中所占的比例越来越大。

按照所用设备类型不同,模锻主要分为以下几种:

二、锤上模锻

1. 模锻锤

锤上模锻所用设备主要是蒸汽 - 空气模锻锤,其工作原理与蒸汽 - 空气自由锻锤基本相同。但模锻锤的机架直接与砧座连接,形成封闭结构;锤头与导轨间的间隙比自由锻锤小,这可提高锤头上下运动的精确性,保证上下模对得准,减少锻件的错差,以提高锻件形状和尺寸的准确性。模锻锤的规格(吨位)为 10 ~ 160 kN,可锻造 0.5 ~ 150 kg 的锻件,一般 $v_{工}$ = 6 ~ 8 m/s。

2. 模锻的锻模模膛

锻模由上、下模组成(图 3 - 16)。上模和下模分别安装在锤头下端和模座的燕尾槽内,用楔铁紧固。上、下模接触时,其接触面上下所形成的空间为模膛。

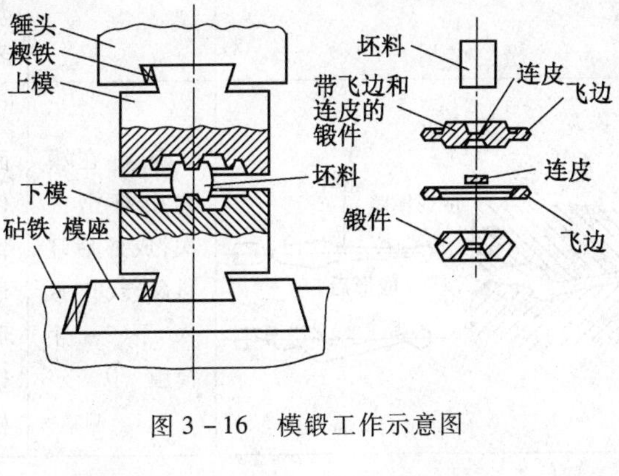

图 3 - 16 模锻工作示意图

根据模膛功用不同，分为制坯模膛和模锻模膛两类。模锻的变形工步都在相应的模膛内完成。

（1）制坯模膛　按锻件变形要求，对坯料体积进行合理分配的模膛。制坯模膛的种类、特点和应用见表 3 – 8。

表 3 – 8　锤上模锻制坯模膛的种类、特点和应用

工步名称	简　图	操作说明	特点和应用
拔长	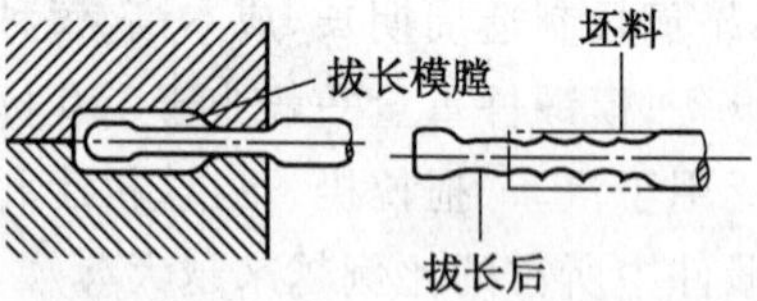	操作时坯料边受锤击边送进	减小坯料某部分的横截面积，增加该部分的长度。当模锻件沿轴线各横截面积相差较大时，则采用拔长模膛拔长。多用于长轴类锻件制坯，兼有去氧化皮作用
滚压（滚挤）	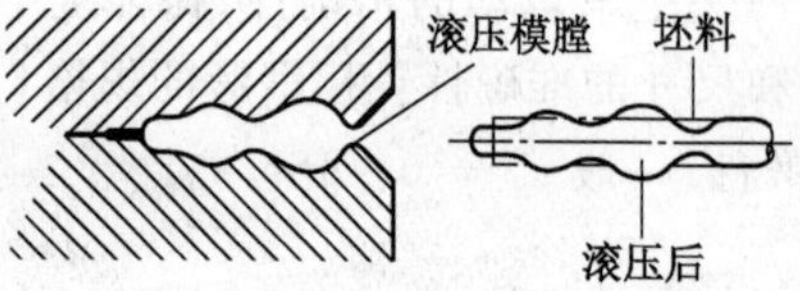	操作时坯料边受锤击边转动，不作轴向送进，同时吹净氧化皮	减少坯料某部分的横截面积，增大另外部分的横截面积，总长略有增加。多用于模锻件沿轴线的各横截面积不同时的聚料和排料，或修整拔长后的毛坯，使坯料形状更接近锻件，并使拔长后的坯料表面光滑
成形	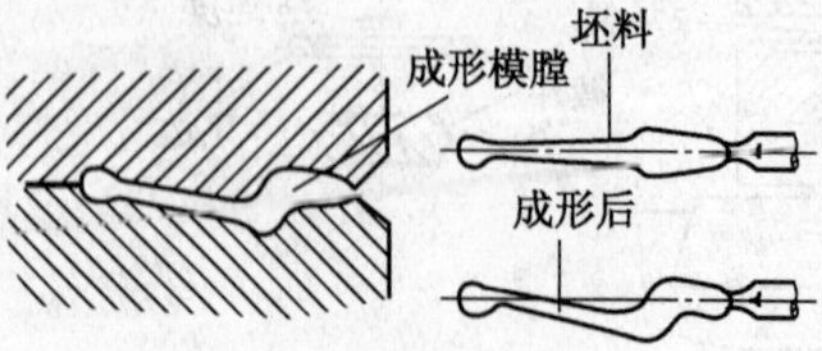	坯料在模膛中打击一次，成形后坯料翻转 90° 放入下一个模膛	模膛的纵向剖面形状与终锻时锻件的水平投影相一致。使坯料获得近似锻件水平投影的形状，兼有一定的聚料作用，用于带枝芽的锻件

续表

工步名称	简　图	操作说明	特点和应用
弯曲（弯压）	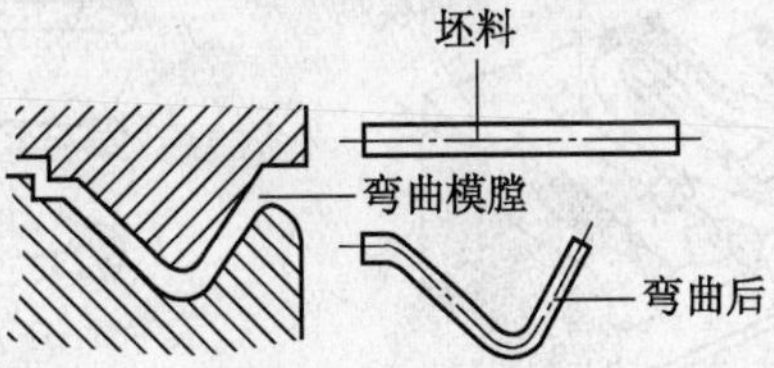	同成形工步。使坯料轴线产生较大弯曲，无聚料作用	使坯料获得近似锻件水平投影的形状。用于具有弯曲轴线的锻件
切断	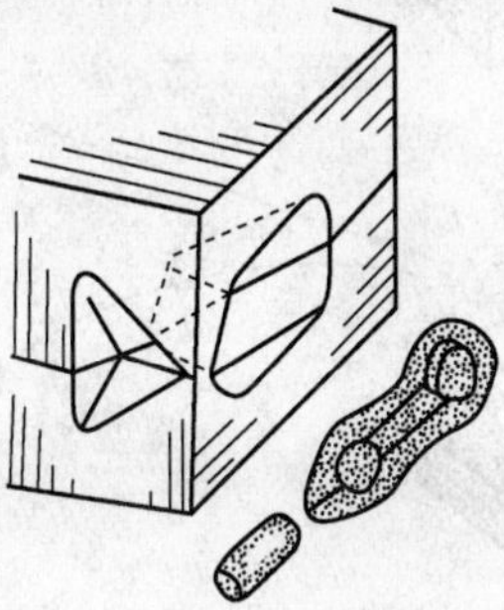	在上模与下模的边角上组成一对刃口	用于切断金属。单件锻造时，用来切下锻件或从锻件上切下钳口；多件锻造时，用来分割成单个锻件

（2）模锻模膛　模锻模膛分为预锻模膛和终锻模膛两种。

① 预锻模膛　为改善终锻时金属流动条件，避免产生充填不满和折叠，使锻坯在最终成形前获得接近终锻形状的模膛。预锻模膛可减少终锻模膛磨损，提高其使用寿命。

预锻模膛比终锻模膛高度略大，宽度略小，容积略大，模锻斜度大，圆角半径大，不带飞边槽。对于形状复杂的锻件（如连杆、拨叉等），大批量生产时常采用预锻模膛预锻。

② 终锻模膛　模锻时最后成形用的模膛，模膛形状与热锻件上相应部分的形状一致，但尺寸需按锻件放大一个收缩量（钢锻件收缩率取1.5%）。沿模膛四周设有飞边槽，在上、下模合拢时能容纳多余的金属，飞边槽靠近模膛处较浅，进入飞边槽的金属先冷却，可增大模膛内金属外流阻力，促使金属充满模膛。

根据锻件复杂程度，锻模又分为单膛锻模和多膛锻模两种。单膛锻模是在一副锻模上只有终锻模膛；多膛锻模则有两个以上模膛（图3－17）。为操作方便，制坯模膛常分布在终锻模膛的两侧。终锻模膛位于锻模中心，这是因为这里的变形力最大。产生最小变形的模膛位于锻模边缘处，以减少作用在模锻设备上的偏心载荷。

3. 模锻工艺规程的制订

制订模锻工艺规程包括以下内容：

（1）绘制模锻件图　模锻件图是根据零件图考虑模锻工艺特点绘制的。它

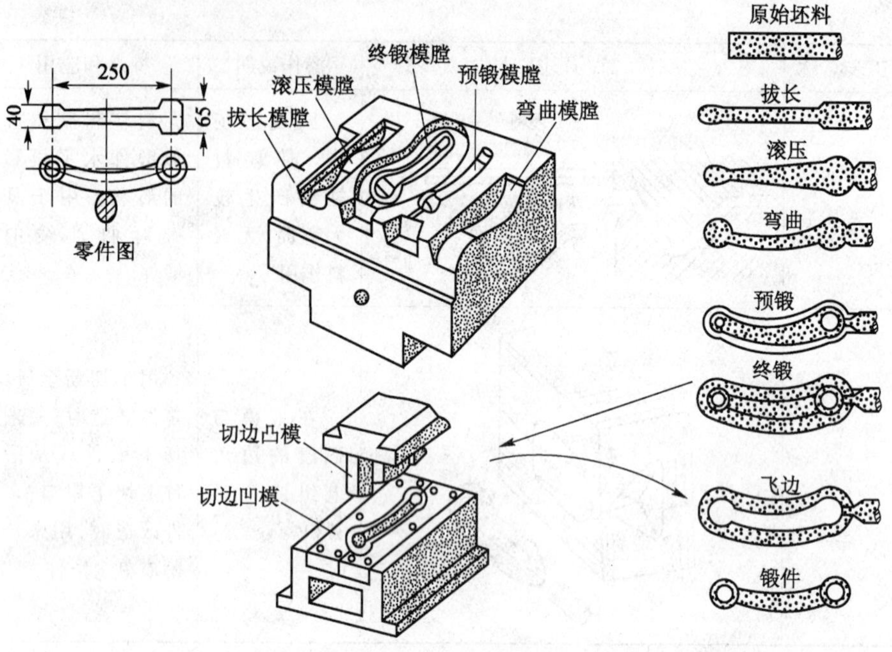

图 3－17 连杆模锻过程

是确定变形工步、设计和制造锻模、计算坯料和检验锻件的依据。确定模锻件图时应考虑以下几个问题：

① 选定分模面　分模面即上、下模或凸、凹模在模锻件上的分界面。分模面可以是平面或是曲面。其选择原则是：应便于锻件从模膛中取出，一般分模面选在锻件最大尺寸的截面上；要保证金属易于充满模膛，有利于锻模制造，分模面应选在使模膛具有宽度最大和深度最浅的位置上；要保证便于发现上、下模错差现象，分模面应使上、下模膛沿分模面具有相同的轮廓；应便于制造模具，分模面最好是平面，且上、下模膛深浅基本一致；要保证锻件上所加的余块最少。分模面的选择示例见图 3－18。

② 加工余量、公差、余块和连皮　模锻件的加工余量和公差比自由锻小得多。一般余量为 1～4 mm，偏差为 ±（0.3　～3） mm。模锻件均为成批生产，应尽量少加或不加余块，以节约材料。锻件上的通孔，模锻时不能直接锻出，只能锻成盲孔，中间留有一定厚度的金属层 δ，称为连皮（图 3－19），锻后连皮与飞边一同切除。连皮不宜太薄，以免损坏锻模。连皮厚度与孔径 d 和孔深 H 有关，当 d ＝ 30～80 mm 时，连皮厚度为 4～8 mm。当 d ＜ 30 mm 时，或冲孔深度大于冲头直径 3 倍时，只在冲孔处压出凹穴，孔不锻出。

③ 模锻斜度（图 3－19）为便于锻件从模膛中取出，锻件与模膛侧壁接触部分需带一定斜度，此斜度称为模锻斜度。模锻斜度不包括在加工余量之内，一般

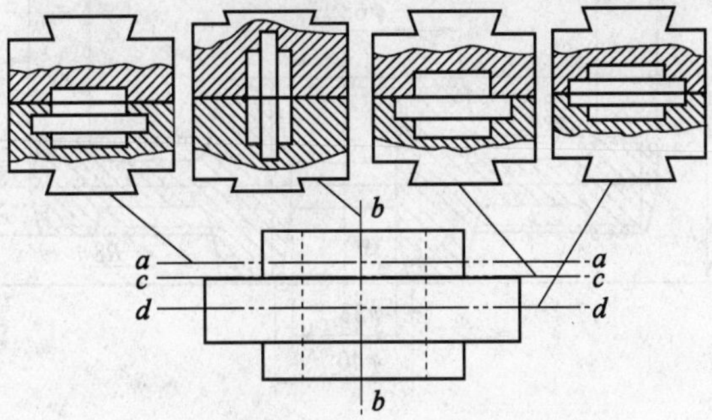

图 3－18　分模面的选择

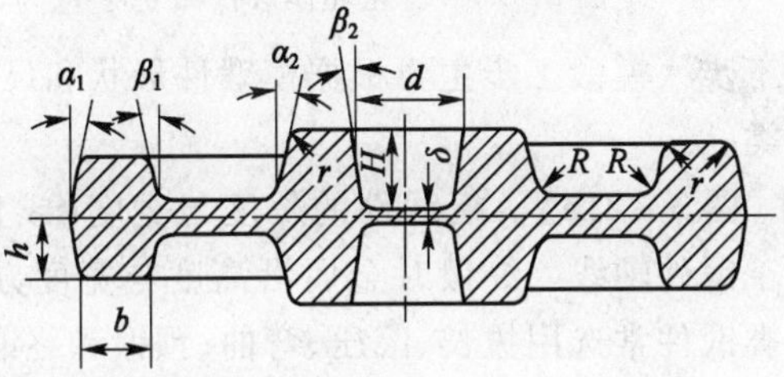

图 3－19　模锻斜度、圆角半径和连皮

取 5°、7°、10°、12°等标准值。模膛深度与相应宽度的比值 h/b 越大，模锻斜度值越大。因冷却引起收缩，锻件的内壁斜度 β_1、β_2 应比相应的外壁斜度 α_1、α_2 大一级。一般，为简化模具加工，同一锻件的内、外斜度可各取同一数值。

④ 圆角半径（图 3－19）锻件上两个面的相交处均应以圆角过渡，其作用是减少坯料流入模槽的摩擦阻力，使坯料易于充满模膛，避免锻件被撕裂或锻造流线被拉断，减少模槽凹角处的应力集中，提高模具使用寿命等。圆角半径大小取决于模膛深度。外圆角半径 r 一般取 1～12 mm，内圆角半径 R 是 r 的 3～4 倍。

完成上述各项内容后，即可按照绘制自由锻件图的方法绘制模锻件图。图 3－20 是齿轮坯的模锻件图。

（2）选择模锻设备　模锻锤的规格按表 3－9 选择。

表 3－9　模锻锤的锻造能力范围

模锻锤规格/kN	10	20	30	50	100	160
锻件重量/kg	2.5	6	17	40	80	120
锻件在分模面处投影面积/cm^2	13	380	1 080	1 260	1 960	2 830
能锻齿轮的最大直径/ mm	130	220	370	400	500	600

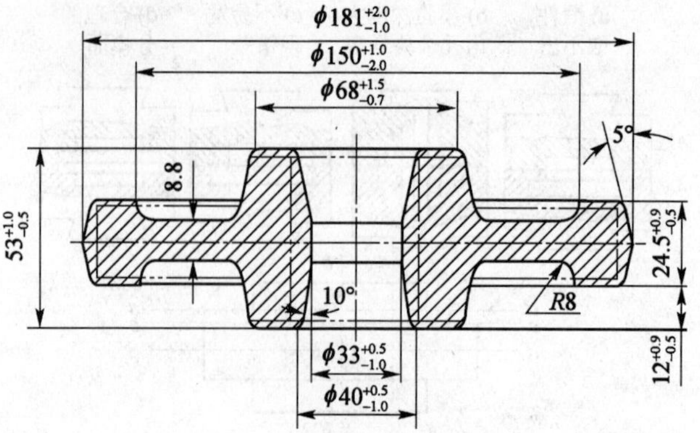

未注圆角半径 R=2.5

图 3－20　齿轮坯模锻件图

(3) 确定模锻工步　模锻工步主要根据模锻件形状和尺寸来确定。模锻件按形状分为以下两类：

① 长轴类锻件(图 3－21a)　模锻件的长度与宽度(或直径)之比较大，锻造时锤击方向垂直于锻件轴线。终锻时金属沿高度与宽度方向流动，长度方向流动不显著。长轴类锻件常选用拔长、滚压、弯曲、预锻和终锻等工步。

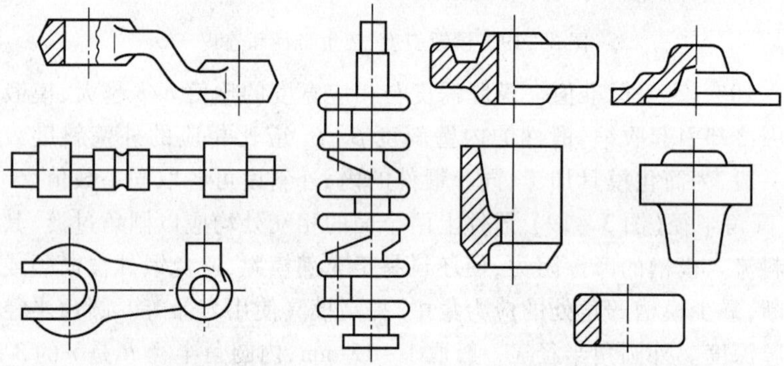

a) 长轴类锻件　　b) 短轴类锻件

图 3－21　模锻件示意图

坯料横截面积大于锻件最大横截面积时，可只选用拔长工步，如小于锻件最大横截面积时，应选用拔长和滚压工步。对于小型长轴类锻件，为减少钳口料和提高生产率，常用一根坯料锻造几个锻件，因此应增加切断工步。如选用周期变截面轧制材料作坯料时(图 3－22)，可省去拔长和滚压等工步，使锻模简化，生产率高。

形状复杂的锻件，还需选用预锻和终锻工步。长轴类锻件变形工步实例如图 3－17 所示。

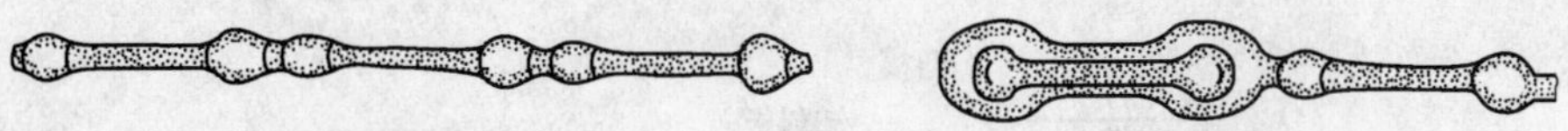

a) 周期变截面轧制材料　　b) 模锻后形状

图 3-22　用轧材坯料模锻

② 短轴类锻件(图 3-21b) 模锻件在分模面上的投影为圆形或长度与宽度相近,锻造时锤击方向与坯料轴线相同。终锻时金属沿高度(轴向)、宽度及长度方向均产生流动,因此常选用镦粗、终锻等工步。形状复杂有深孔或高筋的锻件则要采用镦粗、预锻和终锻等工步。形状简单的锻件也可直接终锻成形。

(4) 计算坯料尺寸　其步骤与自由锻件相似。坯料重量包括锻件、飞边、连皮、钳口料头和氧化皮等。一般飞边重量是锻件重量的 20% ~25%,氧化皮重量是锻件和飞边重量总和的 2.5% ~4%。

① 短轴类锻件的坯料体积 V_0 可根据下式计算:

$$V_0 = (V_{锻} + V_{连} + V_{飞})(1 + K_1)$$

式中: $V_{锻}$——锻件体积;

$V_{连}$——连皮体积;

$V_{飞}$——飞边体积,可按飞边槽容积的一半计算;

K_1——烧损量系数,见表 3-2。

短轴类锻件的坯料直径 d_0 可按下式计算:

$$d_0 = 1.08\sqrt[3]{V_0/m}$$

式中: m——坯料的高径比,可取 1.8~2.2。

② 长轴类锻件可根据锻件的最大截面积 S_{max} 值,计算坯料直径:

$$d_0 = 1.13\sqrt{KS_{max}}$$

式中: K——模膛系数,不制坯或有拔长工步时,$K=1$;有滚压工步时,$K=0.7$ ~0.85。

(5) 整形工序　锻件经终锻成形后,为保证和提高锻件质量,还需安排以下整形工序:

① 切边和冲孔　切除终锻后模锻件上的飞边和连皮,切除分热切与冷切。热切比冷切所需压力小,锻件塑性好,不易产生裂纹,但易变形。较大的锻件和高碳钢、合金钢锻件常采用热切;冷切后的锻件表面较整齐,精度较高,不易变形,适于中碳钢和低合金钢小型锻件。

切除是用切边模和冲孔模在压力机上进行(图 3-23)。

② 校正　在切边、冲孔和其他工序中,都可能引起锻件变形,因此许多锻

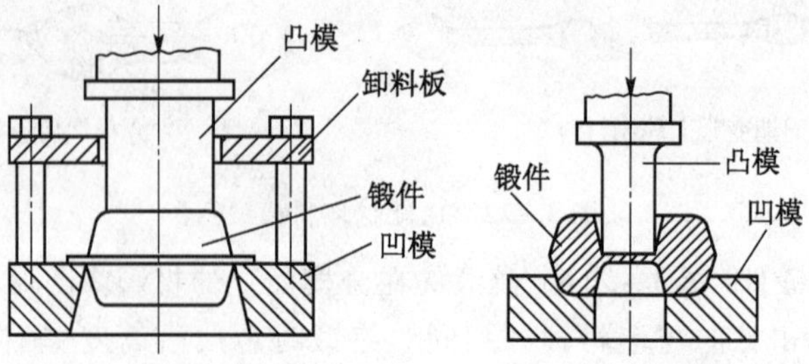

a) 切飞边　　b) 冲连皮

图 3－23　切飞边和冲连皮

件，特别是形状复杂的锻件，还需进行校正，校正分热校与冷校。热校一般是将热切后的锻件立即放回终锻模膛内校正，冷校是在热处理及清理后在专用的校正模内校正，适用于小型锻件及容易在冷却、热处理、清理过程中变形的锻件。

③ 清理　一般用滚筒法、喷砂法或酸洗法消除锻件表面的氧化皮、污垢及其他表面缺陷（如毛刺）等。

④ 精压　精度高和表面粗糙度值小的锻件，在校正、清理后还应在压力机上进行精压，精压分平面精压和整体精压（图 3－24）。平面精压可提高平行平面间的尺寸精度及减小表面粗糙度值，一般在冷态下进行。整体精压可提高锻件全部的尺寸精度和减小全部表面的粗糙度值，一般在热态下进行。整体精压因所需设备的吨位大，故适用于小型锻件，特别是有色金属的小型锻件。精压后锻件尺寸偏差可达 ±（0.1～0.25）mm，表面粗糙度值 *Ra* 为 6.3～1.6 μm（精压前，一般模锻件的尺寸偏差大约是 ±0.5 mm，表面粗糙度值大于 20 μm）。精压可完全省去切削加工或只需磨削加工。因精压时锻件会产生少量塑性变形（小于 5%～10%），所以模锻时应留出精压余量。锻件余量大，精压后会降低尺寸精度，但可提高表面质量。

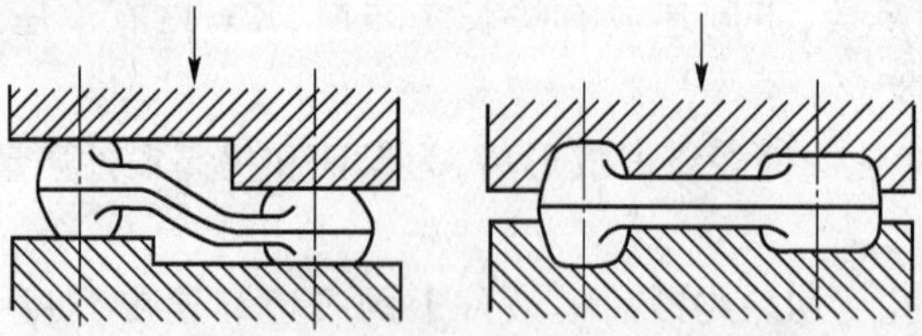

a) 平面精压　　b) 整体精压

图 3－24　精压

（6）热处理　为消除锻件冷变形强化和过热组织、细化晶粒和获得所需的力学性能，一般对锻件进行正火或退火处理。

4. 模锻零件的结构工艺性

根据模锻特点和工艺要求，设计模锻零件时，应使结构符合下列原则：

（1）模锻件应具有合理的分模面、模锻斜度和圆角半径。

（2）模锻件的辐板厚度不应小于5 mm。一般筋条最小宽度等于辐板厚度，筋条高度 h 与宽度 b 的比值与金属种类和零件形状有关（图3-25），通常 $h/b \leqslant 8$。

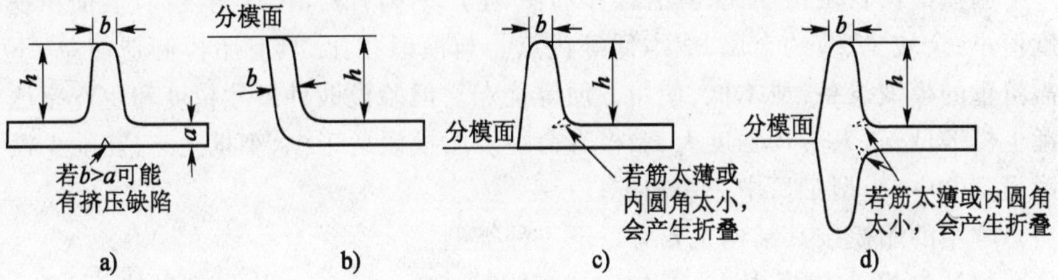

图3-25　筋条的设计形式

（3）在满足使用性能要求的条件下，零件形状应力求简化、平直和对称，尽量避免截面间相差过大，避免薄壁、高筋和高台等结构，在分模面上避免小枝杈和薄突缘。图3-26a所示零件的凸缘高而薄、中间凹槽过深难于锻造；图3-26b所示零件扁而薄，锻造时坯料冷却很决，不易充满模膛；图3-26c所示零件的凸缘高而薄，使锻模制造和取出锻件都很困难。图3-26d结构比图3-26c容易模锻成形。

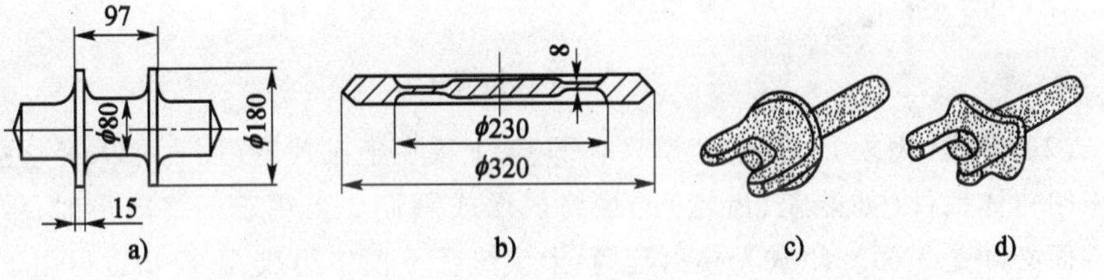

图3-26　模锻件结构

（4）应避免窄沟、深槽、深孔及多孔结构，以便于制造模具和延长模具寿命。

（5）对复杂锻件，为减少余块，简化模锻工艺，在可能的条件下，应尽量采用锻-焊或锻-机械连接组合工艺，如图3-27所示。

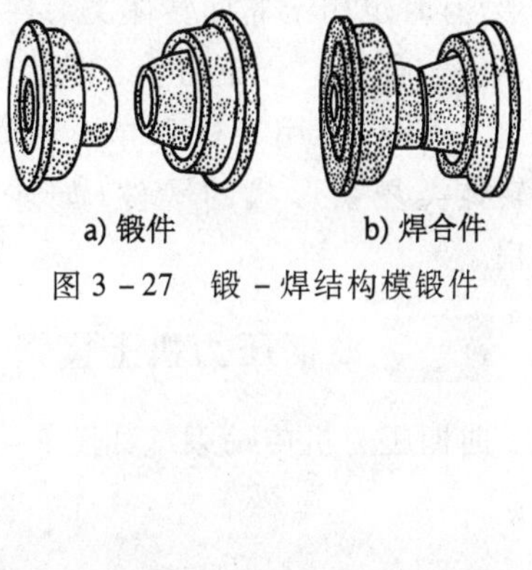

图3-27　锻-焊结构模锻件

三、胎模锻

在自由锻设备上使用可移动模具生产模锻件的一种锻造方法称为胎模锻。它是一种介于自由锻和模锻之间的锻造方法。胎模锻一般用自由锻方法制坯，在胎模中最后成形。胎模不固定在锤头或砧座上，需要时放在下砧铁上进行锻造。

胎模锻与自由锻相比，具有操作简便、生产率高，锻件尺寸精度高、表面粗糙度值小，余块少、节约金属，成本低等优点。与模锻相比，具有胎模制造简单，不需贵重的模锻设备，成本低，使用方便等优点。但胎模锻件尺寸精度和生产率比锤上模锻低，工人劳动强度大，胎模寿命短。胎模锻适于中、小批生产，在缺少模锻设备的中、小型工厂中应用较广。

常用的胎模按其结构主要有以下三种类型：

(1) 扣模　扣模由上、下扣组成(图 3 - 28a)或上扣由上砧代替(图 3 - 28b)。锻造时锻件不转动，初锻成形后锻件翻转 90°在锤砧上平整侧面。扣模常用来生产长杆非回转体锻件的全部或局部扣形，也可用来为合模制坯。

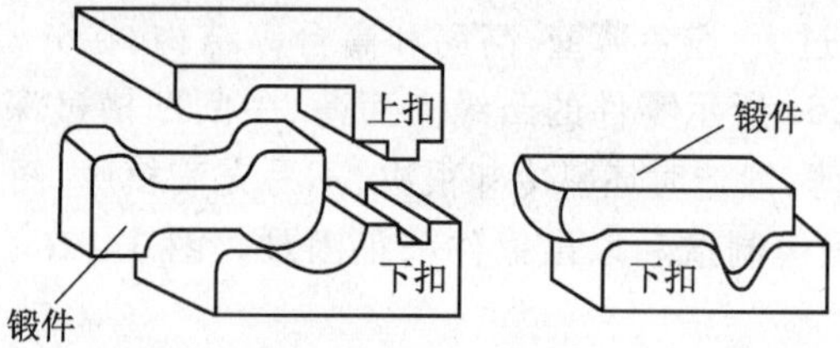

a) 有上扣　　b) 无上扣

图 3 - 28　扣模

(2) 套模(筒模)　开式套模只有下模，上模用上砧代替(图 3 - 29a)。主要用于回转体锻件(如端盖、齿轮)的最终成形或制坯。当用于最终成形时，锻件的端面必须是平面。闭式套模由套筒、上模垫及下模垫组成，下模垫也可由下砧代替(图 3 - 29b)。主要用于端面有凸台或凹坑的回转体类锻件的制坯和最终成形，有时也用于非回转体类锻件。

(3) 合模　合模由上、下模组成(图 3 - 30)，为使上、下模吻合和不使锻件产生错差，常用导柱和导销定位。合模适于各类锻件的终锻成形，尤其是非回转体类复杂形状的锻件(如连杆、叉形件等)。图 3 - 31 为端盖胎模锻造过程。

四、曲柄压力机上模锻

曲柄压力机传动系统如图 3 - 32 所示，电动机转动经带轮和齿轮传至曲柄

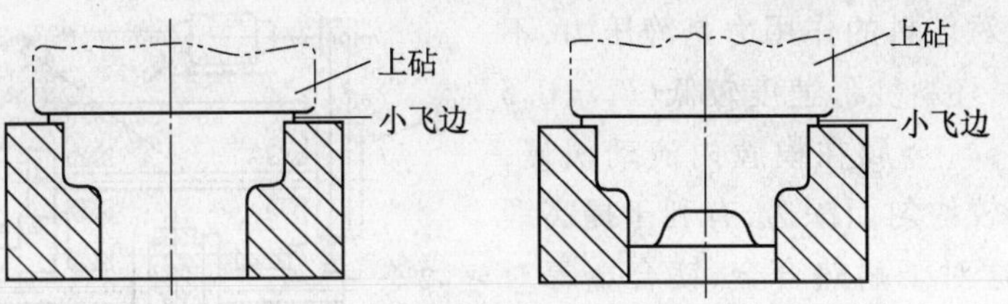

a) 开式套模

b) 闭式套模

图 3-29　套模

连杆，带动滑块沿导轨作上下往复运动。锻模分别装在滑块下端和工作台上，工作台安装在楔形垫块的斜面上，因而可对锻模封闭空间的高度作少量调节。曲轴和滑块的运行和停止，可通过离合器和制动器来控制。

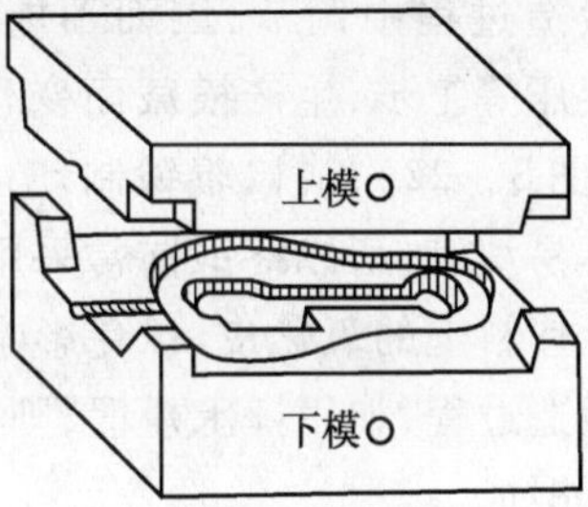

图 3-30　合模

与锤上模锻相比，曲柄压力机上模锻具有以下优点：

(1) 滑块运动精度高，并有锻件顶出装置，

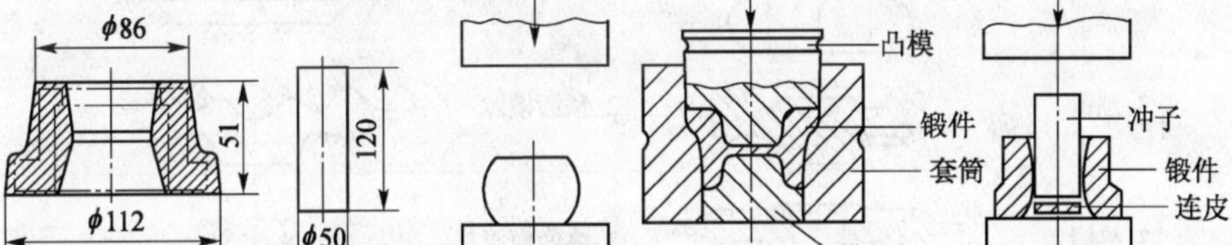

a) 锻件图　b) 下料、加热　c) 镦粗　d) 终锻成形　e) 冲掉连皮

图 3-31　端盖毛坯的胎模锻过程

可减小锻件的模锻斜度、加工余量和锻造公差，因而锻件尺寸精度比锤上模锻件高。在特殊情况下，可锻出不带模锻斜度的锻件。

(2) 因滑块行程固定，在滑块一个往复行程中即可完成一个工步的变形，并易于实现操作的机械化和自动化，所以生产率高。

(3) 对坯料的作用力是静压力,不是冲击力,坯料变形速度较低($v_工$ =0.5～0.8 m/s),金属在模膛内流动缓慢,坯料变形较均匀而深透,有利于提高锻件质量,这对于耐热合金、镁合金等对变形速度敏感的低塑性合金的成形很有利。

(4) 曲柄压力机结构刚度大,无冲击和振动,噪声小,劳动条件好。

(5) 可采用组合模具,使模具制造简化并易于更换。

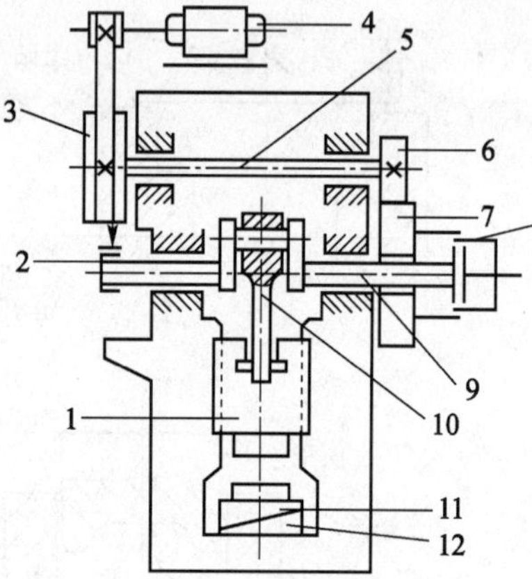

图 3－32 曲柄压力机传动图

1—滑块; 2—制动器; 3—带轮; 4—电动机; 5—转轴; 6—小齿轮; 7—大齿轮; 8—离合器; 9—曲轴; 10—连杆; 11—工作台; 12—楔形垫块

曲柄压力机的主要缺点是:结构复杂,造价高(是相同工作能力模锻锤的 3～4 倍);由于滑块行程和压力不能在锻造过程中调节,因而不能进行拔长、滚压等工步,生产横截面变化较大的长轴类锻件时,需采用周期变截面的坯料(图 3－22),或以辊锻制坯;形状较复杂的锻件在终锻模膛中一次成形时,金属不易填满,所以终锻前常采用预成形和预锻工步,以使坯料逐步变形;要及时清除坯料上的氧化皮,以免影响锻件质量和减少模膛磨损。图 3－33 为齿轮坯的锻造过程,如用锤上模锻,则在镦粗台上镦去氧化皮后,用终锻模膛多次锤击即可锻成。

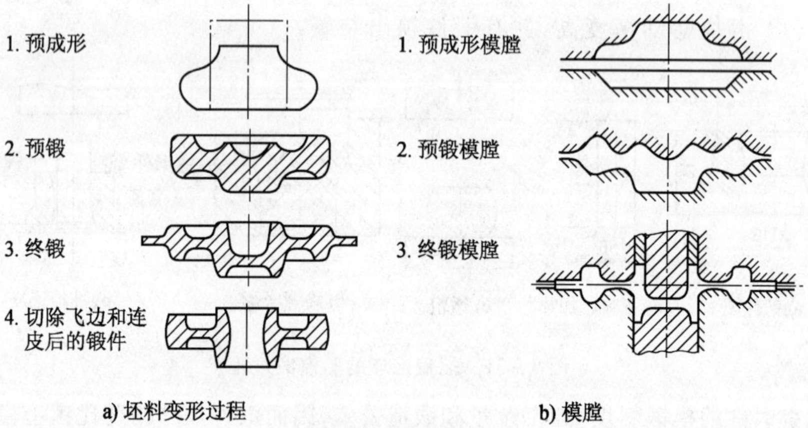

图 3－33 曲柄压力机上模锻齿轮工步

曲柄压力机的规格用滑块移动到接近最低位置时所产生的最大压力来表示,一般是 2 000～12 000 kN (200 t～1 200 t)。曲柄压力机上模锻是一种较先进的模锻方法，适用于大批量生产。

五、平锻机上模锻

平锻机相当于卧式曲柄压力机，因它沿水平方向对坯料施加锻造压力，故称平锻机。平锻机传动系统如图 3－34 所示，锻模由凸模（冲头）10、固定凹模 12 和活动凹模 13 组成。电动机 1 转动经带轮 5、齿轮 7 传至曲轴 8 后，通过主滑块 9 带动凸模 10 作纵向往复运动，与此同时又通过凸轮 6 转动经杠杆 14 带动副滑块和活动凹模 13 作横向往复运动（向固定凹模方向），实现活动凹模与固定凹模的闭合与分开。挡料板 11 通过辊子与主滑块 9 上的轨道相连，当主滑块向前运动时（工作行程），轨道斜面迫使辊子上升，并使挡料板绕其轴线转动，挡料板末端便移至一侧，给凸模 10 让出路来。

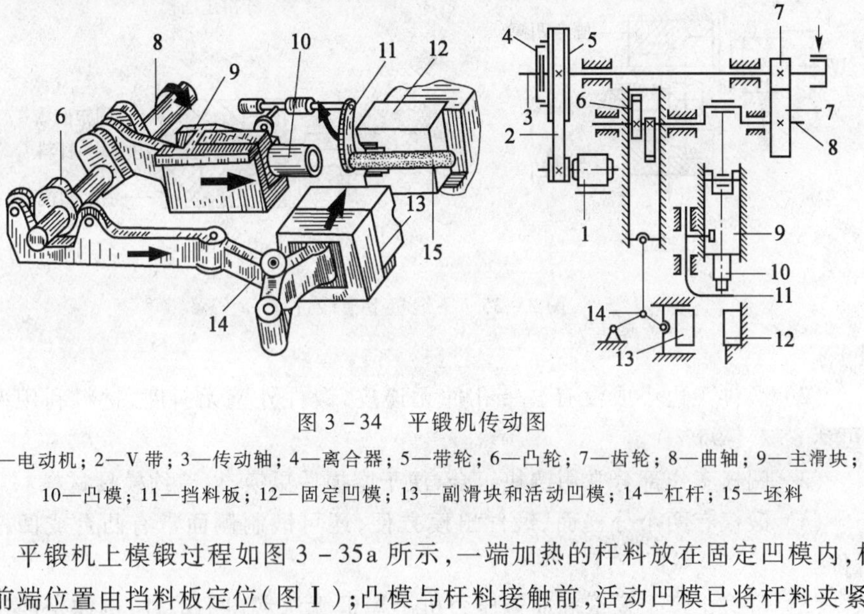

图 3－34 平锻机传动图

1—电动机；2—V 带；3—传动轴；4—离合器；5—带轮；6—凸轮；7—齿轮；8—曲轴；9—主滑块；10—凸模；11—挡料板；12—固定凹模；13—副滑块和活动凹模；14—杠杆；15—坯料

平锻机上模锻过程如图 3－35a 所示，一端加热的杆料放在固定凹模内，杆料前端位置由挡料板定位（图Ⅰ）；凸模与杆料接触前，活动凹模已将杆料夹紧，挡料板退出（图Ⅱ）；凸模将杆料一端镦粗，金属充满模膛（图Ⅲ）；凸模退出，活动凹模松开，挡料板回到原位，取出锻件（图Ⅳ）。上述过程在曲轴旋转一周内完成。

由于模锻时坯料需经过几个模膛逐步变形才能完成，因此主滑块上在垂直方向排列（分布）几个不同形状的凸模（即多膛锻模），它们是镦粗（图 3－35b）、预成形、成形、挤压（图 3－35c）、冲孔（图 3－35d）和穿孔等凸模，相应的固定凹模和活动凹模也组成几对凹模，工作时坯料逐一经过所需模膛完成各个工步。

平锻机上模锻除具有曲柄压力机上模锻的特点外，还具有下列特点：

（1）锻件尺寸精度高，表面粗糙度值小，生产率高（每小时可生产 400～900

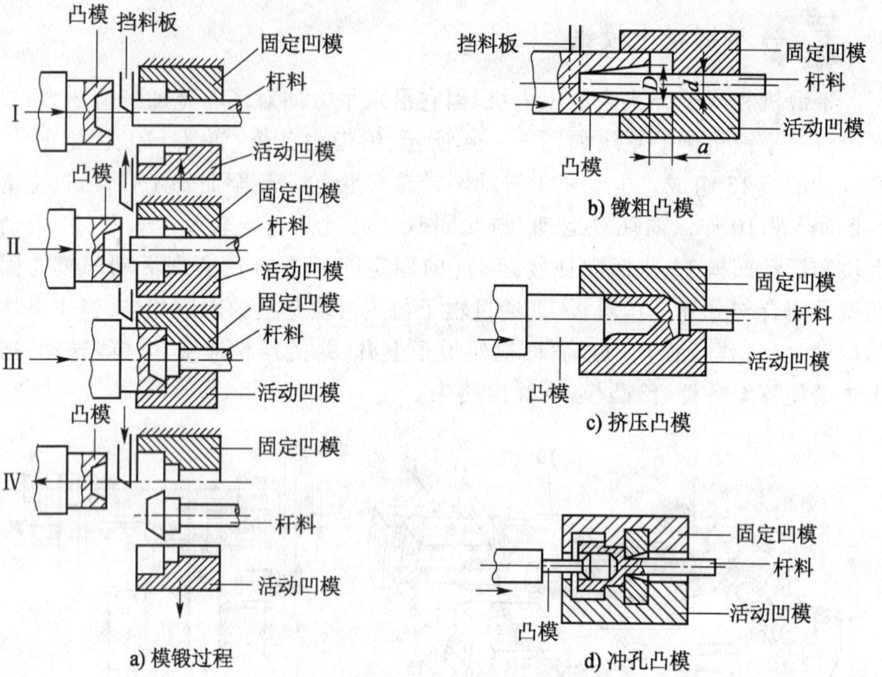

图 3-35　平锻机上模锻过程

件)。

(2) 锻件飞边小或没有。带孔件无连皮,锻件外壁无斜度,材料利用率高(可达 85% ~95%)。

(3) 凹模工作部分常用镶块组合,便于磨损后更换,以节约模具材料。

(4) 锻模有两个分模面,锻件出模方便,还可锻制侧面带有凸台或凹槽的锻件。

(5) 可锻出锤上模锻和曲柄压力机上模锻无法锻出的锻件,例如带凸缘的半轴类和具有两个凸缘的锻件。还可进行切飞边、切断、弯曲和热精压等工步。

(6) 所用坯料都是棒材或管材,一般只对坯料一部分(一端)进行锻造,主要生产带头部的杆类和带孔的环形、套类等锻件,如图 3-36 所示。

(7) 平锻机不能拔长,通用性不如锤上模锻和曲柄压力机上模锻,且造价高,难以锻造非回转体及中心不对称的锻件。此外,平锻机上模锻要求坯料尺寸精确,坯料加热后应清除氧化皮。

平锻机的规格用凸模所产生的最大压力来表示,一般为 500 ~31 500 kN(50 ~3 150 t),可锻造直径为 ϕ25 mm ~ ϕ230 mm 的棒料,其工作速度约为 0.3 m/s。

图 3－36 平锻机上模锻的锻件

六、摩擦压力机上模锻

摩擦压力机如图 3－37 所示，电动机 4 转动经带轮、圆轮 6、飞轮 7、螺杆 8，带动滑块 10 上下运动。锻模分别装在滑块 10 的下端和机座 1 上。通过操纵杆 11 可使左或右圆轮与飞轮靠紧产生摩擦力，带动飞轮旋转。左、右两个圆轮可使飞轮转向不同，螺母 9 固定不动，螺杆 8 即可随飞轮作不同方向的转动和直线移动，使滑块 10 产生上下往复直线运动，完成模锻加工。

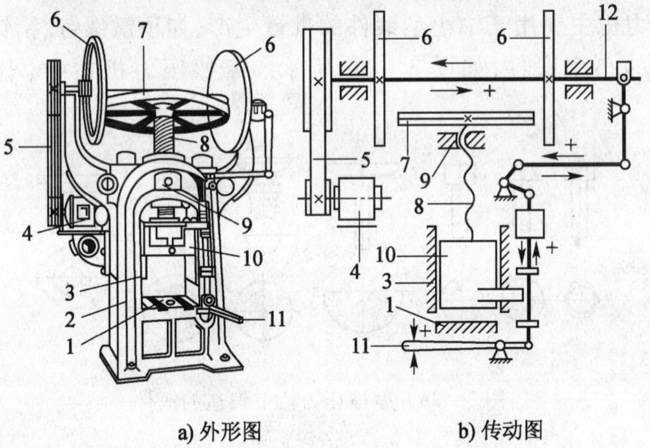

图 3－37 摩擦压力机

1—机座；2—机架；3—导轨；4—电动机；5—V 带；6—圆轮；7—飞轮；8—螺杆；9—螺母；10—滑块；11—操纵杆；12—传动轴

摩擦压力机上模锻的特点是：

（1）工作过程中滑块速度为 0.5～1.0 m/s，略高于曲柄压力机，对坯料变形具有一定的冲击作用，而且滑块行程不固定，可以自由调节滑块行程和锻造力大小，所以可实现轻打、重打，可在一个模膛内进行多次锻打。不仅能满足模锻的各种主要成形工序要求，还可进行弯曲、精压、切飞边、冲连皮及校正等工序，工艺用途广泛。

(2) 因滑块运动速度低,金属变形过程中的再结晶过程可充分进行,所以特别适合于锻造低塑性合金钢和有色金属(特别适合铜合金)。

(3) 因滑块打击速度不高,设备本身具有顶出器,用以顶出锻件或分开组合凹模,生产中既可使用整体式锻模,也可使用特殊结构的组合式模具,所以可以简化模具设计和制造,节约材料和降低生产成本。能够锻出形状更为复杂、余块和模锻斜度都很小的锻件。还可将轴类锻件直立起来进行局部镦粗。

(4) 摩擦压力机结构简单,易制造,维修方便,使用费用低,对厂房、地基要求不高,锻件成本低。

(5) 因滑块速度低,每分钟行程次数少,传动效率低(仅为 10% ~15%),能力有限,故生产率低。

(6) 因螺杆与滑块间是非刚性连接,故承受偏心载荷能力差,一般用于单模膛模锻。形状复杂的锻件需在其他设备(如在自由锻设备)上制坯。

摩擦压力机是靠飞轮、螺杆和滑块向下运动时所积蓄的能量来进行锻造,其规格大小用滑块到达工作行程终点时所产生的压力来表示。常用摩擦压力机的压力为 3 500 kN (350 t),最大摩擦压力机的压力为 25 000 kN (2 500 t)。

摩擦压力机主要用于中小型锻件的批量生产,如顶镦螺钉、销钉类锻件及一些不需制坯的小型锻件,如图 3 – 38 所示。摩擦压力机在中、小型工厂应用较多。

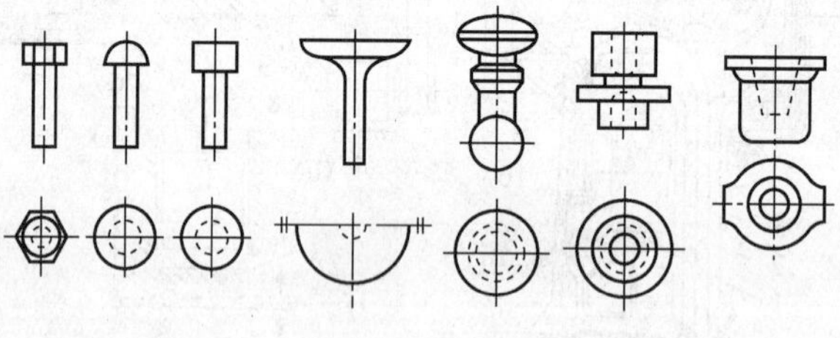

图 3 – 38　摩擦压力机上锻造的锻件

七、特种模锻简介

1. 精密模锻

精密模锻是提高锻件精度和表面质量的一种先进工艺。它能够锻造形状复杂、尺寸精度高的零件,如锥齿轮、叶片等。其主要工艺特点是:

(1) 使用普通的模锻设备进行锻造。一般需采用预(粗)锻和终(精)锻两套锻模,对形状简单的锻件也可用一套锻模。粗锻时应留 0.1 ~1.2 mm 的精锻余量。

(2) 原始坯料尺寸和重量要精确,否则会降低锻件精度和增大尺寸公差。

(3) 精细清理坯料表面,除净氧化皮、脱碳层及其他缺陷。

(4) 采用无氧化或少氧化加热法，尽量减少坯料表面的氧化皮，为提高锻件精度和减小粗糙度 *Ra* 值打好基础。

(5) 模锻时要很好地润滑和冷却锻模。

(6) 模具精度对提高锻件精度影响很大，精锻模膛的精度一般要比锻件精度高两级，精锻模要有导柱、导套结构，以保证合模准确。为排除模膛中气体，减少金属流动阻力，容易充满模膛，在凹模上应开设排气孔。

(7) 公差、余量约为普通锻件的1/3，*Ra* 值为3.2～0.8 μm，尺寸精度为IT12～IT10，可实现少、无切削加工。

2. 高速锤锻造

高速锤锻造是利用高压气体（压力为14 MPa的空气或氮气）在极短时间内突然膨胀，推动锤头和框架系统作高速相对运动，对坯料进行悬空对击的工艺方法。

高速锤打击速度高，约为20 m/s（一般模锻锤为6～8 m/s），坯料变形时间极短，为0.001～0.002 s，因此变形热效应大，金属充型性能好，对形状复杂、有薄而高的筋的零件和低塑性、高强度和难变形的材料都可锻造；由于悬空对击，因此传给地面的震动小，但噪声大；与能量相当的模锻锤相比，高速锤重量轻、体积小、易制造；高速锤锻造采用少、无氧化加热，采用适宜的润滑剂，锻造时常是一次打击成形。锻件精度为IT12～IT10，表面粗糙度 *Ra* 值为3.2 ～ 0.8 μm，可实现少、无切削加工，并使锻造流线沿锻件外形合理分布，组织均匀致密，力学性能高。但高速锤锻造不能承受偏心打击，故仅适于单模膛锻造对称的锻件，且模具磨损快。

高速锤可进行精密模锻、热挤压，如螺旋锥齿轮和发动机支架的精锻、叶片的挤压等。

3. 径向锻造

径向锻造（旋转锻造）是指对轴向旋转送进的棒料或管料施加径向脉冲打击力，锻成沿轴向具有不同横截面制件的工艺方法，类似于拔长工序。棒（管）料（图3－39）送入空心主轴的锤头之间，锤头可在主轴径向槽内自由滑动。主轴旋转时，安装在外环上的小滚柱不断撞击锤头，形成了对坯料的打击。打击后锤头靠离心力又回到初始位置。锻造时坯料可边旋转边轴向送进，故径向锻造的基本工序是多头螺旋式拔长。工艺上有多向锻打和脉冲锻打两个特征。

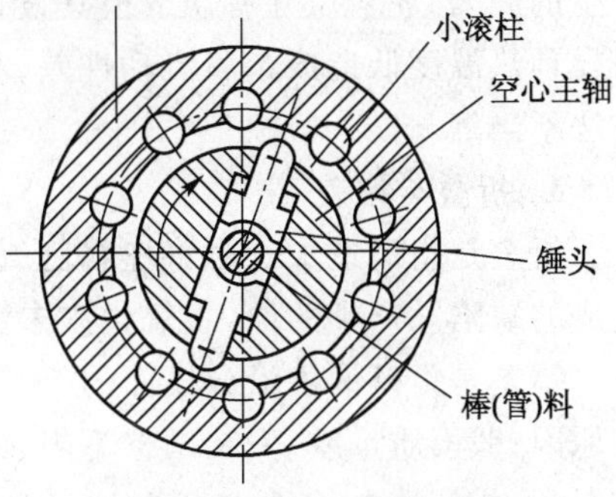

图3－39　径向锻造

多向锻打使坯料处于三向压应力状态,对提高塑性有利。因此,不仅可锻造一般钢,还能锻造高强度、低塑性高合金钢。脉冲锻打频率高,单次变形量小,锻件精度高。

径向锻造可进行热锻、温锻和冷锻。热锻件精度为 IT12 ~ IT11,粗糙度 *Ra* 值为 6.3 ~3.2 μm;冷锻件为 IT11 ~ IT10,粗糙度 *Ra* 值为 3.2 ~1.6 μm。

径向锻造材料消耗低、自动化程度高、生产率高、劳动条件好、锤头形状简单、工艺适应性强,适于各种批量生产。广泛用于锻造机床、汽车、拖拉机、飞机、坦克和其他机械上的实心台阶轴、锥度轴、空心轴和带膛线的枪筒、炮筒及其他内外径有特定形状要求的轴。还可用于各种气瓶、薄壁筒形件的缩口、缩颈等。

第四节　锻件质量与检验

一、锻件缺陷及其产生原因

锻件的坯料一般都是型材,又是在压力下成形,所以其缺陷比铸件少,废品率也低。生产中锻件常见的缺陷除氧化与脱碳、过热与过烧外还有以下几种:

1. 氢脆

氢脆是指金属中含氢量高或在氢介质中工作,因氢侵入而发生金属材料的脆化现象。氢脆是一种延迟性破坏,即材料(锻件)在低于抗拉强度的应力作用下,经过一段工作时间后发生突然断裂。氢脆是锻件的严重缺陷,不允许出现。

2. 模锻不足与缺肉

模锻不足是指锻件在分模面垂直方向上的所有尺寸增大,即超过设计图样上规定的相应尺寸。产生的原因可能是锤击次数太少、设备吨位不够、终锻温度低等。

缺肉是指锻件实际尺寸(长、宽、高)局部小于锻件图样相应尺寸的现象。产生的原因:坯料尺寸有误或模具设计、制造有误,坯料加热温度低或未热透或锻模预热温度低造成金属流动性差,不易充满模膛,坯料未放正,润滑不当,操作方法不当等。

3. 折叠与错差

折叠是指锻造加工时将坯料已氧化的表层金属汇流贴合在一起压入工件而造成的缺陷。产生的原因:氧化皮未清除干净等。

错差是指模锻件沿分模面的上半部相对于下半部产生了位移的现象。产生的原因:锻模质量差、安装调整不当、锤头与导轨间隙过大等。

4. 中心裂纹、角裂与龟裂

中心裂纹是指圆断面坯料在平砧上经小压缩量拔长时,由于变形不均、温度偏低使轴心部分金属沿径向受附加拉应力而引起的裂纹。

角裂是指矩形断面坯料在平砧上拔长时，由于变形及温度不均在棱角处产生的裂纹。高合金低塑性锭料在锤上开坯时常出现此种裂纹。

龟裂是指锻件表面出现的较浅的龟纹状（网状）裂纹。产生的原因：终锻温度过低时对坯料表面打击次数过多、坯料表层变形及温度不均匀等。

二、锻件的检验

锻件除外观检验外，其余的检验项目可根据产品的设计要求只检验其中某几项。

1. 外观检验

用肉眼或 5 ~ 10 倍放大镜和普通检验工具对锻件表面质量、形状、尺寸进行检验。为便于发现缺陷，最好将锻件酸洗或喷砂后进行检查。如果有些缺陷不能立即判断其深浅程度，可经冷铲或切削加工后再进行检验确定。

被检锻件的数量应根据锻件的重要性、批量大小、工厂的具体情况确定。

2. 力学性能试验

主要是硬度试验、拉伸试验和冲击韧度试验等。此外，也可根据零件设计要求和订货合同补加的其他试验项目，如补加冷弯试验和疲劳试验等。

进行拉伸和冲击韧度试验时，必须在锻件上切下预留的试棒，再从试棒上制取试件。因此，试棒在锻件上留取的位置应具有代表性，一般都选留在零件承受载荷最大或金属材料质量最差的部位上。例如用钢锭直接锻制的锻件，一般都留在钢锭的冒口端。若小锻件不便留有试棒时，可进行破坏性试验，即直接在一个锻件上制取试件，这样应考虑试验用的锻件数量。

3. 内部质量检验

锻件内部质量检验实质上是对锻件材料内部质量的不均匀性和缺陷的检验。检验的方法主要有低倍检验、高倍检验、荧光探伤、磁粉探伤（或称磁力探伤）和超声波探伤等。

低倍检验法是指在锻件缺陷处取样、制片，用酸浸蚀剂浸蚀后，借助 10 ~ 30 倍放大镜观察和判断缺陷。通过低倍检验能看出锻件中流线分布情况、缺陷的种类、大小和脱碳层厚度等。

高倍检验法是指借助高倍金相显微镜等光学仪器对锻件材料内部显微组织进行的检验，如检查碳化物偏析、晶粒度等。此法也需取样和制片。

荧光探伤是一种渗透探伤，其原理是在紫外线照射下，能使渗入缺陷处的伴有荧光物质的渗透剂显示黄绿色痕迹，此法可检验用肉眼不易观察到的表面裂纹缺陷，不受材料性能的限制。

超声波探伤和磁粉探伤的原理与铸件检验相同，超声波可以穿透几米甚至十几米深的金属，所以此法可应用于大型锻件内部无损探伤检验。

三、锻件的修补

锻件缺陷能否修补，要根据技术上的可能性和经济性来决定。锻件缺陷经修补后能达到规定的技术要求时，可作为合格品使用。锻件主要的修补方法有以下几种：

(1) 补焊（返修焊）与重锻

补焊前应对锻件上的缺陷处进行清理，焊后还要进行清理和热处理。重锻时应将锻件加热到稍高于终锻温度以上，并迅速清除锻件上的氧化皮后装模重锻，以消除缺陷。

(2) 矫正与金属喷镀

直径小于 200 mm、翘曲度在每米 15 mm 以下的低碳钢和低合金钢锻件可进行冷矫正，其他锻件必须进行热矫正。模锻件一般都是在终锻模膛内进行热矫正。

四、锻件的技术条件

有关锻件质量及其他检验要求，凡在锻件图上无法表示的，均列入技术条件中，作为锻件图的附注。技术条件所包括的内容是：

(1) 锻件材料牌号。自由锻件应注明是型材还是锭料，如为锭料，要注明需切除的部位。

(2) 锻件的热处理及热处理后的要求：热处理种类、硬度要求和测试硬度的位置、冷却条件、热处理变形的矫正以及是否需要回火等；热处理后取样的金相组织、力学性能和取样的位置等。

(3) 锻件图上未标明的模锻斜度、圆角半径、收缩率和锻造比等。

(4) 锻件表面质量要求：清理氧化皮的方法、表面允许的缺陷层及其深度、修补条件及补焊等。

(5) 锻件外形允许的偏差：在分模面处上下模允许的错差量、允许的残留飞边的宽度、锻件允许的弯曲和翘曲量、允许的壁厚差。

(6) 锻件重量偏差；锻件检验等级；锻件验收的技术条件。

第五节　板料冲压

一、板料冲压的实质、特点和应用

板料冲压是指使板料经分离或成形而得到制件的加工方法。板料冲压一般在再结晶温度以下进行,故又称冷冲压,简称冲压。只有当板料厚度超过 8 ~ 10 mm 时才采用热冲压。板料冲压与其他加工方法相比,具有以下特点:

(1) 冲压件有较高的尺寸精度和较小的表面粗糙度值,互换性好。一般不再需要切削加工即可作为零件使用,而且质量稳定。

(2) 板料冲压操作简便,易于实现操作机械化和自动化,生产率高(一台冲床班产量可达 30 000 ~ 40 000 个零件),成本低。

(3) 可生产各种平板类、空间类和形状复杂的零件,废料较少。零件重量从一克至几百千克,尺寸为一毫米至几米。

(4) 因冷变形强化和冲压件的空间几何形状,使冲压件的重量轻、强度和刚度好,有利于减轻结构重量。

(5) 冲压所用原材料,特别是制造中空和钩环状等零件时,要求在室温下应具有足够的塑性和较低的变形抗力。常用的金属材料是低碳钢、高塑性合金钢以及塑性好的铝、铜、镁及其合金等。

(6) 冲模制造复杂、成本高,冲压只有在大批量生产时,才能充分显示其优越性。

板料冲压广泛用于汽车、拖拉机、飞机、火箭、仪表、电器、轻工和日用品等工业部门。

二、冲压设备

1. 剪床

剪床是进行剪切工作的设备,其传动系统如图 3 – 40 所示。电动机经带轮、齿轮、离合器使曲轴转动,带动装有刀片的滑块上、下运动,完成剪切工作。

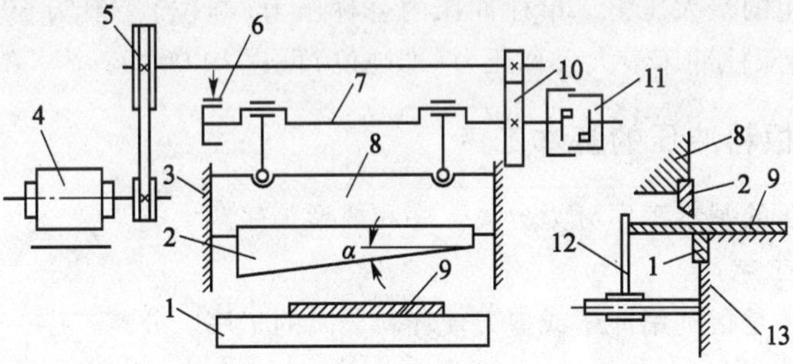

图 3 – 40　剪床

1—下刀刃；2—上刀刃；3—导轨；4—电动机；5—带轮；6—制动器；7—曲轴；8—滑块；9—板料；10—齿轮；11—离合器；12—挡料板；13—工作台

剪床分为平刃剪床与斜刃剪床,平刃剪床的上、下刀刃相互平行,适于剪切宽度小而厚度较大的板料。为减小剪切力,将上刀刃做成倾斜状态,这种剪床称为斜刃剪床,适于剪切宽而薄的板料。板料剪床的主要规格是用能剪板料的厚度和长度来表示。

2. 冲床

单柱冲床如图 3 - 41 所示,电动机带动飞轮(大齿轮)4 转动,踩下踏板 6,离合器 3 将飞轮与曲轴 2 连接,通过连杆 8 带动滑块 7 上、下运动。松开踏板,离合器 3 脱开,制动器 1 使曲轴停止转动,滑块 7 停留在上端位置。

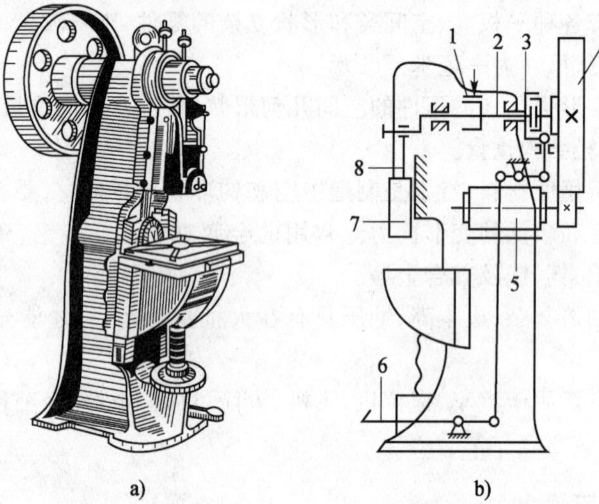

图 3 - 41　单柱冲床

1—制动器;2—曲轴;3—离合器;4—飞轮(大齿轮);5—电动机;6—踏板;7—滑块;8—连杆

冲床规格主要用公称压力表示,公称压力是指冲床工作时,滑块运行至最终位置时所产生的最大压力。单柱冲床的公称压力(吨位)一般为 60 ~ 2 000 kN (6 ~ 200 t),双柱冲床最大公称压力(即吨位)可达 40 000 kN。

三、板料冲压的基本工序

板料冲压的基本工序分为分离工序和成形工序两大类。

1. 分离工序

分离工序是指利用冲模或剪刀使坯料分离的工序。分离工序一般包括以下内容:

(1) 剪切　使板料按不封闭轮廓进行分离的备料工序。

(2) 冲裁　冲裁是指利用冲模将坯料以封闭的轮廓进行分离的一种工序,它包括冲孔和落料。冲孔工序是冲落部分为废料,留下的周边是成品;落料工序是冲下部分为成品,留下的周边是废料。

落料与冲孔的过程如图 3 - 42 所示。凸模(冲头)与凹模都具有锋利的刃

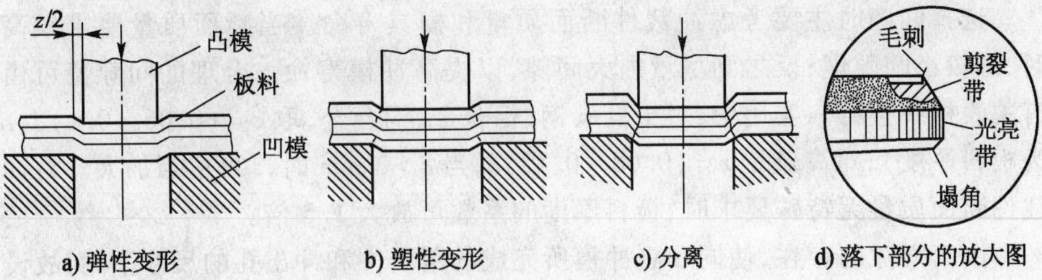

图 3-42 金属板料的分离过程

口，两者之间留有间隙 z。凸模压下后，刃口附近的板料首先产生弹性压缩、拉伸与弯曲等变形，板料的一部分相对于另一部分产生错移，间隙 z 越大，弯曲和上翘越明显。但此时无裂纹（图 3-42a）；凸模继续压入，压力增加，当板料内的应力达到屈服强度时便开始进入塑性变形阶段。随着凸模继续压入，变形程度逐渐增大，板料内部的应力也继续增加，当变形达到一定程度时，位于凸模、凹模刃口处材料的冷变形强化和应力集中现象加剧，出现微裂纹，塑性变形阶段结束，板料开始破坏，如图 3-42b 所示；凸模继续压入，已形成的上、下微裂纹逐渐扩大并向材料内部延伸，当上、下两裂纹相遇重合时，材料便被剪断分离，如图 3-42c 所示。

如图 3-42d 所示，当凸凹模间隙合适时，冲裁件断面明显地分为四个部分：塌角、光亮带、剪裂带和毛刺。

塌角是由于凸模压入板料时，刃口附近的板料被牵连拉入变形而形成的；光亮带是由于凸模挤压切入材料时，出现微裂纹前所形成的光滑表面，质量好；剪裂带是由于刃口处的微裂纹不断扩展而形成的撕裂面，表面粗糙并略带斜度，不与板料平面垂直。

塌角、剪裂带及毛刺等部分都使断口表面质量下降。这四个部分在断面上所占的比例，随材料的力学性能和厚度、凸凹模间隙、刃口锋利程度、模具结构等的不同而变化。塑性差的材料，塌角、光亮带及毛刺都小，大部分是剪裂带，塑性好的材料则相反。

模具间隙对冲裁件断面质量、冲裁力、卸料力、推件力、模具寿命和冲裁件尺寸精度影响很大。间隙过大，材料中拉应力增大，塑性变形阶段结束较早，断口光亮带窄、剪裂带宽、毛刺大；间隙过小，材料中拉应力减小，压应力增大，微裂纹产生受到抑制，上下裂纹不能很好重合，致使毛刺增大，还可能出现二次剪裂带，影响断面质量。间隙过小也会使摩擦增大，加快刃口磨损钝化，降低模具使用寿命。此外，间隙过小还将增加冲裁力、卸料力和推件力。

间隙合适，上下裂纹自然汇合，断面较平整，光亮带约占板料厚度的 1/3，毛刺不大，断面质量好。

选择间隙时主要考虑冲裁件断面质量和模具寿命。当断面质量要求较高时，选较小间隙值；反之则尽量加大间隙，以提高冲模寿命。合理的间隙值可由有关表格中查得。实用中，对于低碳钢、铝合金、铜合金，取 $z=(0.06\sim0.1)\delta$（δ 为板料厚度）；对高碳钢 $z=(0.08\sim0.12)\delta$，当 $\delta>3$ mm 时，z 可适当加大。对冲裁件断面质量无特殊要求时，板料厚度的系数可放大 1.5 倍。

由于间隙的存在，使同一副冲模所完成的落料件和冲出孔的尺寸不同，故设计落料模具时应使凹模刃口尺寸等于落料件尺寸，凸模尺寸等于落料件尺寸（或凹模刃口尺寸）减去间隙 z。设计冲孔模具时应使凸模刃口尺寸等于冲孔尺寸，凹模尺寸等于冲孔尺寸（或凸模刃口尺寸）加上间隙 z。

采用压紧落料法，即把坯料紧贴在凸模端面和凹模工作面上，可得到质量较好的断口表面。增加剪裂区的压应力可提高该区金属的塑性，减少形成粗糙断口的裂纹。

计算冲裁力是选用设备吨位和检验模具强度的重要依据。平刃冲模的冲裁力 F（kN）按公式 $F=Kl\delta\tau\times10^{-3}$ 计算。式中，K 为系数，一般取 1.3；l 为冲裁件周长（mm）；δ 为板料厚度（mm）；τ 为材料的抗剪强度（MPa），为便于估算可取 $\tau=0.8\sigma_b$。

为了简便，冲裁力也可按公式 $F\approx l\delta\sigma_b$，进行估算。

（3）修边（整修）　利用修边模从冲裁件的内、外轮廓上修切下一薄层金属，以获得规整的棱边、光洁的断面（剪切面）和较高尺寸精度的工序，称为修边（图 3-43）。修边的机理与冲裁完全不同，与切削加工相似，主要是去除塌角、剪裂带及毛刺。只有当冲裁件的质量要求较高时才需要增加修边工序。

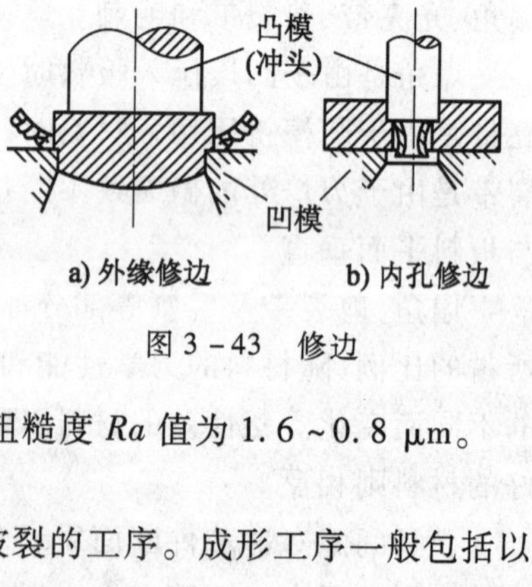

a) 外缘修边　　b) 内孔修边

图 3-43　修边

修边模的单边切除量一般为 0.05～0.2 mm，修边后尺寸公差等级可达 IT7～IT6，粗糙度 Ra 值为 1.6～0.8 μm。

2. 成形工序

成形工序是指使坯料产生塑性变形而不破裂的工序。成形工序一般包括以下内容：

（1）弯曲　将板料、型材或管材在弯矩作用下，弯成具有一定曲率和角度的制件的成形方法，称为弯曲（图 3-44）。弯曲时塑性变形只集中在与凸模接触的狭窄区域内，变形区外侧产生拉伸变形，存在拉应力，内侧受压缩，存在压应力。这些变形随凸模端面上过渡圆角半径的减小而增大，外表层应变量最大，拉应力也最大。当外侧拉应力超过坯料的抗拉强度时，会造成裂纹。为防止裂纹，应选用塑性好的材料；限制最小弯曲半径 r_{min}，使 $r_{min}\geqslant(0.1\sim1)\delta$；使弯曲线与锻造流线方向垂直,如图 3-45 所示(使弯曲时的拉应力方向与板料内锻造流线的方向一致),如不垂直,则该处弯曲半径应比正常的增加两倍;为防止坯料表面划伤,弯曲前毛刺要尽量小,以免产生应力集中,毛刺还应分布在压缩区。

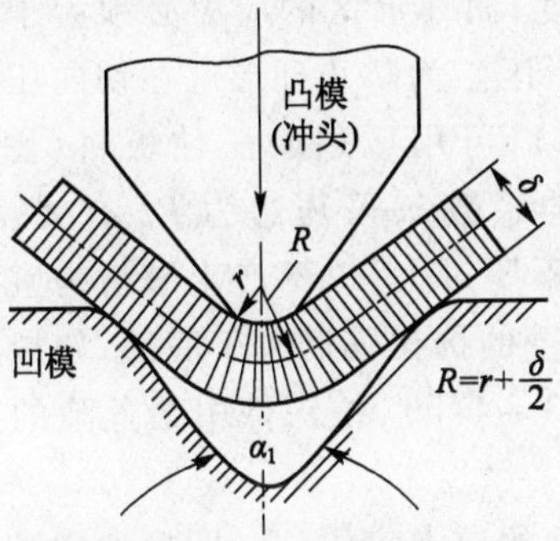

图 3-44 弯曲

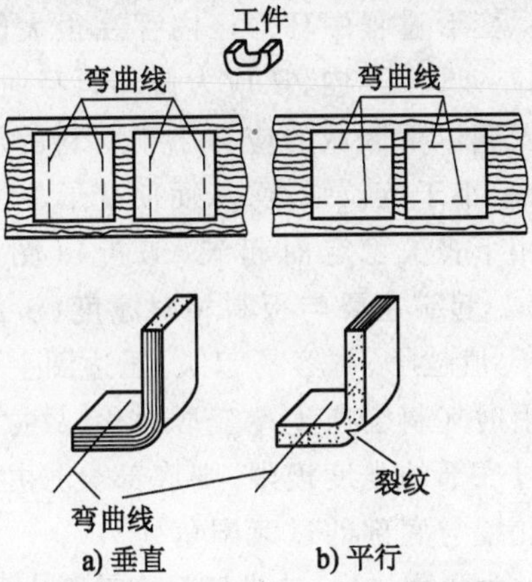

图 3-45 弯曲线与流线方向的关系

当去掉弯曲外力后,因弹性变形的消失,使被弯曲的角度略有增大,此现象称为弹复或回弹,用回弹角 $\Delta\alpha$ 表示。$\Delta\alpha$ 与材料的力学性能、r/δ 和零件角度 α 有关,随这些参数的增大而增大,一般回弹角 $\Delta\alpha = 0° \sim 10°$。为抵消回弹影响,设计模具时应使模具角度 α_1 比零件角度 α 小一个回弹角 $\Delta\alpha$。

(2) 拉深 变形区在一拉一压的应力作用下,使板料(或浅的空心坯)成形为空心件(或深的空心件),而厚度基本不变的成形方法,称为拉深或称拉延。

拉深过程如图 3-46 所示,凹模压下时与凸模接触的那部分金属就会拉着坯料的边缘部分(四周环形区)连续地向凹模内移动,逐步变形成为拉深件的侧壁。与凸模顶面接触的坯料在拉深过程中基本不变形。最后成为拉深件的底,

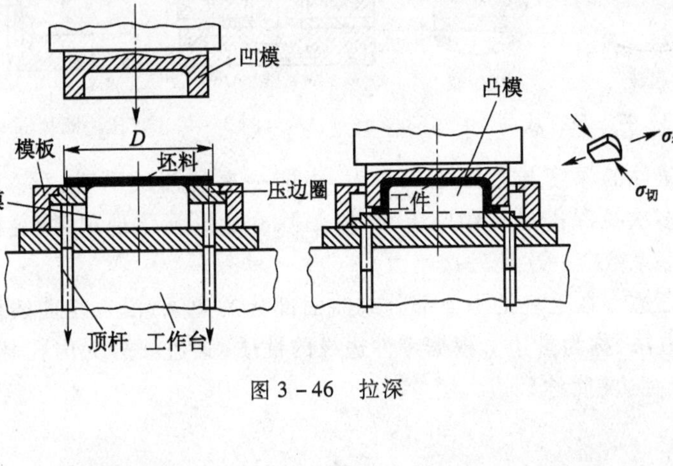

图 3-46 拉深

厚度基本不变,只起传递拉力作用。零件侧壁主要受拉力作用,厚度有所减小。侧壁与底面之间的过渡圆角处被拉薄最严重。拉深件的环形区因受切向压应力作用,厚度有所增大。

变形过程中环形区内存在很大的切向压应力和径向拉应力,拉应力将坯料拉入凹模孔内,压应力使坯料径向尺寸减小。为使拉深正常进行,必须使侧壁及其以下区域的应力小于材料的屈服强度,而环形区的应力必须大于屈服强榷、小于抗拉强度,从而使变形集中在环形区。为防止环形区在切向压应力作用下丧失稳定而起皱(皱折)(图 3 - 47a),可用压边圈压住板料(图 3 - 48)。起皱主要与板料相对厚度(δ/D)、拉伸系数 m 及压边力 F_Q 有关,δ/D、m、F_Q值越小,越容易起皱,压边圈上的压力不要过大,以不产生皱折为宜。冷变形时坯料会产生冷变形强化,故拉深件侧壁的抗拉强度大于底部,如拉应力超过底部的强度极限,则底部会被拉裂(图 3 - 47b),拉深件中最危险的部位是侧壁与底部的过渡圆角处。

为防止拉裂、减少坯料流动阻力和弯曲处的应力集中,凸、凹模的边缘应为圆角,半径 $r_{凹} = (5 \sim 15)\delta$,$r_{凸} = (0.6 \sim 1) r_{凹}$,模具间隙 $z = (1.1 \sim 1.5)\delta$;拉深前要在板料上涂润滑剂。

每次拉深后零件直径 d 与拉深前坯料直径 D 之比,称为拉深系数 m,即 $m = d/D$。m 表示坯料的变形程度,m 越小,变形越大,拉深时的应力也越大。因此,制定拉深工艺时,必须使实际拉深系数不小于极限拉深系数 m_{min}(保证危险断面不被拉裂的拉深系数的最小值,称为极限拉深系数)。m_{min} 与材料性质、板料相对厚度(δ/D)和拉深次数有关,一般 $m_{min} = 0.5 \sim 0.8$,坯料塑性差取大值,塑性好取小值。

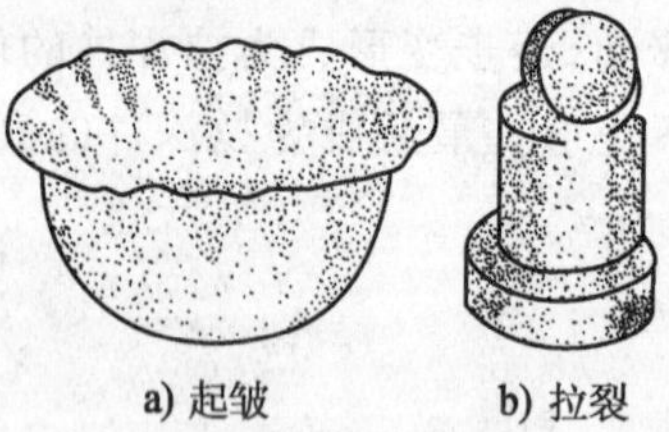

a) 起皱　b) 拉裂

图 3 - 47　拉深废品

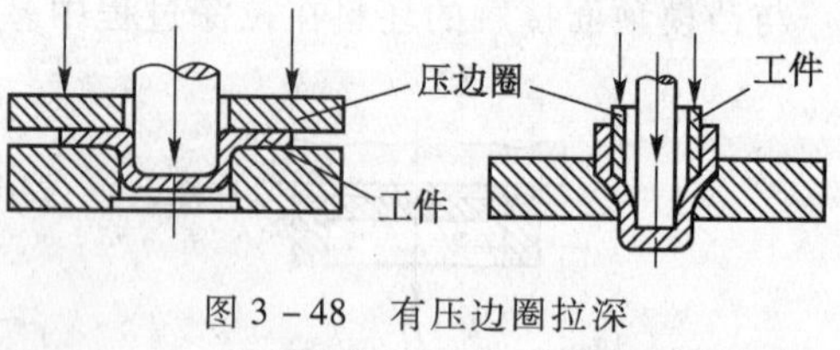

图 3 - 48　有压边圈拉深

当冲压件的深度与直径之比较大,不能一次拉深成形时,可多次拉深(图 3 - 49)。多次拉深需进行中间退火,以消除冷变形强化现象,恢复塑性。多次拉深时拉深系数应一次比一次略大。

(3) 翻边　在毛坯的平面部分或曲面部分的边缘,沿一定曲线翻起竖立直边的成形方法,称为翻边。根据零件边缘的性质,翻边又分为内孔翻边(简称翻孔)和外缘翻边(简称翻边)。

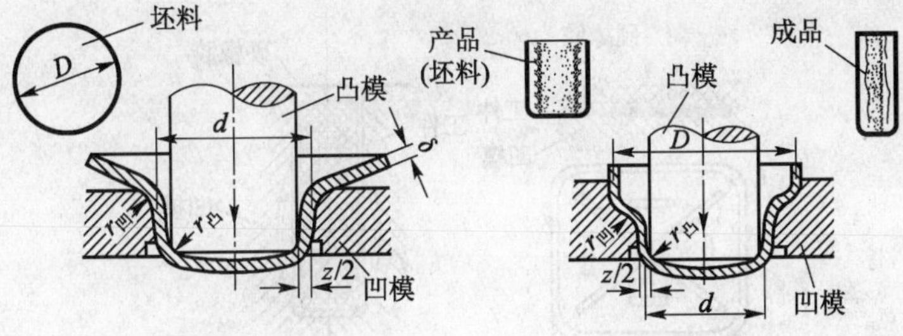

a) 第一次拉深　　b) 第二次拉深

图 3-49　多次拉深工序图

翻孔(图 3-50)在生产中应用很广,翻孔变形程度用翻孔前孔径 d_0 与翻孔后孔径 d 的比值 K 表示,$K = d_0/d$ 称为翻孔系数,K 越小,变形程度越大。对于镀锡铁皮 $K \geqslant 0.65 \sim 0.7$;对于酸洗钢板 $K \geqslant 0.68 \sim 0.72$。

(4) 缩口　将管件或空心制件的端部加压,使其径向尺寸缩小的成形方法,称为缩口,如图 3-51 所示。

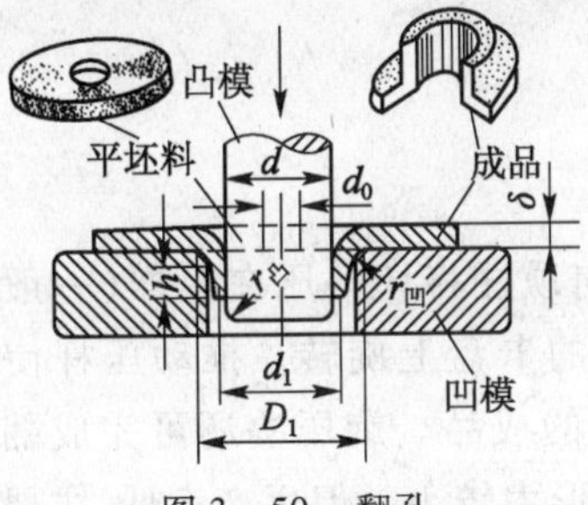

图 3-50　翻孔

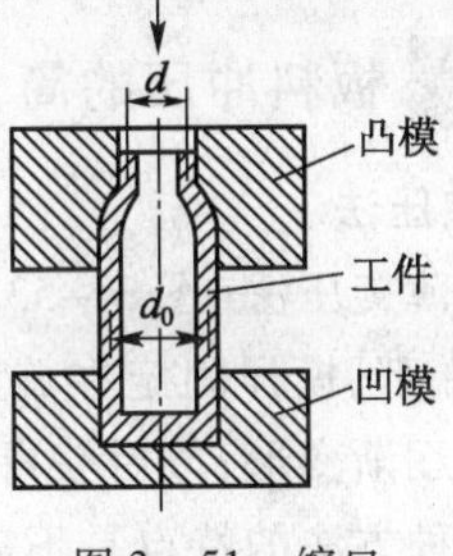

图 3-51　缩口

(5) 局部成形　使板料或半成品改变局部形状的成形方法称为局部成形。局部成形包括压筋、压坑和胀形等。

压筋和压坑(包括压字、压花)统称压印,压印是指模具端面压入板坯,使板坯的局部或全部表面受到压挤,改变板坯厚度而充满模腔,形成花纹、沟槽或字符的成形方法。

压印所用模具有刚模和软模两种。图 3-52a 为软模压筋,软模是用橡胶等柔性物体代替金属凸模或凹模,这样可简化模具制造,能冲制形状复杂的零件。软模使用寿命低,需经常更换。此外,压印也可采用气压或液压方法成形。

经过压印的零件,特别是生产中广泛采用的压筋成形,不仅因形状变化而提高了零件的刚度,而且由于塑性变形产生了冷变形强化,又进一步提高了零件的强度和刚度。

胀形是指板料或空心坯料在双向拉应力作用下,使其产生塑性变形而获得所需制件的成形方法。胀形方法一般有机械胀形、橡胶胀形和液压胀形等三种。

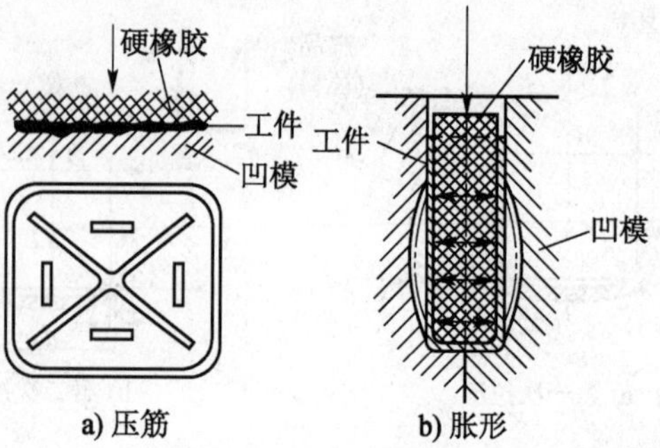

图 3 – 52　压筋与胀形

机械胀形是利用分块的凸模，由锥形心块将其顶开，使坯料胀出所需形状；橡胶胀形（图 3 – 52b）是以橡胶为凸模，在压力下利用橡胶变形而使坯料沿凹模胀出所需形状，胀形所用凹模是可拆卸的；液压胀形是在加工前向毛坯内灌注液体，当压力机外滑块下行时先把坯料的口边封住，然后内滑块下行，通过压下橡胶垫使液体产生高压，将坯料胀成形。

四、板料冲压的简化方法

1. 旋压法

不变薄旋压法（图 3 – 53a）加工时，用纵向顶柱将坯料压在模样（一般为木质的）的端部，模样固定在旋压机或卧式车床的卡盘上旋转。推动压杆使坯料在压力下逐渐变形，最后获得与模样形状相同的成品。旋压法还可完成翻边等工序。这种方法的特点是不需复杂的冲模，变形力较小。但生产率低，主要用于单件小批生产。

变薄旋压法（图 3 – 53b）主要靠减小坯料厚度来改变坯料形状。操作时将圆形坯料压在可旋转的柱形模样端部，压杆沿平行于模样的外表面移动，便可将坯料辗薄，而坯料径向尺寸 D 不变化。

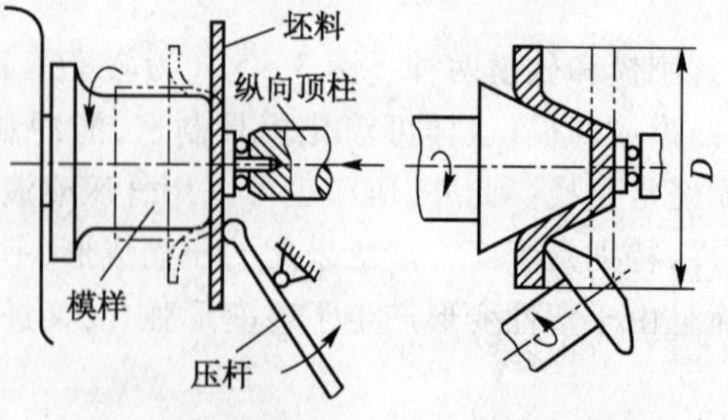

图 3 – 53　旋压

2. 高速成形

高速成形法是在短时间内施加很大的力，使坯料以高达 150 m/s 的速度运动，积蓄起来的功能使坯料产生塑性变形。高速成形的主要方法是爆炸成形、电液成形和电磁成形等。

爆炸成形是指利用炸药爆炸时所产生的高能冲击波，通过不同介质使坯料产生塑性变形的方法。爆炸成形一般在水池中进行（图 3－54）。坯料固定在凹模和压板之间，因凹模的空腔抽成真空，故坯料紧贴在凹模上。炸药挂在坯料上方的水中，爆炸时形成的高能冲击波迫使坯料沿凹模形状运动而成形。变形过程只有千分之几秒。通过一次爆炸就可以加工出用金属模具经拉深和胀形两道工序才能完成的空间类冲压件。爆炸成形不需昂贵的冲压设备，模具结构也很简单。

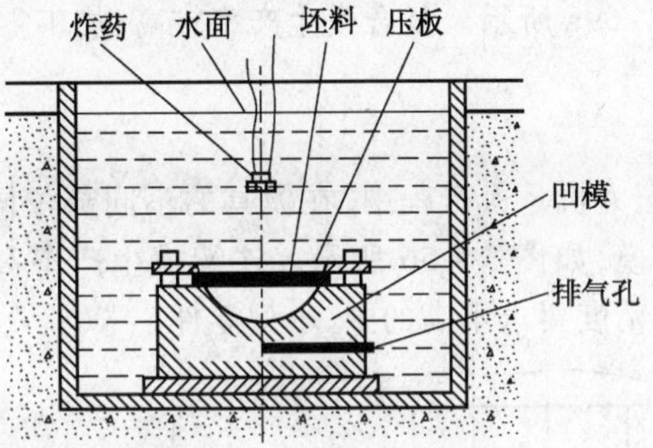

图 3－54　爆炸成形

电液成形是指利用在液体介质中高压放电时所产生的高能冲击波，使坯料产生塑性变形的方法。电磁成形是指利用电流通过线圈所产生的脉冲磁场，其强大磁力使坯料产生塑性变形的方法。

五、冲模

1. 单工序模（简单模）

单工序模是指在压力机一次行程中只完成一道冲压工序的模具。图 3－55 为落料用单工序模，压板 6 将凹模 7 固定在下模板 5 上，下模板用螺栓固定在冲床工作台上，凸模 11 用压板 12 固定在上模板 2 上，上模板通过模柄 1 与冲床滑块相连。利用导柱 4 和导套 3 的导向，可保证凸、凹模间的间隙均匀。工作时坯料沿两个导料板 8 之间送进，碰到挡料销 9 为止。冲下的零件落入凹模孔，凸模返回时由卸料板 10 将坯料推下，继续送料至挡料销，如此重复上述动作，可连续工作。单工序模结构简单、易制造、成本低、维修方便，但生产率低。

2. 复合模

复合模是指在压力机一次行程中，在模具的同一位置上同时完成两道以上

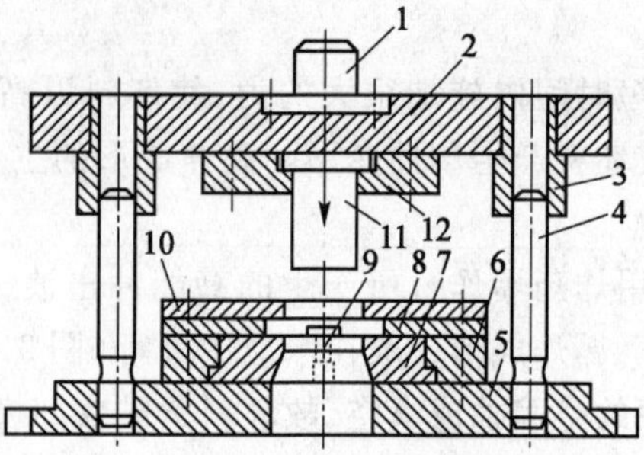

图 3-55　单工序模

1—模柄；2—上模板；3—导套；4—导柱；5—下模板；6—压板；7—凹模；8—导料板；9—挡料销；10—卸料板；11—凸模；12—压板

工序的模具，如图 3-69a 所示。复合模生产率较高，加工零件精度高，适于大批量生产。

3. 连续模

连续模是指在压力机一次行程中，在模具的不同部位同时完成数道冲压工序的模具，亦称级进模，如图 3-56 所示。连续模生产率高，但结构复杂，制造难，适于大批量生产精度要求不高的中、小型零件。

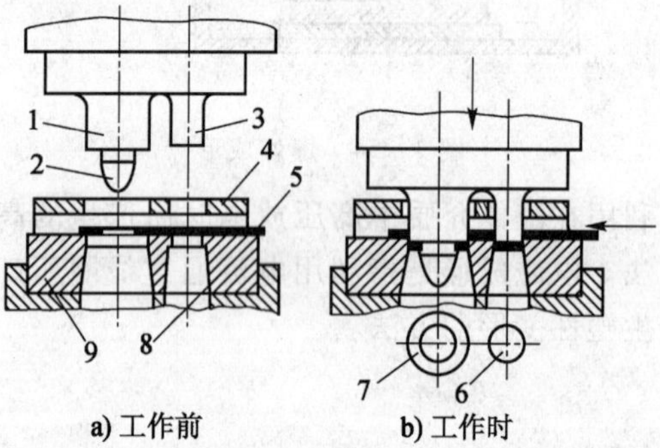

图 3-56　连续模

1—落料凸膜；2—导正销；3—冲孔凸模；4—卸料板；5—坯料；6—废料；7—成品；8—冲孔凹模；9—落料凹模

六、板料冲压件的结构工艺性

在满足使用性能的条件下，为节约材料，减少模具磨损，提高生产率，降低成本和保证质量，冲压件结构还应具有良好的工艺性能。为此，设计时应考虑以下因素：

(1) 落料件与冲孔件的形状应力求简单、对称，尽量采用矩形、圆形等规则形状，并应便于合理排样，以提高材料利用率。

排样是指冲裁件在板料或带料上的布置方法。落料件的排样分为有搭边排样和无搭边排样两种类型。

有搭边排样就是在排样时各个落料件之间、落料件与坯料边缘之间均留有一定尺寸的坯料，如图 3－57a 所示。有搭边排样，制件不易产生扭曲，毛刺小而且在同一个平面上，落料件尺寸准确，质量高，但材料利用率低。

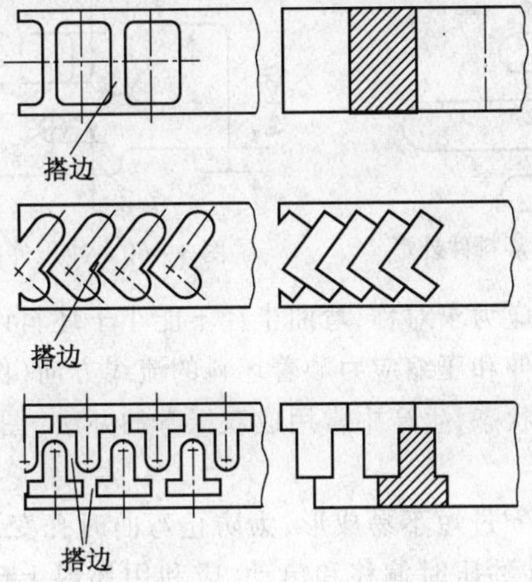

a) 有搭边　b) 无搭边

图 3－57　有搭边和无搭边排样法

无搭边排样是用落料件的一个边作为另一个落料件的边缘，如图 3－57b 所示。无搭边排样材料利用率高，但制件毛刺不在同一个平面上，而且尺寸不易准确，因此，只有在对落料件尺寸要求不高时才采用。

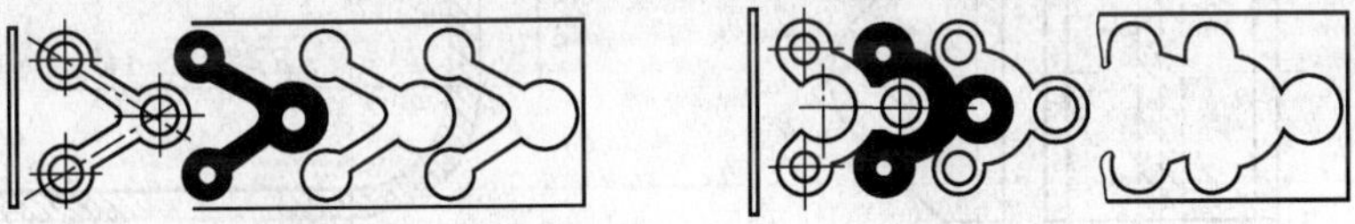
a) 不合理(材料利用率为38%)　b) 合理(材料利用率为79%)

图 3－58　零件形状与材料利用率的关系

图 3－58 所示落料件，在孔距相同的条件下，b 图结构比 a 图合理，材料利用率高，而且避免了细长悬臂结构。

矩形件一般容易排样，产生的废料比其他形状的少；大孔圆环形零件的材料消耗很大；生产中常将一个零件的废料作为另一个小零件的坯料；冲压件端面的形状最好为平直端面，其次是倒角端面和圆形端面。

为使冲模容易制造，延长寿命，冲压件上应避免有长槽与细长悬臂结构(图

3 – 59)。一般圆形沟槽比矩形沟槽在制造上更为经济。

(2) 孔间距或孔与零件边缘的距离不宜过小,孔径不宜过小。冲压件转角处应以圆弧过渡代替尖角,以防止因应力集中而被冲模冲裂。有关尺寸限制如图 3 – 60 所示。

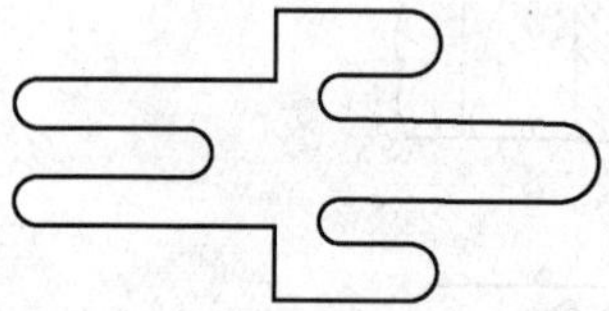

图 3 – 59　不合理的落料件外形

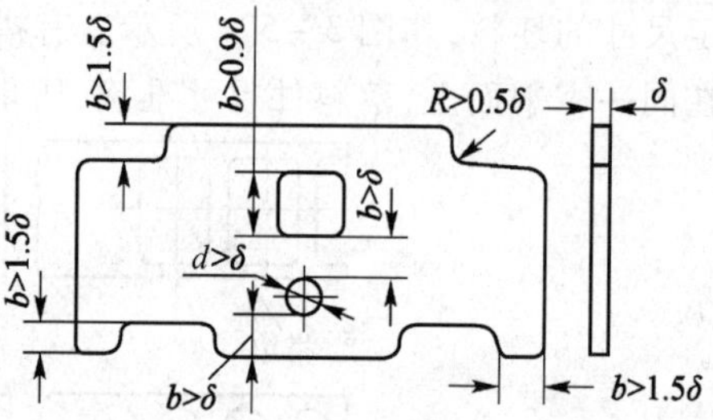

图 3 – 60　冲压件的有关尺寸限制

(3) 弯曲件形状应力求对称,弯曲半径不能小于坯料许可的最小弯曲半径。尽量使弯曲部分的拉伸和压缩应力顺着坯料的流线方向(图 3 – 45),以免弯裂。为改善弯曲件的受力状态,生产中常用成双压弯的办法(图 3 – 61),然后用切削加工方法切开。

(4) 弯曲边尺寸 b 过短不易成形,为防止弯曲时孔变形,b 应大于 1.5δ(图 3 – 62)。为防止板料在冲压时偏移和窜动,应利用坯料上已有孔或另加定位孔与模具上的导正销配合定位(图 3 – 56)。

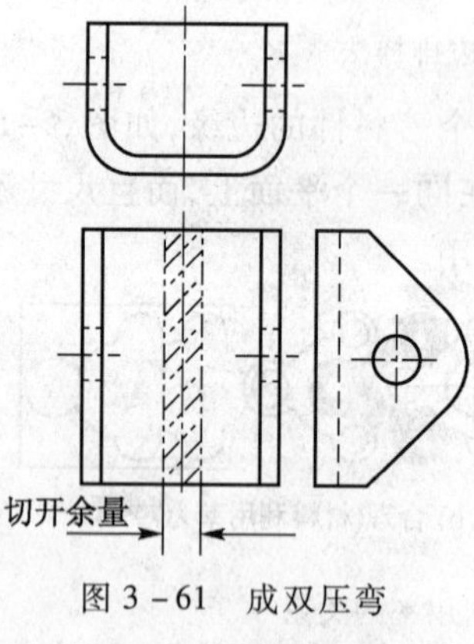

图 3 – 61　成双压弯

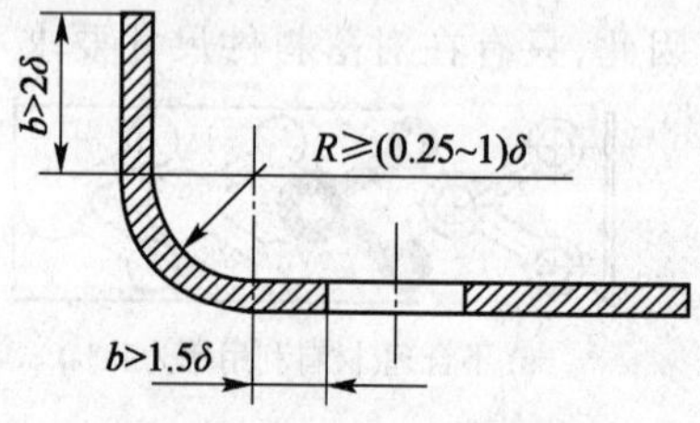

图 3 – 62　弯曲件的有关尺寸限制

(5) 拉深件形状应简单对称,不要过深,以使模具制造简便、寿命长,并能减少拉深次数。

(6) 零件的圆角半径应按图 3 – 63 确定,否则会增加拉深次数和整形工作,或产生拉裂。

(7) 为简化冲压工艺,节约材料,对形状复杂的冲压件可先分别冲成若干个简单件,最后再焊成整体件,即采用冲 – 焊结构,如图 3 – 64 所示。

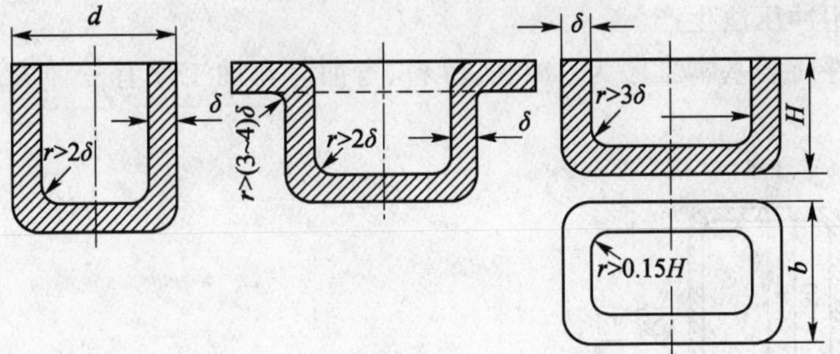

图 3－63 拉深件的最小许可圆角半径

(8) 为减少组合件,可采用冲口工艺(图 3－65b)。图 3－65a 为三件铆接或焊接结构。

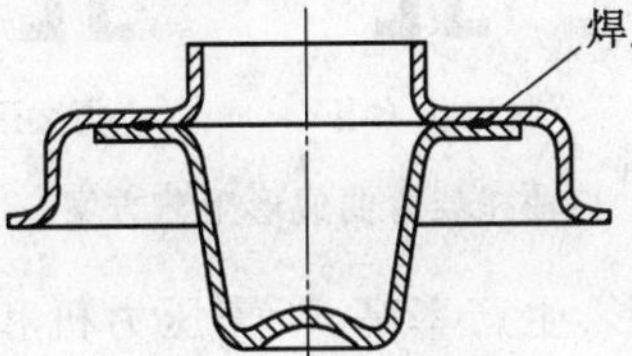

图 3－64 冲－焊结构零件

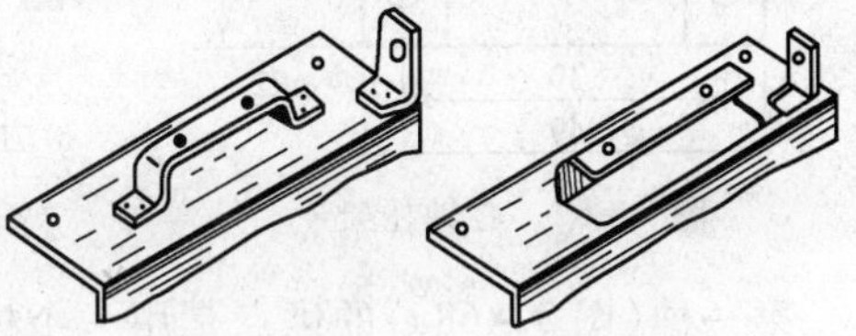

a) 铆接(焊接)结构 b) 冲口工艺

图 3－65 冲口工艺的应用

(9) 为减小冲压力和模具磨损,并节约材料,应尽量采用薄板。若局部刚度不够,可采用加强筋结构,以实现用薄板代替厚板,如图 3－66 所示。

(10) 冲压件的精度要求,一般不能超过各冲压工序的经济精度,各冲压工序的经济精度:落料为 IT10;冲孔为 IT9;弯曲为 IT10 ~ IT9;拉深件高度为 IT10 ~ IT8(经整修后可达 IT7 ~ IT6),直径为 IT9 ~ IT8,厚度为 IT10 ~ IT9。

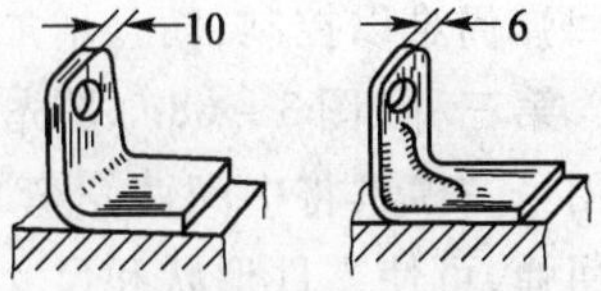

a) 无加强筋结构 b) 有加强筋结构

图 3－66 加强筋的应用

对冲压件表面质量的要求,应避免高于原材料的表面质量,否则需增加切削加工等工序。

七、典型零件冲压工序示例

用板料冲制零件时,冲压工序的选择、工序顺序安排及应用次数是根据冲压件的形状、尺寸和每道工序中材料所允许的变形程度来确定的。如图 3－67 所示,ϕ10 孔内装有心轴,托架以 4 × ϕ5 孔与机身用螺栓连接。为确保装配质量,五个孔的尺寸精度要求较高,并且不准有变形;孔所在平面应平直;制件表面不许有严重划痕;年产量 20 000 件;材料为 08F 冷轧钢板;零件的弯曲半径都大于该材料的最小弯曲半径(1.5 >0.8δ);五个孔都可采用高精度冲模冲出。因此,该零件可用冲压法生产。

此零件所需基本工序为：冲孔、落料、弯曲。弯曲工序有三种成形方案（图 3－68）：

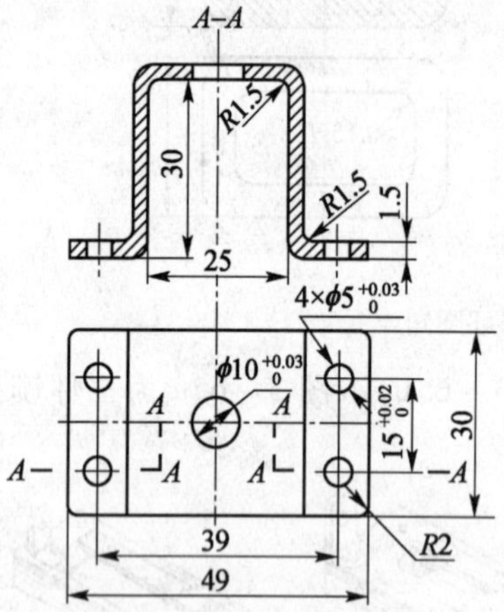

图 3－67 心轴托架

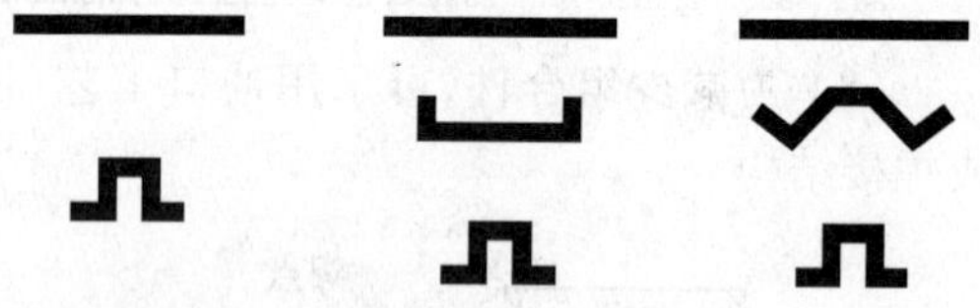

a) 方案Ⅰ　b) 方案Ⅱ　c) 方案Ⅲ

图 3－68 心轴托架弯曲成形工艺方案

第一种（图 3－68a）的优点是用一个模具成形，生产率高，所需压力机和工人数量少。缺点是弯曲力大，模具寿命低，成品表面易划伤，成品形状和尺寸不精确，弯曲处材料变薄严重，不能有效利用过弯曲和校正弯曲控制回弹。

第二种（图 3－68b）先用一模具弯曲端部两角，再用另一模具弯曲中间的两角。此法弯曲变形程度比图 2－69a 平缓，所需弯曲力较小，模具工作条件较好。但回弹仍难以控制，而且增加了模具、压力机和工人数量。

第三种（图 3－68c）是先用一模具弯曲端部两角，同时预弯中间两角呈 45°，再用另一模具将中间两角弯成 90°。此方案可实现过弯曲和校正弯曲，容易控制回弹，可使零件形状和尺寸较精确。此外，在弯曲变形中材料受凸、凹模的阻力较小，可提高成品质量和模具寿命。

零件上的孔应尽量在平面坯料上冲出，以简化模具结构。因 $\phi10$ 孔边与弯曲中心距离大于板厚，弯曲时孔不会变形，故此孔在弯曲前冲出。冲出的 $\phi10$ 孔还可作后续工序定位用。$\phi5$ 孔边缘与弯曲中心线的距离和板厚相等，弯曲时孔易变形，所以此孔在弯曲后冲出。

综上分析，本零件可采用图 3－69 所示工艺过程，即：落料与冲 $\phi10$ 孔（图 3－69a）；弯曲外部两角并使中间两角预弯 45°（图 3－69b）；弯曲中间两角（图 3－69c）；冲 $4\times\phi5$ 孔（图 3－69d）等工序。

本工艺方案的优点是模具结构简单、寿命长、制造周期短；易控制回弹，成品形状和尺寸准确，表面质量高；除第一工序外，都能用 $\phi10$ 孔和一个侧面定位，定位基准统一且与设计基准重合，操作方便。其缺点是工序分散，所用模具、压

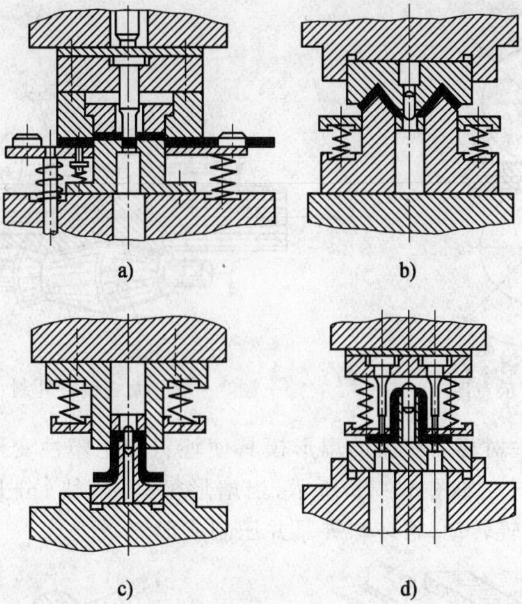

图 3－69　心轴托架冲压工艺过程

力机和工人数量多。

第六节　轧制、挤压与拉拔

一、轧制

轧制是指金属坯料或非金属坯料在旋转轧辊的压力作用下，产生连续塑性变形，获得所要求的截面形状并改变其性能的方法，如图 3－70 所示。按轧辊轴线与轧制线间和轧辊转向的关系不同，轧制分为纵轧、横轧和斜轧三种，这三种轧制的共同点为坯料都是在相对旋转的轧辊表面摩擦力作用下引入轧辊，利用轧辊间形成的型腔使坯料产生塑性变形。

轧制具有生产率高、节约材料、成本低，产品质量和力学性能好等优点。轧制除了生产板材、无缝管材（图 3－71）和型材（图 3－72）外，现已广泛用于生产各种零件。

1. 纵轧

纵轧是指两轧辊轴线相平行、转向相反，轧件作直线运动的轧制方法。纵轧包括各种型材轧制、辊锻等。

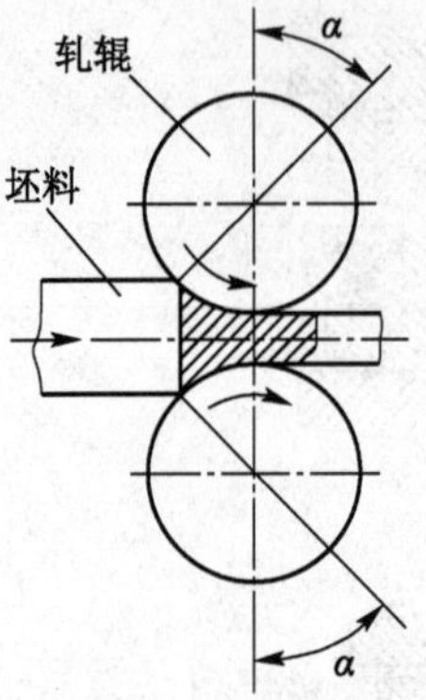

图 3 - 70　轧制示意图

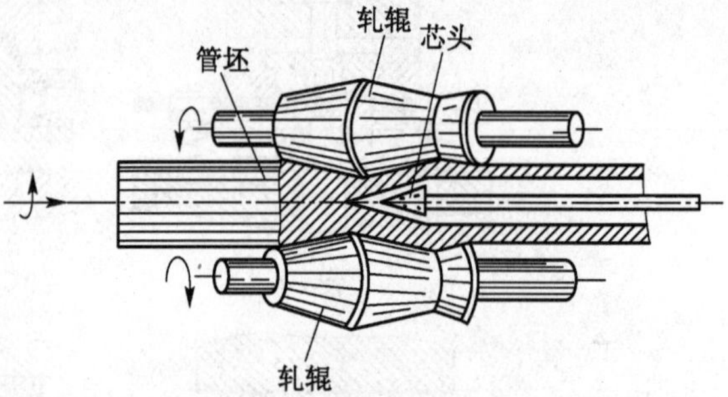

图 3 - 71　无缝钢管轧制示意图

辊锻是指用一对相向旋转的扇形模具使坯料产生塑性变形，获得所需锻件或锻坯的锻造工艺。如图 3 - 73 所示，当扇形模具（模块）分开时，将加热的坯料送至挡块处，轧辊转动，将坯料夹紧并压制成形。

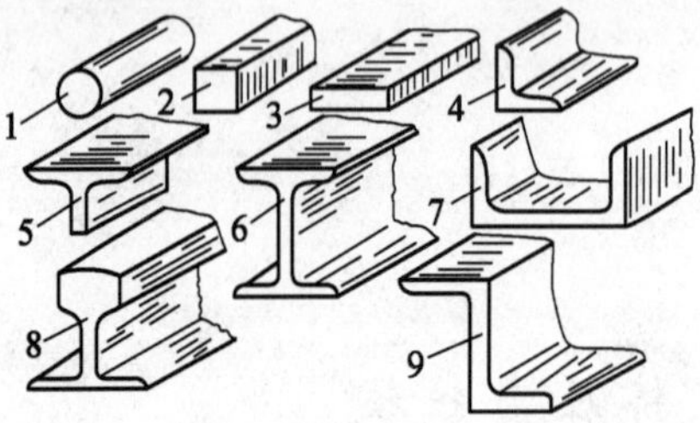

图 3 - 72　型材

1—圆钢；2—方钢；3—扁钢；4—角钢；5—T 字钢；
6—工字钢；7—槽钢；8—钢轨；9—Z 字钢

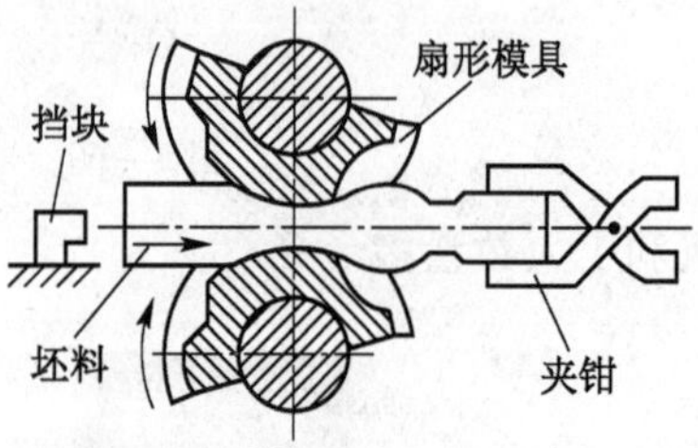

图 3 - 73　辊锻工作过程

辊锻是将纵轧工艺应用到锻造生产中的一种新工艺，它具有以下特点：

① 生产率高，为锤上模锻的 5 ~ 10 倍。

② 节约金属材料。例如辊锻叶片工艺与铣削叶片工艺相比，材料利用率提高 4 倍，生产率提高 2.5 倍，而且叶片质量也大大提高。

③ 辊锻变形过程是一个连续的静压过程，无冲击和振动，对厂房条件要求不高，易于实现机械化，劳动条件好。

④ 与其他锻造设备相比，辊锻机结构比较简单，造价低。

⑤ 辊锻所用模具的材料价格低，可用球墨铸铁或冷硬铸铁（激冷铸铁）制造模具。既可节约价格昂贵的模具钢，又可减少模具制造费用，所以模具成本低。

辊锻既可作为模锻前的制坯工序，也可直接辊锻锻件，例如扳手、链环、连杆、刺刀和叶片等，适用于大批量生产。

2. 横轧

横轧是指轧辊轴线与轧件轴线平行，且轧辊与轧件作相对转动的轧制方法，例如碾环、齿轮轧制等。

(1) 碾环　碾环是指环形的坯料在旋转的轧辊中进行轧制的方法。碾环又称扩孔，用来扩大环形坯料的内、外径。如图 3 – 74 所示，加热后的坯料套在芯辊上，在摩擦力作用下，碾压辊带动坯料和芯辊一起旋转。随碾压辊下移，坯料内外径不断扩大，壁厚减薄。导向辊迫使坯料保持圆形，并使其旋转平稳。当坯料的外圈与信号辊接触时，信号辊先发出精碾信号，然后发出停碾信号。

碾环轧制具有以下特点：

① 碾环轧制环形锻件比其他锻造方法的生产率高，精度也高。

② 碾环轧制的环形锻件，锻造流线沿圆周分布，切削加工圆周面时，流线不能被切断，改善了环形锻件的组织和性能，提高了使用寿命。

③ 碾环轧制环形锻件可节约原材料。例如轴承环采用碾环扩孔后，金属利用率可提高 50%，有利于降低锻件成本。

④ 碾环轧制用的扩孔机比其他锻造设备便宜，工作中无冲击振动，劳动条件好，易于实现机械化、自动化。

碾环轧制用不同形状的轧辊可生产不同截面形状的环形件，如火车轮箍、齿圈、轴承套圈、起重机旋转轮圈等。碾环轧制广泛用于批量生产，扩孔件的外径为 40 mm ~ 5 m，宽度为 20 ~ 180 mm，重量达 6 t 或更大。

(2) 齿轮轧制　齿轮轧制是指用带齿的工具（轧辊）边旋转边进给，使坯料在旋转过程中形成齿形的成形方法。齿轮轧制除轧辊径向进给法外，用坯料轴向进给法也可轧出齿轮（此时轧辊中心距固定不变）。

如图 3 – 75 所示，齿轮坯的表层由高频感应器加热至 1 000 ~ 1 050 ℃，然后将带齿的轧轮与齿轮坯对碾，并同时向齿轮坯作径向进给。在对碾过程中，轧轮逐渐压入齿轮坯料，齿轮坯的部分金属被压成齿谷，相邻部分金属被反挤而上升形成齿顶，自由转动的轮可碾平齿轮外表面。在半自动热轧齿轮机上可热轧直

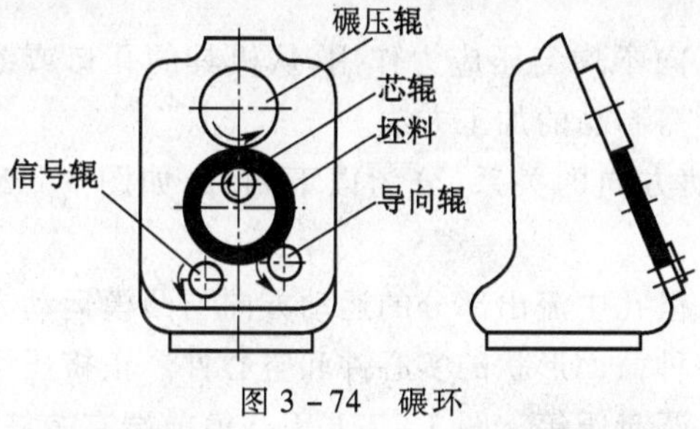

图 3 – 74　碾环

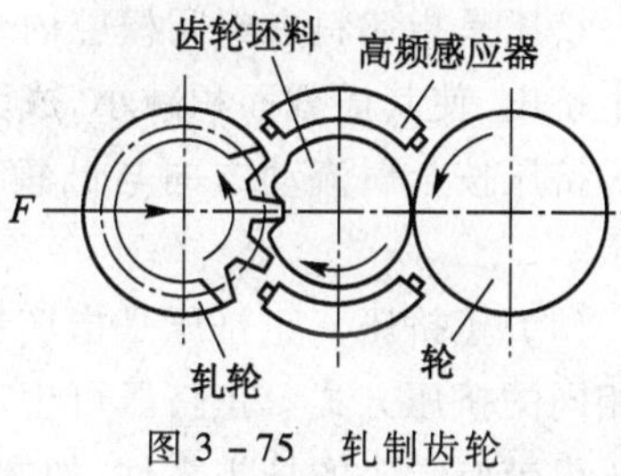

图 3 – 75　轧制齿轮

径为 175 ~350 mm、模数为 10 mm 以下的直齿轮、斜齿轮和锥齿轮，齿轮精度为 9 ~8 级、齿面粗糙度 *Ra* 值为 3.2 μm。

与锻造和切削加工相比，轧制齿轮是一种少、无切削加工的新工艺，生产率高，可节省 18% ~40% 金属材料，齿部金属的流线与齿廓一致，锻造流线完整未被切断，因而强度高、寿命长，其耐磨性和疲劳强度均可提高 30% ~50%。轧制齿轮适于在专业化批量生产条件下采用，精度要求较低的齿轮轧制（热轧）后可直接使用（如割草机用齿轮），但是在多数情况下，热轧后还要进行冷精轧或切削加工，如磨齿、剃齿等。

3. 斜轧

斜轧是指轧辊相互倾斜配置，以相同方向旋转，轧件在轧辊的作用下反向旋转，同时还作轴向移动，即螺旋运动的轧制方法，斜轧也称螺旋轧制。采用斜轧工艺可轧制钢球、丝杠和自行车后闸壳以及直接热轧出带螺旋线的高速钢滚刀体等。

斜轧钢球如图 3 - 76a 所示，两个带螺旋形槽的轧辊相互交叉成一定的角

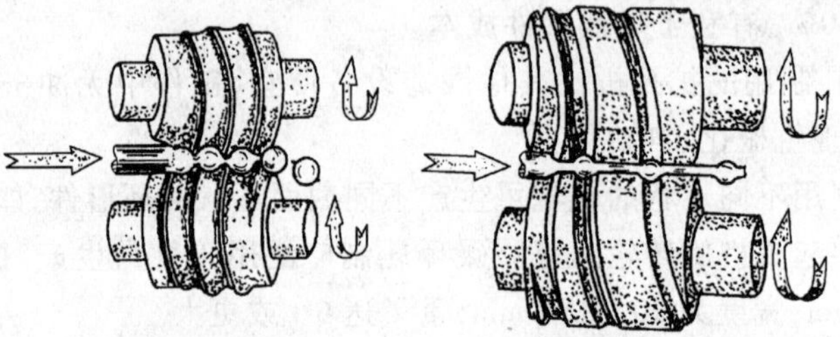

a) 斜轧钢球　　b) 斜轧周期变截面型材

图 3 - 76　斜轧

度，同向旋转，长棒坯料呈螺旋式前进，通过全部螺旋形槽，经过轧制变形，被分离成单个球。轧辊每旋转一周即可轧制出一个钢球，轧制过程是连续的，效率高，又节约材料。斜轧周期变截面型材如图 2 - 77b 所示。

二、挤压

挤压是指坯料在封闭模腔内受三向不均匀压应力作用，从模具的孔口或缝隙中挤出，使其横截面积减小，成为所需制品的加工方法。

挤压按金属流动方向与凸模运动方向的关系，分为以下四种，如图 3 - 77 所示。

(1) 正挤压　正挤压是指坯料从模孔中流出部分的运动方向与凸模运动方向相同的挤压方式。正挤压可生产各种截面形状的实心件和空心件。正挤压可挤压出带有端头的杆类零件，如螺钉、圆盘阀等。图 3 - 77b 因凸模前端有芯杆，

所以可挤压出带有端头的管类零件。

（2）反挤压　反挤压是指坯料的一部分沿着凸模与凹模之间的间隙流出，其流动方向与凸模运动方向相反的挤压方式，如图 3－77c 所示。反挤压可挤压出不同截面形状的空心件，如管类零件中的套管等。

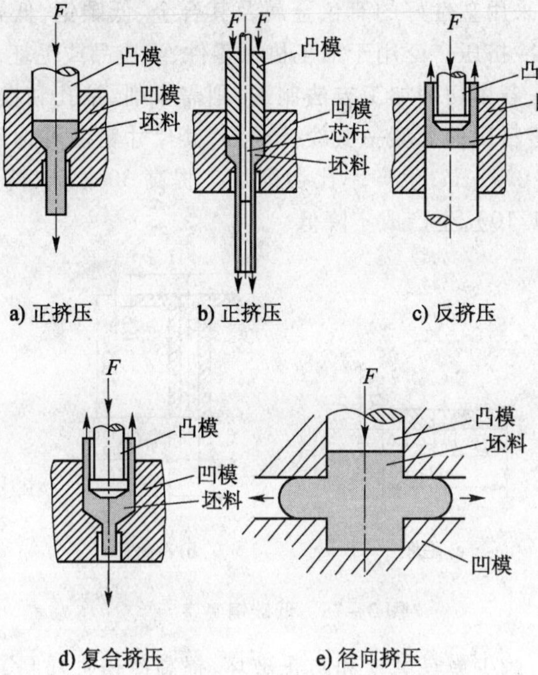

图 3－77　挤压方式

（3）复合挤压　复合挤压是指同时兼有正挤、反挤时坯料流动方向特征的挤压方式，如图 3－77d 所示。

（4）径向挤压　径向挤压是指坯料沿径向挤出的挤压方式，如图 3－77e 所示。径向挤压可挤出带有局部粗大凸缘或带有径向齿槽的制件以及筒形件等，如三通管、十字接头等零件。为便于取出挤压件，凹模由两个半模组成，即凹模有一个分模面。

挤压时产生塑性变形的仅仅是坯料中的一部分，而不是全部坯料。

按挤压时的温度不同，挤压又分为以下三种：

（1）热挤压　热挤压是指坯料加热至再结晶温度以上进行的挤压，简称热挤。挤压时因坯料温度高，变形抗力小，故每次允许的变形程度较大。但热挤压件尺寸精度低，表面粗糙值大。热挤压适用于挤压尺寸较大的毛坯和强度高的材料，如中碳钢、高碳钢、耐热钢和其他合金钢等。

（2）冷挤压　冷挤压是指坯料在室温状态下进行的挤压，简称冷挤。冷挤时坯料的变形抗力比热挤时大得多(变形金属内的压应力高达 2 000 ~ 3 000 MPa)。但冷挤压件的精度较高,尺寸精度可达 IT 7 ~ IT6,表面粗糙度值 *Ra* 为 1.6 ~ 0.2 μm,且因冷变形强化提高了冷挤件的强度,所以冷挤压是一种少、无切削加工的先进成形工艺。

冷挤压件大多采用塑性好的有色金属及其合金、低碳钢、低合金钢等材料,一般尺寸都较小。冷挤压广泛用于加工机械零件、半成品或毛坯。例如图3－78所示的低碳钢底座,若用切削加工方法制造,则需车削、钻孔和铰孔等工序。如改用冷挤压后,将落料后的毛坯一次冷挤成形,其尺寸精度可达到技术要求,粗糙度值 *Ra* 为 0.8 ~ 0.4 μm,生产率比切削加工提高 30 倍,又降低了材料消耗(仅为切削加工的 1/10),生产成本降低。

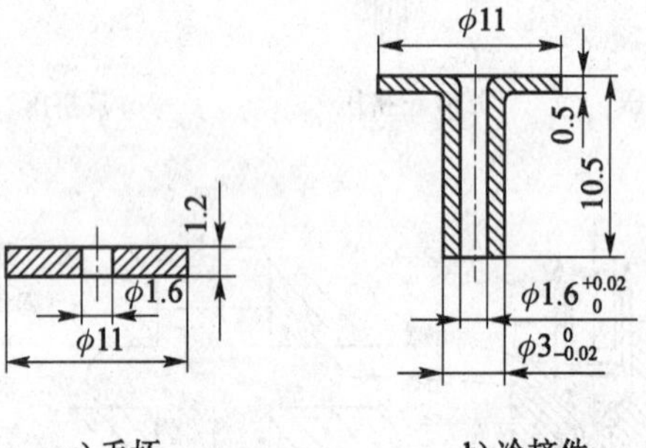

a) 毛坯　　b) 冷挤件

图 3－78　低碳钢底座

为降低挤压力,减少模具磨损和防止破坏,提高冷挤件质量,在挤压前可根据坯料材质不同,用热处理方法进行软化处理,以提高其塑性和降低变形阻力。此外,还要对坯料进行润滑处理。若采用一般涂刷方法润滑,润滑剂容易被挤掉而起不到润滑作用。因此,对于钢材坯料要先进行磷化处理,使坯料表面形成一层不溶性的金属磷酸盐层(磷化膜),之后再进行润滑处理。磷化膜是多孔的片状结晶,可使润滑剂(矿物油或豆油或皂液)牢固地吸附在磷化膜内,在挤压过程中,润滑剂不断从磷化膜中被挤出,起到良好的润滑作用。磷化膜具有良好的塑性可随坯料变形而不脱落。

皂化也是一种润滑处理方法,即将坯料在 60 ~ 70 ℃的硬脂酸钠($C_{17}H_{35}COONa$)溶液中浸泡 10 min,在坯料表面附上一层白色皂化层作润滑剂。另外,也可采用机油拌适量的二硫化钼作润滑剂浸涂在坯料表面,其润滑效果比皂化液好,除了摩擦系数低外,热稳定性也好。

硬铝采用氧化处理,铜及铜合金采用钝化处理,坯料经表面处理后在表面上形成一层特殊的薄膜,以储存润滑剂,然后再进行润滑处理,铝及铝合金、铜及铜合金坯料用粉状硬脂酸锌润滑,可获得良好的效果。

多次进行冷挤压的坯料或半成品要进行工序间退火。

(3) 温挤压　温挤压是指在高于室温和低于再结晶温度范围内进行的挤压，简称温挤。温挤是介于热挤与冷挤之间的一种挤压方法，坯料温度一般为 100 ~ 800 ℃。与热挤相比，温挤时坯料氧化脱碳少，温挤件尺寸精度高，表面粗糙度值小；与冷挤相比，温挤时变形抗力小，增加了每个工序允许的变形程度，提高了模具寿命，且不需要软化处理、磷化处理和工序间退火，便于组织连续生产。温挤件尺寸精度和力学性能略低于冷挤件，粗糙度 *Ra* 值为 3.2 ~ 1.6 μm。温挤压适用于挤压中碳钢和合金结构钢零件。例如，电机不锈钢外壳材料为 1Crl8Ni9Ti，毛坯尺寸为 ϕ25.8 mm × 14 mm，若采用冷挤压则需多次挤压才能成形，生产率低。采用温挤压成形，将毛坯加热到 260 ℃，只需两次挤压即可成形。

挤压可在专用挤压机上进行，也可在经过适当改进后的通用曲柄压力机或摩擦压力机上进行。挤压成形方法具有下列特点：

① 挤压件精度高，一般公差等级为 IT7 ~ IT6，粗糙度值 *Ra* 为 3.2 ~ 0.2 μm，可实现少、无切削加工，有的挤压件可直接用于装配。

② 挤压操作简便，易于实现机械化和自动化，生产率比其他锻压和切削加工提高几倍甚至几十倍，材料利用率可达 70% ~ 90%，降低了生产成本。例如，某汽车用活塞销用车削加工，单件成本为 0.629 元，改用冷挤压后降低为 0.457 元。

③ 由于挤压件经过了强烈的冷变形强化，而且流线未被切断，沿挤压件外形连续分布，所以挤压件力学性能好。

④ 挤压时坯料在三向压应力下变形，可显著提高其塑性。塑性好的材料（纯铁、低碳钢、铝、铜等）和塑性低的合金结构钢、不锈钢都可挤压成形。在一定变形量下某些高碳钢、轴承钢，甚至高速钢也可挤压。

⑤ 挤压时金属变形量大，可挤压出深孔、薄壁、细杆和异形截面等形状复杂的等截面型材（图 3 – 79）、毛坯或零件。

图 3 – 79　挤压产品截面形状

⑥ 挤压时坯料变形阻力很大，故需选用能量较大的锻压设备，挤压时模具易磨损，特别是挤压强度高的金属坯料时，模具磨损严重，使用寿命低。

三、拉拔

拉拔是指坯料在牵引力作用下通过拉拔模的模孔拉出，使其产生塑性变形而得到截面缩小、长度增加的制品加工工艺，如图 3－80 所示。拉拔一般在室温下进行，故又称冷拉。拉拔的原始坯料为轧制或挤压的棒材或管材。拉拔模用工具钢、硬质合金或金刚石制成，金刚石拉拔模用于拉拔直径小于 0.2 mm 的金属丝。

拉拔可加工各种钢和有色金属，拉拔产品很多，如直径为 0.002～5 mm 的导线和特种型材（图 3－81）。拉拔的钢管最大直径达 200 mm，最小的不到 1 mm；钢棒料直径为 3～150 mm。拉拔产品的尺寸精度高（直径为 1～1.6 mm 的钢丝，公差只有 0.02 mm），表面质量高，而且还可生产薄壁型材。

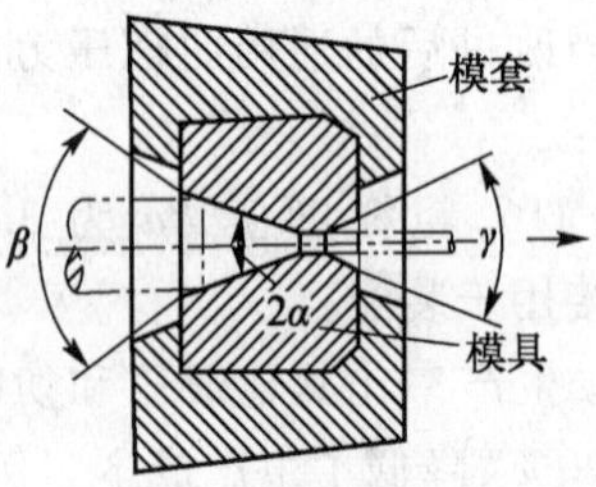

图 3－80　拉拔模

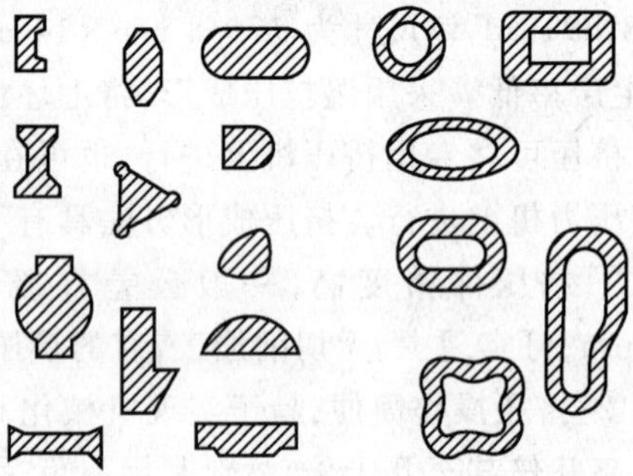

图 3－81　拉拔产品截面形状

第七节　锻压方法的选择

锻压方法选择的原则和依据与铸造方法选择的原则和依据相似。常用的锻压方法比较见表 3－10，供选择锻压方法时参考。

表 3－10　常用锻压方法的比较

<table>
<tr><th>锻压方法</th><th>使用设备</th><th>适用范围</th><th>生产率</th><th>锻件精度</th><th>锻件表面 Ra 值</th><th>模具特点</th><th>模具寿命</th><th>机械化与自动化</th><th>劳动条件</th><th>对环境影响</th></tr>
<tr><td rowspan="3">自由锻</td><td>空气锤</td><td>小型锻件、单件小批生产</td><td rowspan="3">低</td><td rowspan="3">低</td><td rowspan="3">大</td><td rowspan="3">采用通用性工具，无专用模具</td><td rowspan="3">—</td><td rowspan="3">难</td><td rowspan="3">差</td><td rowspan="3">震动和噪声大</td></tr>
<tr><td>蒸汽－空气锤</td><td>中型锻件、单件小批生产</td></tr>
<tr><td>水压机 $v_{工}=0.1\sim0.3\ m/s$</td><td>大型锻件、单件小批生产</td></tr>
</table>

续表

锻压方法	使用设备	适用范围	生产率	锻件精度	锻件表面 Ra 值	模具特点	模具寿命	机械化与自动化	劳动条件	对环境影响
胎模锻	空气锤,蒸汽-空气锤	中小型锻件、中小批量生产	较高	中	中	模具简单,且不固定在设备上,取换方便	较低	较易	差	震动和噪声大
锤上模锻	蒸汽-空气锤,$v_{工} = 6 \sim 8$ m/s,无砧座锤	中小型锻件、大批量生产,适合锻造各种类型模锻件	高	中	中	锻模固定在锤头和砧座上,模膛复杂,造价高	中	较难	差	震动和噪声大
曲柄压力机上模锻	曲柄压力机,$v_{工} = 0.5 \sim 0.8$ m/s	中小型锻件、大批量生产,不易进行拔长和滚压工序,可用于挤压	很高	高	小	组合模,有导柱、导套和顶出装置	较高	易	好	较小
平锻机上模锻	平锻机 $v_{工} = 0.3$ m/s	中小型锻件、大批量生产,适合锻造端盖类和带孔的模锻件	高	较高	较小	三块模组成,有两个分模面,可锻出侧面带凹槽的锻件	较高	较易	较好	较小
摩擦压力机上模锻	摩擦压力机 $v_{工} = 0.5 \sim 1$ m/s	小型锻件、中批量生产,可进行精密模锻	较高	较高	较小	一般为单膛锻模,可多次锻造成形,不宜多膛模锻	中	较易	好	较小
板料冲压	冲床	各种板类件,大批大量生产	高	高	小	组合模,较复杂,有导柱、导套装置,产品质量取决于凸凹模精度和间隙大小	高	易	好	较小
纵轧	辊锻机	连杆、扳手、叶片等零件的大批大量生产,为曲柄压力机模锻制坯	高	高	小	在轧辊上固定有两个半圆弧形的模具(扇形模块)	高	易	好	无

续表

锻压方法	使用设备	适用范围	生产率	锻件精度	锻件表面 Ra 值	模具特点	模具寿命	机械化与自动化	劳动条件	对环境影响
横轧	扩孔机	大小环类件大批大量生产	高	高	小	金属在具有一定孔形的碾压辊和芯辊间变形	高	易	好	无
	齿轮轧机	各种模数较小齿轮零件的大批大量生产	高	高	小	模具为一模数与零件相同的齿形轧轮	高	易	好	无
斜轧	斜轧机	钢球、丝杠等零件的大批大量生产，为曲柄压力机模锻制坯	高	高	小	两个轧辊即为模具，轧辊上带有螺旋形槽	高	易	好	无
热挤压	液压挤压机，机械压力机	各种等截面型材的大批大量生产	高	较高	较小	变形力较大，凸凹模都要有很高的强度、硬度和小的 Ra 值	较高	较易	好	无
冷挤压	机械压力机	钢和有色金属及其合金的小型锻件的大批大量生产	高	高	小	变形力很大，凸凹模强度、硬度要求很高，Ra 值小	较高	较易	好	无
温挤压	压力机	中碳钢和合金结构钢的中、小型锻件的大批大量生产	较高	较高	较小	变形力介于冷、热挤压之间	较高	较易	好	无

习题

1. 何谓锻压生产？它包括哪些内容？锻压生产有何特点？

2. 何谓塑性变形？试述单晶体和多晶体塑性变形的机理。

3. 何谓冷变形强化？它对工件性能和加工过程有何影响？冷变形强化在生产中有何实用意义？

4. 一块低碳钢钢板，被炮弹射穿一孔，试问孔的周围金属组织及性能有何变化，为什么？

5. 何谓回复与再结晶？它们对金属的组织及性能有何影响？在生产中如何应用回复与再结晶？

6. 何谓冷变形、热变形？它们各有何特点？铅在 20 ℃、钨在1 100 ℃时的变形各属于什么变形，为什么？（铅的熔点为 327 ℃，钨的熔点为 3 380 ℃。）

7. 锻造流线是怎么形成的？它对金属力学性能有何影响？在零件结构设计时应如何利用流线？

8. 锻造比越大，是否锻件质量就越好？锻造汽轮机转子轴一类重要锻件时，为何要进行中间镦粗工序？用高速钢制造工模具锻坯时，为何要采用反复镦粗与拔长的方法？

9. 方杆截面尺寸为(50×50) mm^2，长 300 mm，现用 ϕ80 mm 圆钢锻造，试问应采用多长的坯料？锻造比是多少？（参考答案：$y=2$）

10. 何谓金属的锻压性能？如何衡量其好坏？影响锻压性能的因素有哪些？

11. 试述自由锻的实质、特点和应用。自由锻有哪些基本工序？

12. 绘制自由锻锻件图应考虑哪些因素？锻件图与零件图有何区别？

13. 金属锻造时为何要先加热？铸铁加热到始锻温度后是否可以锻造，为什么？

14. 何谓过热和过烧？它们对锻件质量有何影响？如何防止过热和过烧？

15. 碳钢在锻造温度范围内锻造变形时，是否会产生冷变形强化？为何反复锻打而不开裂？如何利用较小的功获得较大的变形？

16. 锻造温度范围是如何确定的？始锻温度和终锻温度过高或过低各有何缺点？

17. 试确定下列锻件的冷却方法。

① Q215－A 钢地脚螺栓毛坯；② 40Cr 主轴毛坯；③ 45 钢精锻齿轮；④ 9SiCr 丝锥毛坯；⑤ 高速钢拉刀毛坯；⑥ T10A 冲模毛坯；⑦ 紫铜导电件毛坯。

18. 自由锻工艺规程的内容包括哪些？试述制定其工艺规程的步骤。

19. 名词解释

余块、余量、锻件基本尺寸、锻件公差、始锻温度、终锻温度。

20. 图 3－82 所示锻件结构是否适于自由锻的工艺要求？如不适合，应如何修改？

21. 试述图 3－83 所示卧式车床主轴在绘制自由锻件图时应考虑的因素。

22. 试述模锻的实质、特点和应用。

23. 锤上模锻的制坯模膛有哪几种？各自的功用是什么？预锻模膛与终锻模膛的作用有何不同？

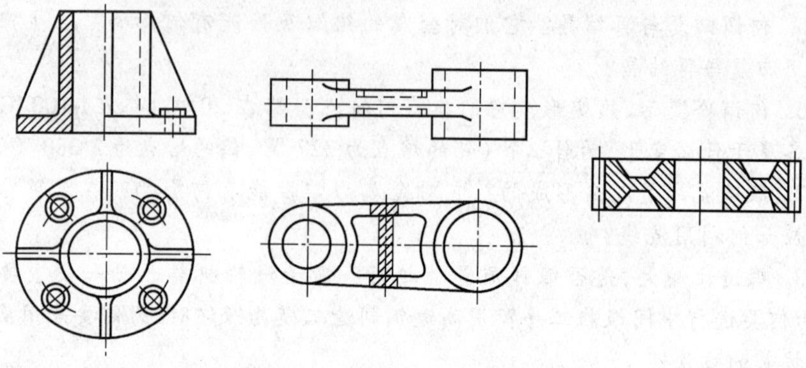

a)　　b)　　c)

图 3－82　第 20 题图

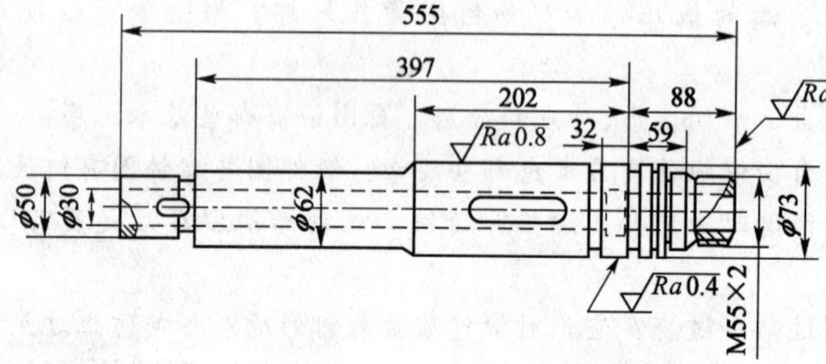

图 3－83　第 21 题图（图中次要尺寸从略）

24. 飞边槽有何作用？是否各种模膛都要有飞边槽？

25. 确定模锻锻模分模面时应考虑哪些因素，为什么？

26. 图 3－84 所示三种连杆，试选择锤上模锻时最合适的分模面，并绘出相应的模锻件图。

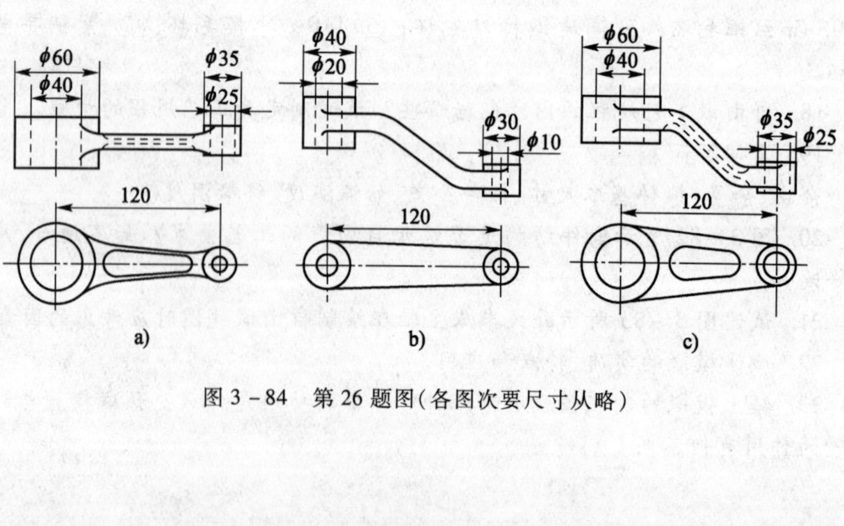

a)　　b)　　c)

图 3－84　第 26 题图（各图次要尺寸从略）

27. 试解释模锻斜度、模锻圆角、连皮的含义及其功用？模锻时能否直接冲出通孔，为什么？

28. 各类模膛在同一个锻模上应如何布置，为什么？

29. 图 3－85 所示零件的结构是否适于用模锻生产，为什么？应如何修改？［提示：有的可采用组合件。］

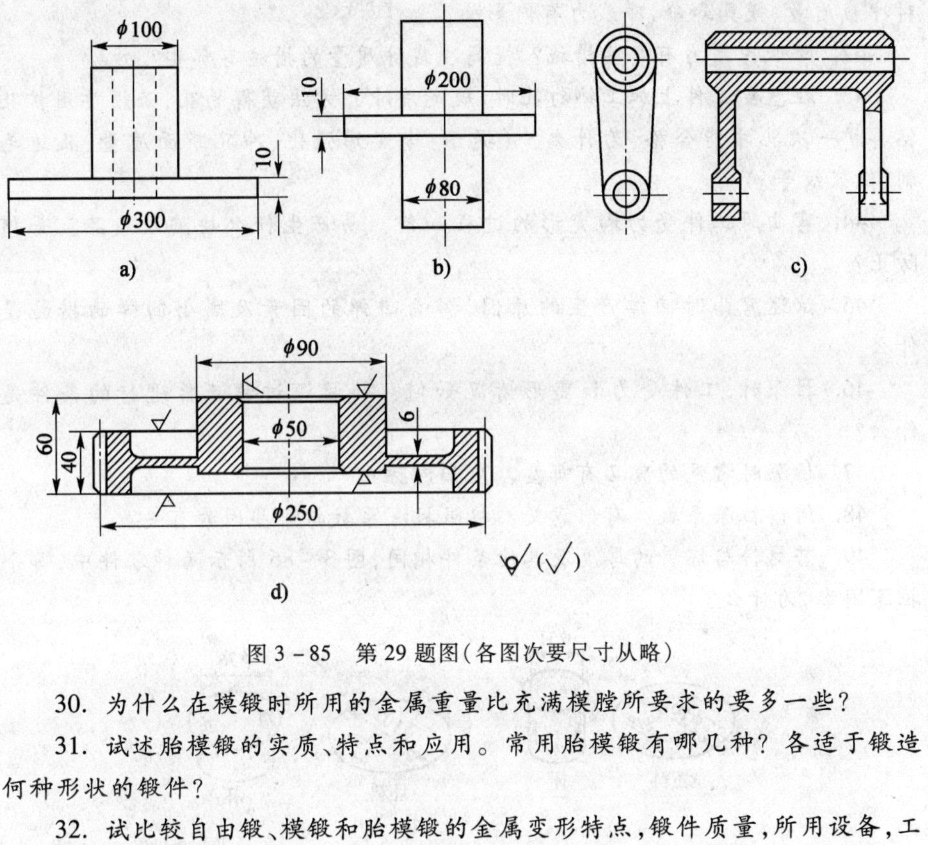

图 3－85　第 29 题图(各图次要尺寸从略)

30. 为什么在模锻时所用的金属重量比充满模膛所要求的要多一些？

31. 试述胎模锻的实质、特点和应用。常用胎模锻有哪几种？各适于锻造何种形状的锻件？

32. 试比较自由锻、模锻和胎模锻的金属变形特点，锻件质量，所用设备，工模具和应用范围有何区别。

33. 曲柄压力机上为什么不能实现拔长、滚压等变形工步？

34. 摩擦压力机上模锻有何特点，为什么？为何不宜进行多模膛锻造？

35. 试比较锤上模锻、曲柄压力机上模锻、平锻机模锻和摩擦压力机模锻的设备结构、模具特点、锻件质量、生产率和应用范围有何异同点。

36. 将材料及尺寸均相同的坯料加热到相同的温度，分别在空气锤、水压机和高速锤上成形时，坯料的变形抗力是否相同？金属塑性较差时，宜采用何种锻压设备进行锻造，为什么？

37. 锻件检验的内容和方法有哪些？其技术条件应包括哪些内容？

38. 试述锻件常见的缺陷及其修补方法。

39. 试述板料冲压的实质、特点和应用。板料冲压有哪些基本工序？

40. 冲裁变形过程分为哪几个阶段？冲裁件断面分为几个部分？每部分有何特征？

41. 落料与冲孔有何异同？如何确定凸、凹模的尺寸？凸凹模之间的间隙对冲裁质量、模具寿命、冲裁力有何影响？

42. 降低冲裁力有哪些措施？提高冲裁件质量的措施有哪些？

43. 在重要工件上加工铆钉孔时，规定用冲孔方法获得的孔，必须要用扩孔钻再扩一次孔才能合格，为什么？（提示：冷变形强化、冲孔断面质量、孔边毛刺、微裂纹等。）

44. 弯曲时工件受力和变形的过程如何？易产生什么缺陷或废品？如何防止？

45. 试述弯曲时回弹产生的原因，影响回弹的因素及减小回弹的措施是什么。

46. 拉深时，工件受力和变形情况如何？使拉深过程正常进行的条件是什么？

47. 拉深时常见的废品有哪些？应如何防止？

48. 何谓拉深系数？有何意义？极限拉深系数与哪些因素有关？

49. 若材料与坯料的厚度及其他条件相同，图 3－86 所示两种零件中，哪个拉深困难，为什么？

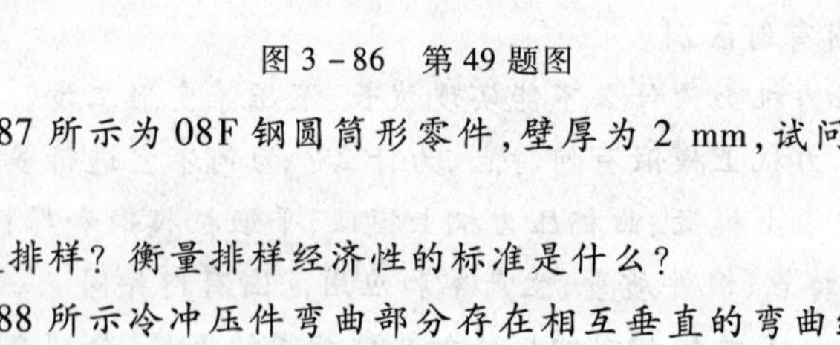

图 3－86　第 49 题图

50. 图 3－87 所示为 08F 钢圆筒形零件，壁厚为 2 mm，试问能否一次拉深成形，为什么？

51. 什么是排样？衡量排样经济性的标准是什么？

52. 图 3－88 所示冷冲压件弯曲部分存在相互垂直的弯曲线，试问落料排样时，应如何考虑锻造流线方向？

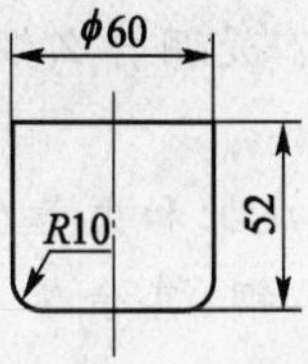

图 3-87 第 50 题图

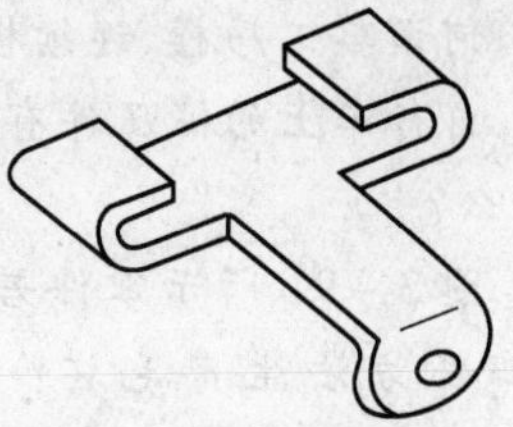
图 3-88 第 52 题图

53. 图 3-89 所示冲压件的结构是否合理，为什么？试修改不合理的部位。

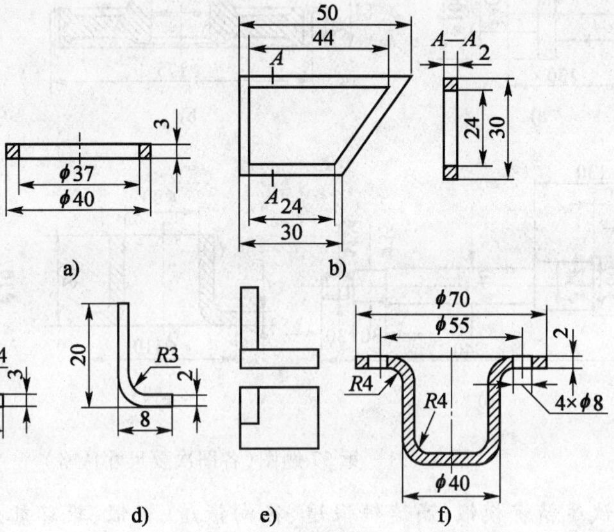

图 3-89 第 53 题图

54. 图 3-90 为厚 2 mm、Q235-A(A3)钢板冲压件，试简要说明其冲制过程。

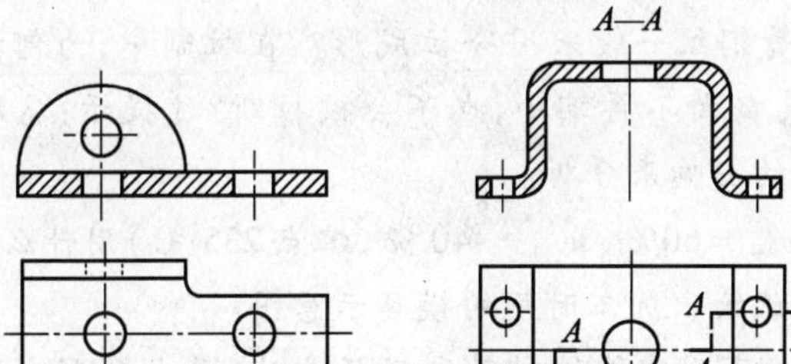

图 3-90 第 54 题图

55. 何谓单工序模、连续模、复合模？各有何特点。应用如何？

56. 自行车上的锻压件有哪些(至少找出10个)？是用什么锻压方法生产的，为什么？

57. 图3-91所示零件若生产批量分别为单件、成批和大量生产时，应选择哪些锻压方法生产毛坯？(e图零件材料为08F钢，其余零件材料均为45钢。)

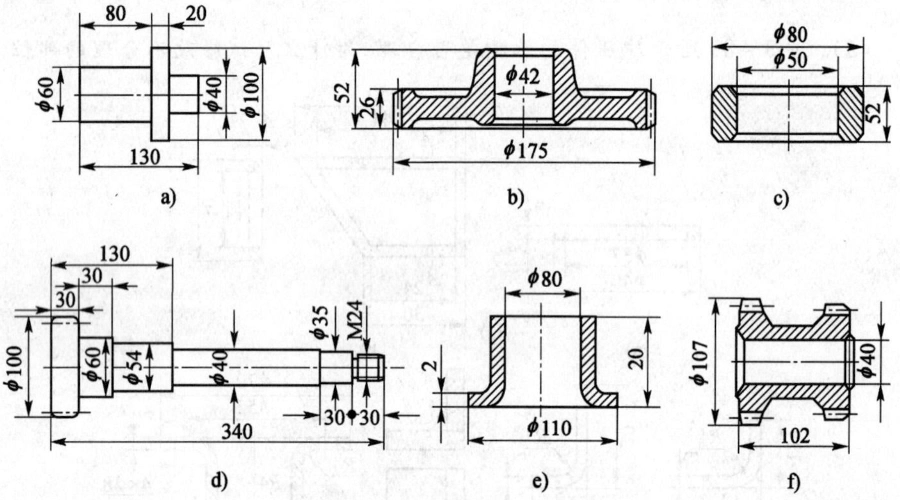

图3-91 第57题图(各图次要尺寸从略)

58. 试述精密模锻、高速锤锻造、径向锻造、辊锻、辗环轧制、齿轮轧制的特点和应用。

59. 按坯料温度不同，挤压分为哪几种？每种方法的特点和应用如何？按运动方向，挤压分为哪几种？

60. 轧制和拉拔有何区别？它们各能生产哪些产品？

61. 为什么弹簧钢丝一般采用冷拉成形？在拉制中，为何被拉过模孔而截面已缩小的钢丝，其截面不再缩小，也不会被拉断？[提示：从冷变形强化及应力状态对锻压性能的影响来分析。]

62. 焊锡丝($w_{Sn}=60\%$、$w_{Pb}=40\%$、熔点235 ℃)用什么方法生产？为何不能用拉拔生产？试绘出加工时用的模具示意图。

63. 试选择生产下列零件的材料和锻压方法，并大致写出所需具体工序的名称(未注明生产批量的均为大批量生产，部分零件如图3-92所示)。

家用液化石油气罐，垫圈，自行车链条的链片，图钉，圆钢钉，钢笔尖，手表秒针和表壳，缝纫机用针，铝制军用水壶，家用铝锅，裤勾，刮脸刀片，铝制牙膏皮，起重机吊钩(单件小批生产)，十字轴(小型件，45钢)，小套(08F钢)，端盖(小

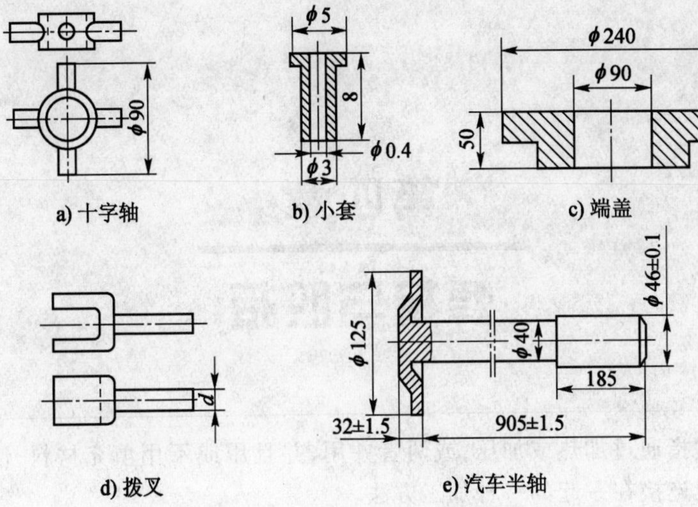

图 3-92　第 63 题图(各图次要尺寸从略)

批生产,Q235-A 钢),拨叉(45 钢),汽车半轴(40Gr),铝制易拉罐,直径较大的钢制圆环。

第四章

焊接与胶接

焊接是指通过加热或加压，或两者并用，并且用或不用填充材料，使分离的工件牢固地连接在一起的一种加工方法。

焊接方法的种类很多，按照焊接过程的特点可分为熔焊、压焊、钎焊三大类。焊接与铆接（图 4－1）等其他连接方法相比，具有以下特点：

（1）能减轻结构重量，节省大量金属材料。

（2）能保证容器件具有较好的密封性。

（3）便于以小拼大，化大为小。

（4）可制造双金属结构。

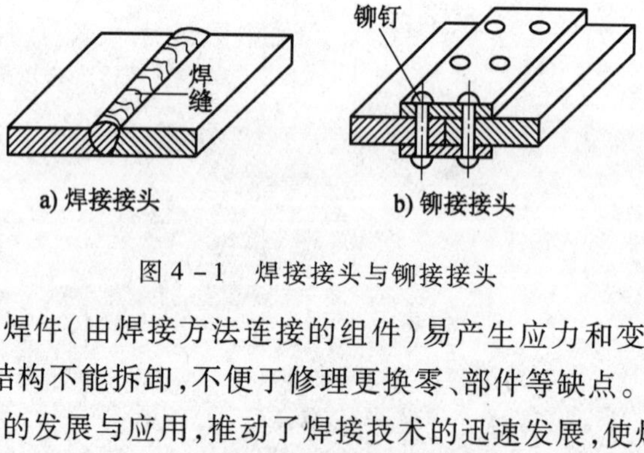

a) 焊接接头　　b) 铆接接头

图 4－1　焊接接头与铆接接头

但焊接也有焊件（由焊接方法连接的组件）易产生应力和变形，焊接接头易产生缺陷，焊接结构不能拆卸，不便于修理更换零、部件等缺点。

计算机技术的发展与应用，推动了焊接技术的迅速发展，使焊接生产的自动化程度越来越高，焊接质量和生产率也不断提高。因此，焊接生产在建筑、桥梁、船舶、汽车、容器、电子等各部门都得到了广泛的应用。

第一节　熔　　焊

熔焊是指将待焊处的母材金属熔化以形成焊缝的焊接方法。熔焊方法很多，常用的有以下几种：

一、焊条电弧焊

焊条电弧焊是手工操纵焊条进行焊接的一种电弧焊，它是利用焊条与工件间产生的电弧热，将焊条与工件局部熔化进行焊接的。焊条电弧焊是应用较广泛的一种熔焊方法，俗称手工电弧焊。焊条电弧焊操作灵活方便，能进行任意空间位置和各种接头形式的焊接，设备简单；但劳动条件较差，生产率低，对工人技术水平要求较高，焊接质量不够稳定。因此，焊条电弧焊主要用于单件小批量生产，焊接碳钢、低合金高强度结构钢、不锈钢、耐热钢和对铸铁的补焊等。适宜焊接的板厚为 3～20 mm。

1. 焊接过程

如图 4－2 所示，焊条夹在焊钳上，与工件 1 同弧焊机相接。当焊条与工件瞬时接触后，迅速将焊条提起 3～6 mm，产生电弧 9，电弧放出的热能使工件局部熔化形成金属熔池 10，焊芯 7 熔化形成熔滴 8 不断地补充到熔池中，熔池随着电弧的向前运动而移动，凝固后形成焊缝 3。焊条药皮 6 熔化后，在电弧周围形成保护气体层 5 和液态熔渣 4，保护气体层在金属熔滴和熔池周围隔绝着空气，而液态熔渣从熔池中浮起，覆盖在液态金属上面，共同对金属起保护作用。液态熔渣冷却后形成坚硬的渣壳 2 覆盖在焊缝上。

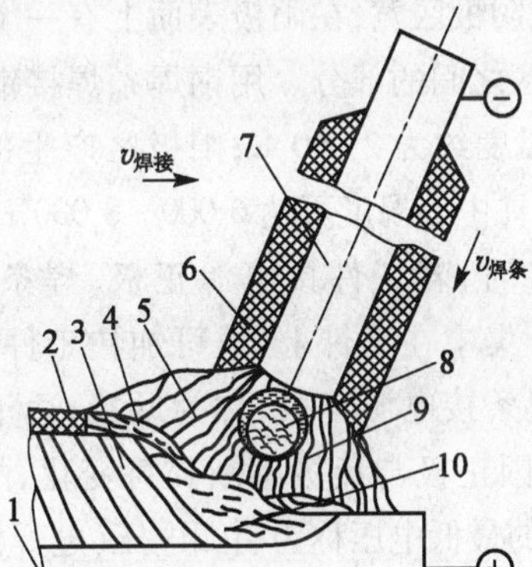

图 4－2 焊条电弧焊焊接过程示意图

1—工件；2—渣壳；3—焊缝；4—液态熔渣；5—保护气体层；6—焊条药皮；7—焊芯；8—熔滴；9—电弧；10—熔池

2. 焊接电弧

焊接电弧是由焊接电源提供一定电压的两电极间或电极与工件间，在气体介质中产生强烈持久的放电现象。

焊接电弧的产生过程如图 4－3 所示，焊接时电极（碳棒、钨极或焊条）与工件瞬时接触后，造成短路，产生很大的短路电流，接触点处的电流密度很大，在短时间内产生了大量的热，使电极末端与工件接触处温度迅速升高。将电极稍提起，此时电极与工件间形成了由高温空气、金属及药皮蒸气所组成的气体空间，这些高温气体极易被电离。在电场力的作用下，自由电子奔向阳极，正离子奔向阴极。在它们运动途中和到达电极与工件表面时，不断发生碰撞与复合，形成了电弧，并产生大量的热和光。

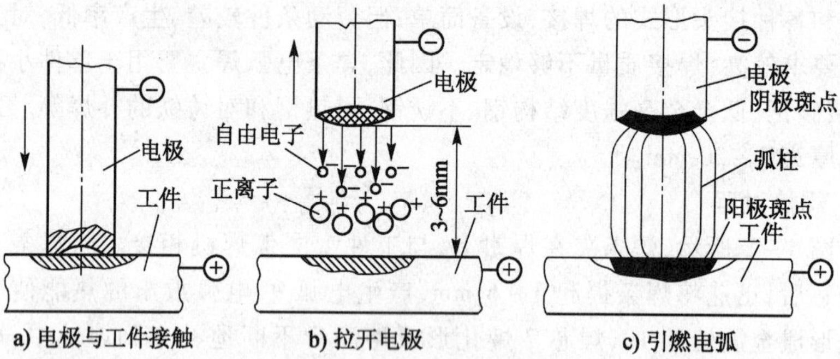

图 4-3　焊接电弧产生过程示意图

焊接电弧由阴极区、弧柱和阳极区三部分组成。阴极区指电弧紧靠负电极的区域；此区域很窄，在阴极表面上有一个明亮的斑点，称为阴极斑点。阳极区指电弧紧靠正电极的区域，此区域较阴极区宽，在阳极表面上有一个明亮的斑点，称为阳极斑点。弧柱指阴极区与阳极区之间的部分。用钢焊条焊接钢材时，阴极区产生的热量约占电弧总热量的 36%，温度约为 2 400 K；阳极区产生的热量约占电弧总热量的 43%，温度约为 2 600 K；弧柱中心温度可达 6 000 ~ 8 000 K。

用直流弧焊电源焊接时，若工件接电源正极，焊条接电源负极，称为正接。正接时电弧的热量大部分集中在工件上，故可加快工件的熔化速度，适于焊接厚件；若工件接电源负极，焊条接电源正极，称为反接，适于焊接薄件。用交流弧焊机（弧焊变压器）焊接时，因正极与负极不断交替变化，故不存在正、反接问题。

焊接电弧开始引燃时的最低电压称为引弧电压（电焊机空载电压），一般为 50 ~ 80 V。电弧稳定燃烧时的电压称为电弧电压（工作电压），一般为 20 ~ 30 V。

3. 焊条电弧焊冶金过程特点

在焊条电弧焊焊接过程中，液态金属、熔渣、气体间进行着复杂的物理、化学反应，这一高温下的相互作用过程称为焊接冶金过程。与一般冶炼过程相比，焊接过程中的冶金反应有其本身的特点。首先，由于焊接熔池体积小（$2 \sim 3\ cm^3$），从熔化到凝固时间极短，使各种化学反应难以达到平衡状态，焊缝中的化学成分不够均匀，气体和杂质来不及浮出，易产生气孔和夹渣缺陷。其次，焊条电弧焊通常是暴露在空气中进行，若对熔化金属缺乏保护时，空气中的氧和氮将大量进入焊缝金属中。氧与熔池中的铁、锰、硅等有益元素反应生成它们的氧化物（FeO、MnO、

SiO_2),而氮将与液态金属中的铁反应生成脆性氮化物(Fe_4N、Fe_2N)。这样,不仅使合金元素烧损,而且焊缝金属的力学性能(尤其是塑性和韧性)显著降低。此外,空气中的水分,工件和焊丝表面的油、锈和水,以及焊条药皮或焊剂中的水分等在电弧高温作用下,分解出氢原子,溶入液态金属中,使焊缝中氢的含量增加,导致接头的塑性、韧性急剧降低(这种现象称为"氢脆"),易引起冷裂纹和形成气孔。

由此可见,电弧焊时为了保证焊缝金属的化学成分和力学性能,除了清除工件表面的铁锈、油污和烘干焊条外,还必须采用焊条药皮或焊剂或保护气体(如 CO_2 气体、氩气)等,机械地将液态金属与空气隔开,以防止空气的有害作用。同时,也可通过焊条药皮、焊芯(丝)或焊剂对熔化金属进行冶金处理(脱氧、脱硫、掺合金等),以去除有害杂质,添加合金元素,获得优质的焊缝。

4. 焊条

(1) 焊条的组成和作用　焊条是指涂有药皮的、供焊条电弧焊用的熔化电极,它由焊芯和药皮两部分组成。

① 焊芯　焊条中药皮包覆的金属芯称为焊芯。焊芯作为电极传导电流,产生电弧;焊芯熔化后作为填充金属与母材金属(被焊金属材料的统称)共同组成焊缝金属。因此,焊芯的化学成分和杂质会直接影响焊缝质量。通常,焊芯采用焊接专用钢丝(包括埋弧焊和气体保护焊用的不包覆药皮的实芯焊丝)。几种常用焊接用钢丝的牌号、化学成分及用途见表 4-1。

表 4-1　常用焊接用钢丝的牌号、化学成分及用途(摘自 GB/T 14957—1995)

牌号	化学成分 w/%								用途
	C	Si	Mn	Cr	Ni	S	P	Cu	
H08A	≤0.10	≤0.03	0.30~0.55	≤0.20	≤0.30	≤0.030	≤0.030		埋弧焊焊丝,焊接低碳钢和某些低合金钢;焊条的焊芯
H08E	≤0.10	≤0.03	0.30~0.55	≤0.20	≤0.30	≤0.025	≤0.025		
H08MnA	≤0.10	≤0.07	0.80~1.10	≤0.20	≤0.30	≤0.030	≤0.030		埋弧焊焊丝,焊接碳钢及相应强度等级的低合金钢
H10Mn2	≤0.12	≤0.07	1.50~1.90	≤0.20	≤0.30	≤0.040	≤0.040		埋弧焊焊丝,焊接碳钢及低合金钢
H10MnSi	≤0.14	0.60~0.90	0.80~1.10	≤0.20	≤0.30	≤0.030	≤0.040	≤0.35	埋弧焊用镀铜焊丝,焊接重要的低碳钢件和低合金钢件
H08Mn2SiA	≤0.11	0.65~0.95	1.80~2.10	≤0.20	≤0.30	≤0.030	≤0.030	≤0.50	CO_2 焊焊丝,焊接低碳钢和某些低合金钢

表中:"H"表示焊接用钢丝(焊芯、实芯焊丝);H 后面的一位或两位数字表示碳的平均含量;化学元素符号后面的数字表示该元素平均含量的百分数(若该元素含量 < 1%,则不标出);"A"表示优质(钢丝中硫、磷含量比普通钢丝低)。"E"表示高级优质(钢丝中硫、磷含量更低)。例如,H08Mn2SiA,H—焊接用钢丝;08—平均 $w_{C}=0.08\%$;Mn2—平均 $w_{Mn}=2\%$;Si—$w_{Si}<1\%$,不标数字;A—优质。

② 药皮 压涂在焊芯表面上的涂料层称为药皮。药皮的主要作用是提高电弧燃烧的稳定性;防止空气对熔化金属的有害作用;保证焊缝金属的脱氧;加入合金元素,以提高焊缝金属的力学性能。常用焊条药皮原料的种类、名称及作用见表 4-2。

表 4-2 焊条药皮原料的种类、名称及作用

原料种类	原料名称	作用
稳弧剂	碳酸钾,碳酸钠,长石,大理石,钛白粉,钠水玻璃,钾水玻璃	改善引弧性能,提高电弧燃烧的稳定性
造气剂	淀粉,木屑,纤维素,大理石	造成一定量的气体,隔绝空气,保护焊接熔滴与熔池
造渣剂	大理石,萤石,菱苦土,长石,锰矿,钛铁矿,黏土,钛白粉,金红石	造成具有一定物理-化学性能的熔渣,保护焊缝;碱性渣中的 CaO 还可脱硫、磷
脱氧剂	锰铁,硅铁,钛铁,铝铁,石墨	降低电弧气氛和熔渣的氧化性,脱除金属中的氧;锰还起脱硫作用
合金剂	锰铁,硅铁,铬铁,钼铁,钒铁,钨铁	使焊缝金属获得必要的合金成分
粘结剂	钾水玻璃,钠水玻璃	将药皮牢固地粘在焊芯上

(2) 焊条的分类 按用途焊条分为九大类,见表 4-3;按药皮性质分为酸性焊条和碱性焊条两类。酸性焊条的熔渣以酸性氧化物(TiO_2、SiO_2)为主。酸性焊条具有电弧稳定,易脱渣,飞溅小,对油、锈、水的敏感性小,焊接电源可采用直流或交流,操作性能好等优点。但酸性焊条的熔渣氧化性较强,药皮中合金元素烧损较大,焊缝金属中含有较多的氧、氮、氢和非金属夹杂物,故焊缝金属的塑性和韧性较差,抗裂性差。这类焊条一般适于焊接低碳钢和不重要的结构件。碱性焊条的熔渣是以碱性氧化物(CaO、Na_2O、MnO)为主。由于碱性焊条焊缝金属中含锰量比酸性焊条多,而有害元素(硫、磷、氢等)比酸性焊条少,故碱性焊条的力学性能(尤其是塑性和韧性)比酸性焊条好,且抗裂性好。但碱性焊条的电弧稳定性差,飞溅大,脱渣性差,对油、锈、水的敏感性大,易产生气孔、成本高,一般要求采用直流焊接电源。碱性焊条主要用于焊接重要的结构件,如压力容器、船舶等。

表 4-3 焊条类别、特性或用途

焊条名称		代号	特性或用途	牌号与相符合的型号举例
碳钢焊条		E	熔敷金属在自然气候环境下有一定力学性能	J422(GB E4303) (结 422)
低合金钢	50 kg 级以上低合金钢焊条	E	熔敷金属在自然气候环境中有较强力学性能	J607(GB E6015-D1) (结 607)
低合金钢	钼及铬钼耐热钢焊条	E	同上	R307(GB E5515-B2) (热 307)
低合金钢	低温钢焊条	E	同上	W707Ni(GB E5515-C1) (温 707Ni)
不锈钢焊条		E	熔敷金属有不同程度的耐蚀性和一定力学性能	G207(GB E410-15) (铬 207)
堆焊焊条		ED	熔敷金属有一定的耐不同类型磨损或耐蚀性能	D127(GB EDPMn3-15) (堆 127)
铸铁焊条		EZ	专门用做补焊或焊接铸铁	Z208(GB EZC) (铸 208)
镍及镍合金焊条		ENi	用于镍及镍合金补焊、焊接、堆焊，焊补铸铁等	Ni207(GB ENiCu-7) (镍 207)
铝及铝合金焊条		TAl	用于铝及铝合金补焊、焊接、堆焊	L109(GB TAl) (铝 109)
铜及铜合金焊条		ECu	用于铜及铜合金补焊、焊接、堆焊，焊补铸铁等	T237(GB ECuAl-C) (铜 237)
特殊用途焊条		TS	用于水下焊接、切割及管状焊条和铁锰铝焊条等	TS 203(特 203)

(3) 焊条型号和牌号　焊条型号是国家标准中的焊条代号，不同类型的焊条的型号不同。国家标准 GB/T 5117—1995、GB/T 5118—1995 规定了碳钢焊条和低合金钢焊条型号编制方法。碳钢焊条型号是根据熔敷金属的抗拉强度、药皮类型、焊接位置和焊接电流种类划分的，见表 4-4。

焊条型号的字母“E”表示焊条；前两位数字表示熔敷金属抗拉强度最小值以 kgf/mm^2 为单位时的数值；第三位数字表示焊条的焊接位置，“0”与“1”表示焊条适用于全位置焊接（平焊、立焊、仰焊、横焊），“2”表示焊条适用于平焊和平角焊，“4”表示焊条适用于向下立焊；第三位和第四位数字组合时表示焊接电流种类和药皮类型。例如，E4315，E—焊条；43—熔敷金属的抗拉强度 ≥ 43 kgf/mm^2（420 MPa）；1—焊条适用于全位置焊接；15—低氢钠型焊条药皮，电流种类为直流、反接。低合金钢焊条型号中在四位数字之后还标出附加合金元素的化学成分，例如 E5515-B2-V，属低氢钠型，适用于直流反接、全位置焊接，焊条中含 $w_{Si}=0.6\%$、$w_{V}=0.10\%\sim0.35\%$。

表 4-4 部分碳钢焊条的型号、药皮类型、焊接位置及电流种类

焊条型号	药皮类型	焊接位置	电流种类
E43 系列—熔敷金属抗拉强度≥43 kgf/mm^2(420 MPa)			
E4300	特殊型	平焊,立焊,仰焊,横焊	交流或直流正、反接
E4316	低氢钾型	同上	交流或直流反接
E4320	氧化铁型	平角焊(水平角焊)	交流或直流正接
E4322	氧化铁型	平焊	交流或直流正、反接
E4323	铁粉钛钙型	平焊,平角焊	同上
E4328	铁粉低氢型	同上	交流或直流反接
E50 系列—熔敷金属抗拉强度≥50 kgf/mm^2(490 MPa)			
E5001	钛铁矿型	平焊,立焊,仰焊,横焊	交流或直流正、反接
E5015	低氢钠型	同上	直流反接
E5016	低氢钾型	同上	交流或直流反接
E5024	铁粉钛型	平焊、平角焊	交流或直流正、反接
E5028	铁粉低氢型	同上	交流或直流反接
E5048	铁粉低氢型	平焊,立焊,仰焊,向下立焊	同上

焊条牌号是焊条行业统一的焊条代号。各种焊条牌号前均冠以相应的拼音字母(或汉字),其后由三位数字组成。拼音字母(或汉字)表示焊条各大类,其后的前两位数字表示各大类中的若干小类,第三位数字表示药皮类型和电源种类(见表 4-5)。例如,牌号 J422, J—结构钢焊条;42—焊缝金属抗拉强度不低于 420 MPa(43 kgf/mm^2); 2—钛钙型药皮,直流或交流。焊条牌号应符合相应焊条型号的技术要求,例如 J507 符合国家标准 E5015,J506 符合国家标准 E5016。标准中有些是几个焊条牌号均符合一个焊条型号,例如牌号 J422、J422Y、J422GM、J422Fe、J422CrCu、J422CuCrNi 均符合焊条型号 E4303;但也有些是一个焊条牌号符合一个焊条型号,例如牌号 J503 只符合焊条型号 E5001。

表4-5 焊条牌号中第三位数字表示的药皮类型及焊接电源种类

第三位数字	药皮类型	电源种类	第三位数字	药皮类型	电源种类
××0	不属已规定的类型	不规定	××5	纤维素型	直流、交流
××1	氧化钛型	直流、交流	××6	低氢钾型	同上
××2	氧化钛钙型	同上	××7	低氢钠型	直流
××3	钛铁矿型	同上	××8	石墨型	直流、交流
××4	氧化铁型	同上	××9	盐基型	直流

注：××0~××5为酸性焊条，××6~××9为碱性焊条。

(4) 焊条的选用　焊条的种类很多，选用正确与否对焊接质量、生产率、产品成本等都有很大影响，一般选用焊条时应考虑以下因素：

① 对低碳钢和低合金高强度结构钢工件，大多数要求焊缝金属与工件金属等强度。此时，可按工件强度选用相同强度等级的焊条；对耐热钢和耐蚀钢工件，为保证焊接接头的特殊要求，通常选用与工件化学成分相同或相近的专用焊条。

② 下列情况应选用碱性焊条：工件材料中含有较多碳、硫、磷元素时；承受交变载荷或冲击载荷，要求塑性好、韧性好、抗裂性好或低温性能好的焊接结构；形状复杂、刚度大的工件，为减小应力和防止产生裂纹；碳含量较高、形状复杂、厚度较大，容易产生裂纹的铸钢件。

③ 若焊接部位难以清理干净，或焊接件受力不复杂、母材质量较好时，应选用酸性焊条；若工件在焊接过程中因受条件限制不能翻转时，则应选用全位置焊接的焊条。

此外，选用焊条时，还应考虑工厂现有设备和降低成本等因素。

确定焊条类型后，还应根据工件厚度、焊缝位置、接头形式等条件，选用不同直径的焊条。通常工件越厚，焊条直径越大，当工件厚度 <4 mm 时，焊条直径约等于工件厚度；工件厚度为 4~5 mm、6~12 mm、≥13 mm 时，相应的焊条直径为 3.2~4 mm、4~5 mm、6~8 mm 等。碳钢焊条标准直径(mm)有 1.6，2.0，2.5，3.2，4.0，5.0，6.0，8.0 等。其中 $\phi3.2\sim\phi5$ mm 直径的焊条应用最广。

5. 焊接接头组织和性能

焊接接头由焊缝、熔合区和热影响区组成。焊缝是指工件经焊接后所形成的结合部分；熔合区是指焊缝与母材交接的过渡区，即熔合线处微观显示的母材半熔化区。熔合线是指焊接接头横截面上，宏观腐蚀所显示的焊缝轮廓线；热影响区是指焊接过程中，材料因受热的影响(但未熔化)而发生金相组织和力学性能变化的区域。

以低碳钢为例，对照铁碳合金相图分析焊接接头组织和性能的变化，如图4-4所示。

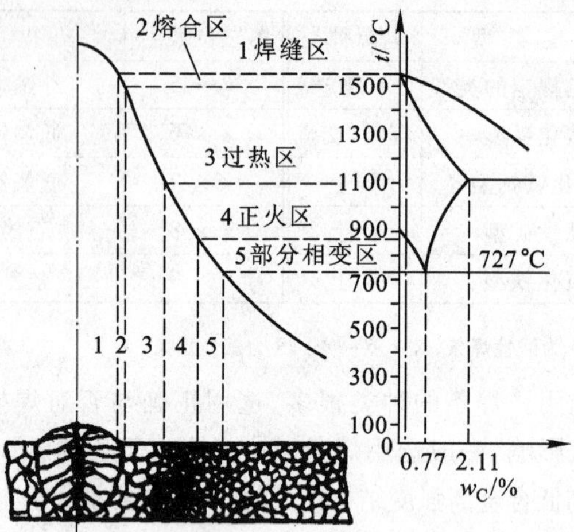

图 4-4　低碳钢焊接接头组织变化

(1) 焊缝的组织和性能　焊接电弧使填充金属与工件金属共同熔化形成液态熔池，电弧移开后，熔池金属开始冷却结晶。如图 4-5 所示，结晶首先在熔合区中，以半熔化状态的晶粒为核心，沿着垂直于熔合线朝散热的相反方向生长，因互相阻碍，不能横向生长，形成柱状晶粒。这些柱状晶粒的前沿一直伸展到焊缝中心，相互接触而停止生长，完成结晶过程。焊缝是晶粒粗大的铸态组织，其成分不均匀，组织不致密，塑性较差，易产生热裂纹，如图 4-6 所示。但是，由于熔池冷却速度快，以及焊条药皮在焊接过程中的保护及合金化作用，使焊缝金属的化学成分和力学性能一般不低于母材(工件)，尤其是强度易达到使用要求。

(2) 熔合区的组织和性能　熔合区温度在液相线与固相线之间。此区金属局部熔化，组织为部分铸态组织和晶粒粗大的过热组织。该区金属的塑性和韧性很差，化学成分不均匀，是产生裂纹的起源处。熔合区宽度只有 0.1 ~ 0.4 mm，但对焊接接头性能影响很大。

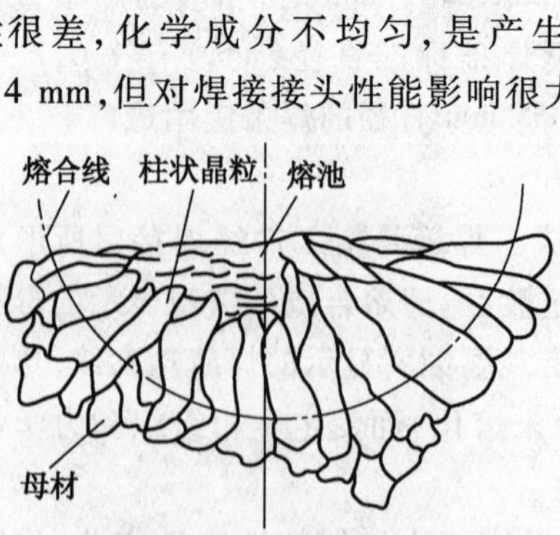

图 4-5　焊缝金属的结晶

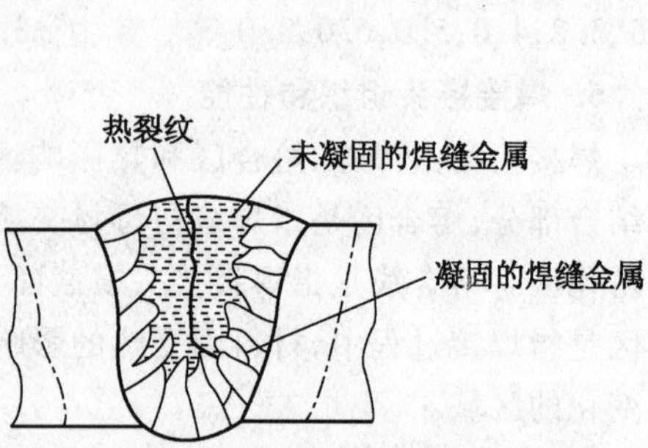

图 4-6　焊缝中的热裂纹

(3) 热影响区的组织和性能 低碳钢的焊接热影响区分为过热区、正火区和部分相变区,见图 4-4。

① 过热区 温度在固相线与1 100℃之间,焊条电弧焊时宽度为 2.2~3 mm。此区金属由于加热温度较高而处于过热状态,冷却后得到晶粒粗大的过热组织,使其塑性和韧性明显下降。焊接刚度大的结构件时,易在此区产生裂纹。

② 正火区 温度在1 100 ℃与 Ac_3 之间,焊条电弧焊时宽度为 1.5~2.5 mm。此区焊后空冷得到均匀细小的正火组织,故称正火区。正火区的力学性能优于母材(工件)。

③ 部分相变区 温度在 Ac_3 与 Ac_1 之间。此区原始组织中的铁素体没有变化,只有珠光体转变为细晶粒的奥氏体,故称部分相变区。此区冷却后晶粒大小不均匀,力学性能较差。

综上所述,熔合区和过热区是焊接接头中力学性能最差的部位,也是发生破坏的危险区,应尽量减小其宽度。对重要的碳钢构件、合金钢构件或用电渣焊焊接的构件,焊后应进行正火处理,使焊接接头组织转变为细晶结构,以改善接头性能。

影响焊接接头性能的主要因素有焊接材料(如焊条、焊丝、焊剂)、焊接方法、焊接工艺参数、接头与坡口形式、焊后冷却速度和焊后热处理等。用不同焊接方法焊接低碳钢时,对热影响区的影响见表 4-6。

表 4-6 不同焊接方法焊接低碳钢时热影响区的平均尺寸

焊接方法	各区平均尺寸 l/mm			热影响区总宽度 B/mm
	过热区	正火区	部分相变区	
焊条电弧焊	2.2~3.0	1.5~2.5	2.2~3.0	5.9~8.5
埋弧自动焊	0.8~1.2	0.8~1.7	0.7~1.0	2.3~3.9
电渣焊	18~20	5.0~7.0	2.0~3.0	25~30
气焊	21	4.0	2.0	27
电子束焊	—	—	—	0.05~0.75

6. 焊接应力与变形

焊接应力是指工件因焊接而产生的应力,焊接变形是指工件因焊接而产生的变形。在焊接过程中,工件常产生应力和变形。应力的存在影响焊后切削加工精度,降低结构承载能力,引起焊接裂纹。变形会使焊件形状和尺寸发生变化,需进行矫正,若变形量过大时,会因无法矫正而使焊件报废。因此,在设计和制造焊接结构时,对焊接应力和变形必须给予足够重视。焊后残留在焊件内的焊接应力称为焊接残留应力。

(1) 焊接应力与变形产生的原因 在焊接过程中,对工件进行局部不均匀的加热和冷却是产生焊接应力和变形的根本原因。低碳钢平板对接焊时的应力和变形形成过程如图 4－7 所示。在焊缝形成过程中,焊缝的温度最高,离焊缝越远,温度越低。因工件各处温度不同,将产生大小不等的纵向膨胀,温度高处的伸长大于温度低处。若各部位能自由伸长,其变化如图 4－7a 细虚线所示,此时产生变形,但无应力。实际上平板是一个整体,各部位不能自由伸长,只能沿整个宽度同时伸长 Δl。这样,焊缝处温度高、伸长大要受到离焊缝远温度低、伸长小金属的压缩,而温度低的部分要受到温度高处金属的拉伸,因此就产生了焊缝区受压(－),焊缝区两侧的金属受拉(＋)。当压应力超过该金属屈服强度时,焊缝将产生压缩的塑性变形。此时平板内存在的压应力和拉应力相互平衡。

冷却时,若各部位能自由收缩,焊缝两侧的金属将收缩到焊前的原长 l,而焊缝将缩短到图 4－7b 中的细虚线位置(因加热时焊缝处已产生的压缩的塑性变形不能恢复,故比原长短一些)。但实际上平板是一整体,各处不能自由收缩,只能沿整个宽度同时收缩到比原长度 l 短 $\Delta l'$ 的位置,所以焊缝处的收缩受到两侧金属的阻碍,使其产生拉应力,焊缝两侧金属受焊缝收缩的影响,产生了压应力。这两种应力相互平衡并保留到室温,即成为焊接残留应力。

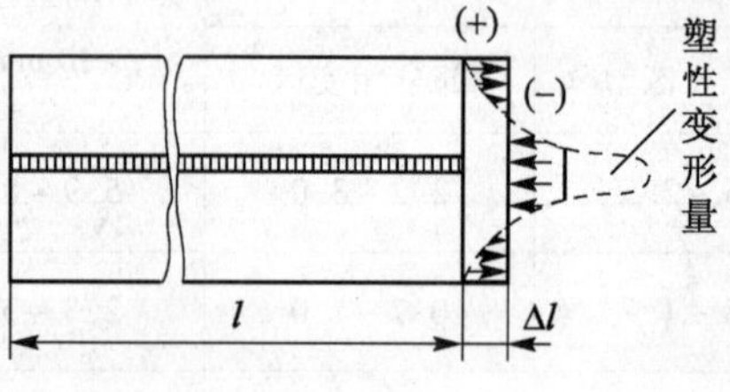

a) 加热时的应力和变形

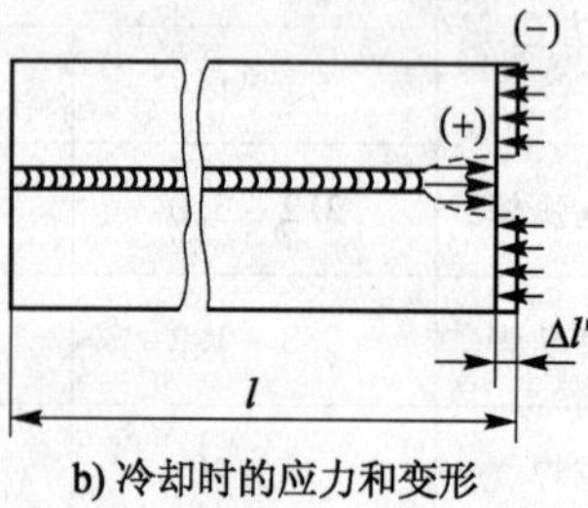

b) 冷却时的应力和变形

图 4－7 低碳钢平板对接焊时的应力和变形

焊接应力和变形是同时存在、相互联系的。通常当工件塑性较好和结构刚度较小时,工件能较自由地收缩,此时焊接变形较大,而焊接应力较小;反之,焊接应力较大,焊接变形较小。焊接变形的基本形式见表 4－7。

表 4-7 常见焊接变形的基本形式

焊接变形	焊接变形基本形式图	产生原因
收缩变形	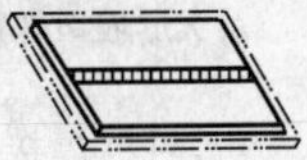	焊接后纵向(沿焊缝方向)和横向(垂直于焊缝方向)收缩引起的
角变形	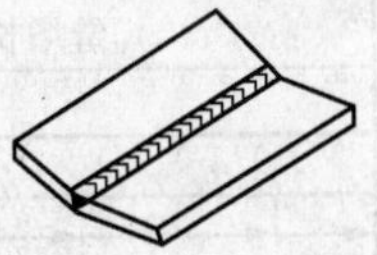	V形坡口对接焊后,由于焊缝截面形状上下不对称,焊缝收缩不均所致
弯曲变形	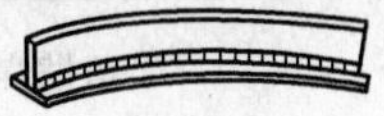	焊接T形梁时,由于焊缝布置不对称,焊缝纵向收缩引起的
扭曲变形	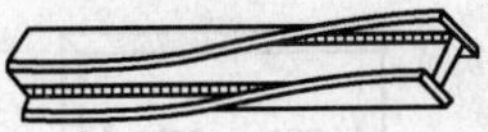	焊接工字梁时,由于焊接顺序和焊接方向不合理所致
波浪变形	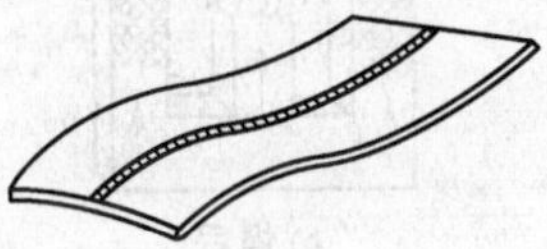	焊接薄板时,由于焊缝收缩使薄板局部产生较大压应力而失去稳定所致

(2) 减小焊接应力和变形的措施　主要有以下几种方法:

① 正确合理设计焊接结构　见本章第六节。

② 合理的焊接顺序　焊接顺序应尽量使焊缝的纵向和横向收缩都比较自由。如图4-8所示,按图a中1、2顺序焊接,可减小应力;按图b中1、2顺序焊接,会增大应力,尤其在焊缝交叉A处易产生裂纹。此外,焊接顺序不合理也会使工件产生变形。若工件的对称两侧都有焊缝,应采用对称的焊接顺序,如图4-9所示。长焊缝可采用分段退焊法(将工件接缝划分成若干段,分段焊接,每段施焊方向与整条焊缝增长方向相反)或跳焊法(将工件接缝分成若干段,按预定顺序和方向分段间隔施焊,完成整条焊缝的焊接)等进行焊接,如图4-10所示。

③ 焊前预热　工件预热后再进行焊接,可减小工件各部分温差,降低焊缝冷却速度,以减小焊接应力和变形。

④ 加热"减应区"　焊前对工件适当部位进行加热,使加热部位产生与焊缝收缩方向相反的变形。焊后冷却时,加热区和焊缝一起收缩,从而减小焊接应力和变形,如图4-11所示。

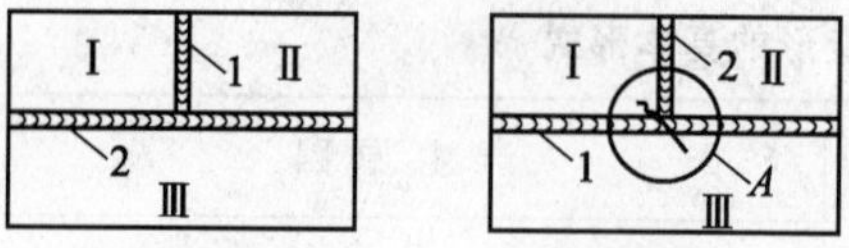

a) 合理的焊接顺序　b) 不合理的焊接顺序

图 4－8　焊接顺序对焊接应力的影响

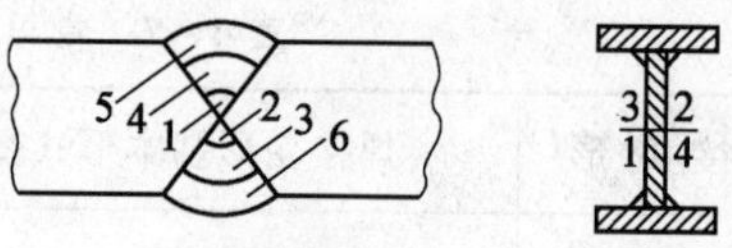

a) X形坡口焊接　b) 工字形焊接

图 4－9　对称焊接法（数码表示焊接顺序）

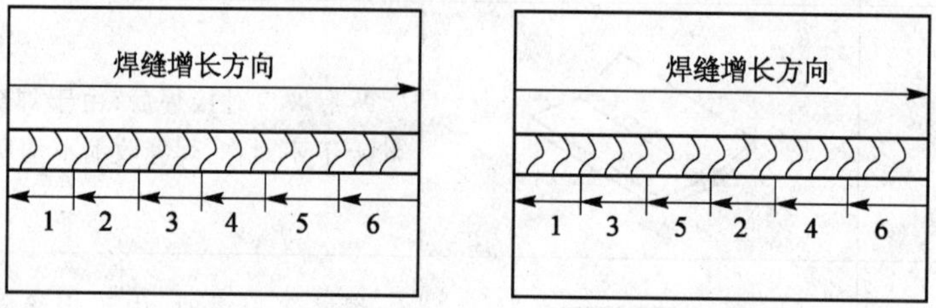

a) 分段退焊　b) 跳焊

图 4－10　长焊缝的分段焊法（数码表示焊接顺序）

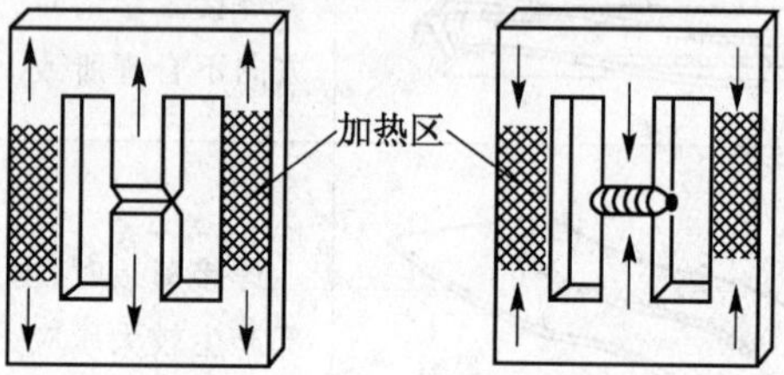

a) 焊前　b) 焊后

图 4－11　加热“减应区”

⑤ 锤击焊缝　每焊一道焊缝后，用圆头小锤对红热状态下的焊缝均匀、迅速、轻轻地锤击，可及时释放一部分焊接应力，从而减小焊接应力和变形。采用振动法亦可消除焊接应力。

⑥ 焊后热处理　生产中常采用去应力退火来消除残留应力。通常将焊件加热到 600～650℃，保温一定时间，然后缓慢冷却，可消除残留应力达 80%～90%。

(3) 预防和矫正焊接变形的措施　主要有以下几种方法：

① 反变形法　焊前将工件安放在与焊接变形方向相反的位置上（图 4－12b）或在焊前使工件反方向变形，以抵消焊后发生的变形。

② 刚性固定法　即采用强制手段以减小焊接变形的一种方法。例如，采用专用的胎具、简单的夹具或将工件临时点焊在工作台上等。图 4－13 是用刚性固定法拼接薄板，焊前用压铁压在焊缝两侧，并在工件周围进行定位焊，然后进行焊接。待焊缝冷却后搬走压铁并铲除定位焊点，可有效地防止波浪变形（定位焊是指为装配和固定工件接头的位置而进行的焊接）。

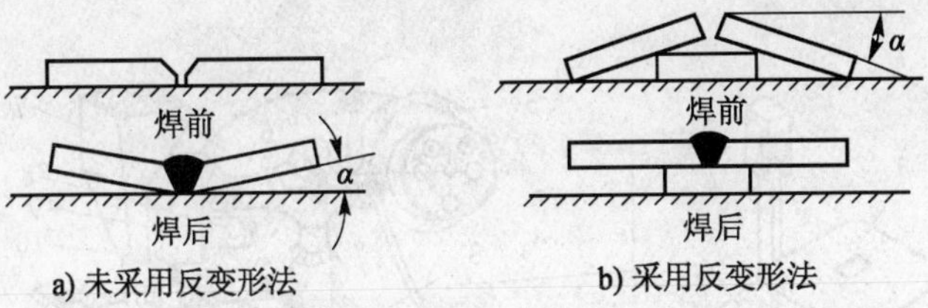

图 4－12 V 形坡口对接反变形法

③ 机械矫正法 焊后采用压力机、辊床、矫直机或锤击等方法矫正焊件的变形，如图 4－14 所示。此法多用于矫正塑性较好、厚度较小的焊件。

④ 火焰矫正法 焊后用火焰对焊件适当部位局部加热，使焊件冷却收缩时产生新的变形，以矫正焊接所产生的变形。图 4－15 为焊后已产生上拱的丁字梁，可用火焰在腹板位置进行加热，加热区呈三角形，冷却使腹板收缩产生反向变形，将焊件矫直。此法主要用于低碳钢和没有淬硬倾向的低合金钢。

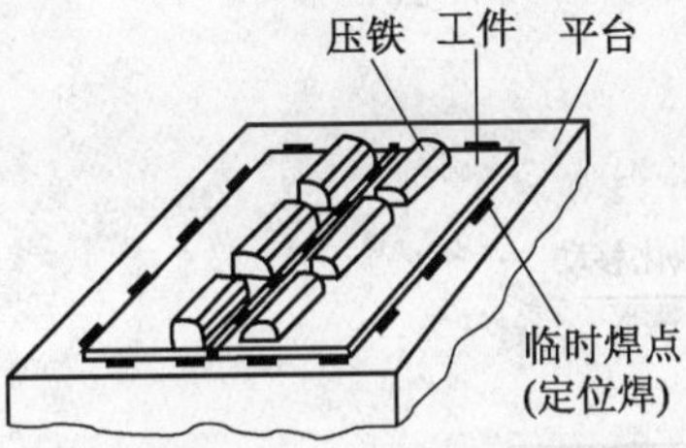

图 4－13 刚性固定法焊接薄板

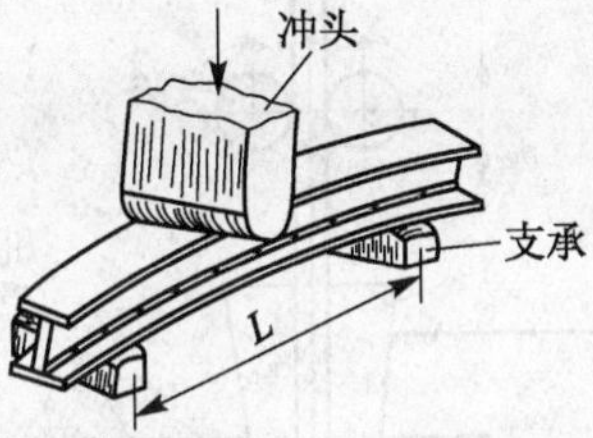

图 4－14 机械矫正法

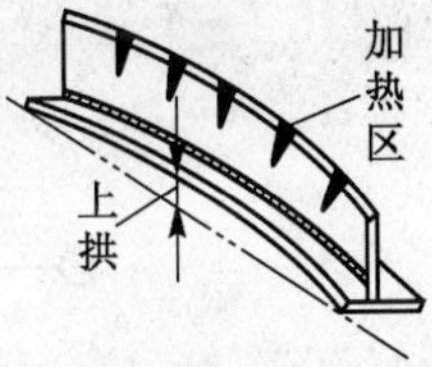

图 4－15 火焰矫正法

二、埋弧自动焊

将焊条电弧焊焊接过程中的引燃电弧、送进和移动焊丝、电弧移动等动作用机械化和自动化的方式来完成，且电弧在焊剂层下燃烧的一种熔焊方法，称为埋弧自动焊，如图 4－16 所示。

埋弧自动焊的焊缝形成过程如图 4－17 所示。焊接电源两极分别接在导电嘴 1 和工件 8 上，颗粒状的焊剂由漏斗管流出，均匀地覆盖在装配好的工件上，厚度为 40～60 mm。焊丝 3 经送丝轮 2 和导电嘴 1 进入焊接电弧区。焊接时，焊丝末端在焊剂层下与工件之间产生电弧 10，电弧热使工件、焊丝和焊剂熔化，以致部分蒸发，蒸发的气体在电弧周围形成气腔，气腔上部被一层熔渣膜（即渣池）所包围。熔渣膜隔绝空气，保护熔滴和熔池金属 9，并防止飞溅。随着焊丝不断向前移动，金属熔池和渣池逐渐冷凝，形成焊缝 7 和渣壳 6。

埋弧自动焊的焊接材料是焊丝和焊剂。常用焊丝有 H10Mn2、H08A、H08MnA、H08MnSi 配合 HJ130（焊剂 130）、HJ230、HJ350、HJ431 等，对低碳钢和某些低合金高强度结构钢进行焊接。

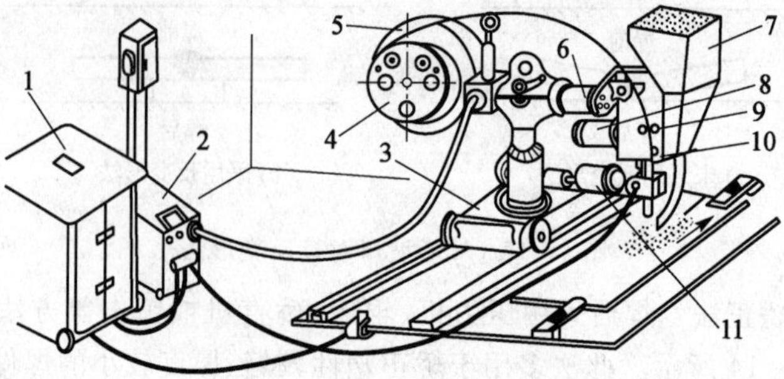

图 4 - 16　埋弧自动焊机外形图

1—焊接电源；2—控制箱；3—车架；4—操作盘；5—焊丝盘；6—横梁；
7—焊剂漏斗；8—送丝电动机；9—矫直轮；10—机头；11—小车电动机

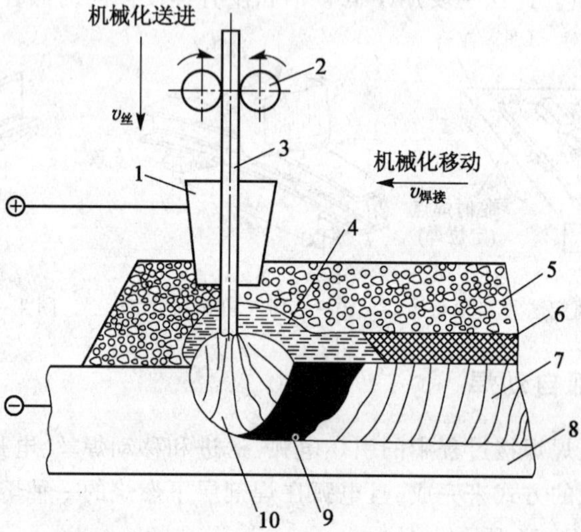

图 4 - 17　埋弧自动焊

1—导电嘴；2—送丝轮；3—焊丝；4—渣池；5—焊剂层；
6—渣壳；7—焊缝；8—工件；9—熔池金属；10—电弧

与焊条电弧焊相比，埋弧自动焊有以下特点：

（1）由于焊丝上无涂料，故可用大电流焊接（可达 1 000 A 以上），熔深大，且无需停弧换焊条，因此生产率比焊条电弧焊提高 5 ~ 10 倍。

（2）由于金属熔池得到可靠保护，且保持液态时间较长，故焊接冶金过程进行得较充分，焊接工艺参数稳定，因此焊缝成形美观，力学性能较高，质量好。

（3）因熔深大，工件可不开或少开坡口，没有飞溅和焊条头损失，故可节约焊接材料和工时，降低了成本。

(4) 焊接时看不到弧光，焊接烟雾很少，机械化操作，劳动强度小，改善了劳动条件。

(5) 一般只适于焊接水平位置的长直焊缝或环缝，只能平焊，不能焊接空间位置焊缝与不规则焊缝，故适应性较差。

(6) 对焊前准备工作要求严格，例如对焊接坡口加工要求较高，在装配时要保证组装间隙均匀等。

埋弧自动焊常用于成批生产中，焊接在水平位置上，厚度为 4.5～60 mm 工件的长直焊缝以及较大直径（一般不小于 ϕ250 mm）的环形焊缝。埋弧自动焊在锅炉、造船、容器、桥梁等部门应用较广。

三、气体保护电弧焊

用外加气体作为电弧介质，并保护电弧和焊接区的电弧焊，称为气体保护电弧焊（简称气体保护焊）。常用的有二氧化碳气体保护焊和氩弧焊。

1. 二氧化碳气体保护焊（简称 CO_2 焊）

CO_2 焊是利用 CO_2 气体作为保护气体的气体保护焊。CO_2 焊用电弧热熔化金属，以自动或半自动方式进行焊接。如图 4－18 所示，焊接时焊丝由送丝轮经导电嘴送进，CO_2 气体从喷嘴沿焊丝周围喷射出来。电弧引燃后，焊丝末端、电弧及熔池被 CO_2 气体所包围，可防止空气对熔池的有害作用，熔池冷凝后形成焊缝。

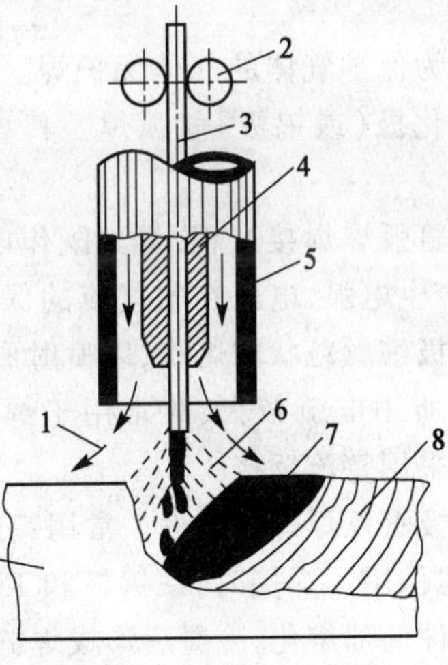

图 4－18　CO_2 焊

1—保护气体；2—送丝滚轮；3—焊丝；4—导电嘴；5—喷嘴；6—电弧；7—熔池；8—焊缝；9—工件

CO_2 焊常用的焊丝是 H08Mn2Si、H08MnSiA(焊低碳钢用)和 H08Mn2SiA(焊低合金结构钢用),对于较重要的低碳钢和相应强度的低合金钢,常用新型焊接材料药芯焊丝,如 YJ502-1(即药结 502-1:YJ 表示结构钢药芯焊丝;50 表示焊缝金属最低抗拉强度为 $50kgf/mm^2$;2 表示钛钙型,交、直流两用;1 表示气体保护)。

CO_2 焊的特点:

(1) 因电流密度大,熔深大,焊接速度快,焊后不需清渣,故生产率比焊条电弧焊高 1~4 倍。

(2) 因焊缝含氢量低,焊丝中锰含量高,脱硫作用良好,故焊接接头抗裂性好,裂纹倾向小。

(3) 因 CO_2 气流的压缩使电弧热量集中,焊接热影响区较小,故焊接变形小。

(4) 因 CO_2 气体价廉,故 CO_2 焊的成本仅为焊条电弧焊和埋弧自动焊的 40% 左右。

(5) 因 CO_2 焊是明弧焊,故便于观察和操作,适于各种位置的焊接。

(6) 飞溅大,焊缝成形较差,焊接设备较复杂,维修不便。

CO_2 焊主要用于焊接低碳钢和强度等级不高的低合金高强度结构钢,焊接厚度一般为 0.8~4 mm,最厚可达 25 mm,广泛应用于造船、汽车制造、机车车辆等工业部门。

2. 氩弧焊

氩弧焊是用氩气作为保护气体的气体保护焊。按所用电极不同,氩弧焊分为熔化极氩弧焊和不熔化极(或钨极)氩弧焊。其焊接过程均可采用自动或半自动方式进行。

图 4-19 为熔化极氩弧焊焊接过程,焊丝既作电极又起填充金属作用。焊接时,在焊丝与工件间产生电弧,电弧在氩气流的保护下,焊丝以一定速度连续送进,并不断熔化,形成极细颗粒状的熔滴,以喷射形式进入熔池,熔池冷凝后形成焊缝。熔化极氩弧焊所用电流较大,故常用于焊接厚度在 25 mm 以下的工件,为使电弧稳定,一般采用直流反接。

图 4-20 为不熔化极氩弧焊焊接过程。常用钨或钨合金(钍钨、铈钨等)作电极,焊丝只起填充金属作用。焊接时,在钨极和工件之间产生电弧,电弧在氩气流保护下将焊丝和工件局部熔化,冷凝后形成焊缝。为减小电极损耗,焊接电流不能太大。焊接钢材时,采用直流正接以减少钨极烧损;焊接铝、镁及其合金时,采用交流或直流反接电源。因极间正离子撞击工件熔池表面,可使氧化膜破碎,有利于焊件金属熔合和保证焊接质量。此法常用于焊接厚度为 0.5~6 mm 的薄板。

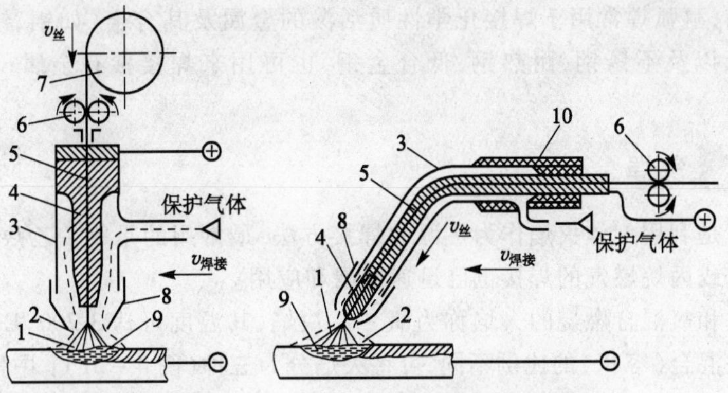

a) 自动熔化极氩弧焊　　b) 半自动熔化极氩弧焊

图 4－19　熔化极氩弧焊

1—焊接电弧；2—保护气体；3—焊炬；4—导电嘴；5—焊丝；6—送丝滚轮；7—焊丝盘；8—喷嘴；9—金属熔池；10—焊炬手柄

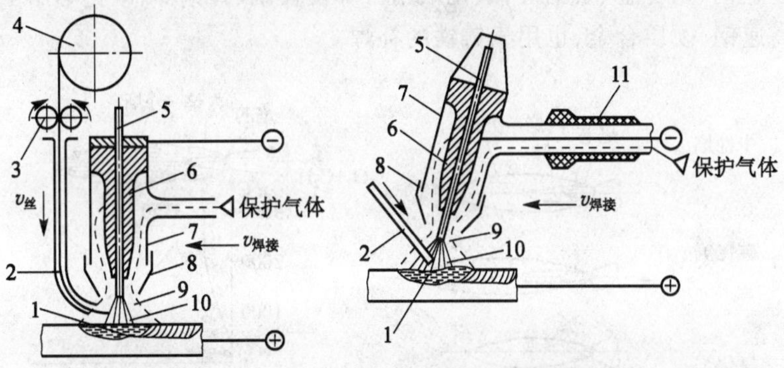

a) 自动钨极氩弧焊　　b) 手工钨极氩弧焊

图 4－20　不熔化极氩弧焊

1—金属熔池；2—填充金属；3—送丝滚轮；4—焊丝盘；5—钨极；6—导电嘴；7—焊炬；8—喷嘴；9—保护气体；10—电弧；11—焊炬手柄

氩弧焊的特点：

（1）氩气是惰性气体，它不与金属起化学反应，也不溶于液体金属中，因而是一种理想的保护气体，可获得质量高、成形美观的焊缝。

（2）电弧在气流压缩中燃烧，故热量集中，焊接热影响区小，焊接变形较小。

（3）电弧稳定，飞溅小，表面无熔渣。

（4）因是明弧焊接，故便于操作，可进行全位置焊接，且易于实现机械化和自动化。

（5）氩弧焊设备和控制系统比较复杂，氩气较贵，故焊接成本高。

目前,氩弧焊常用于焊接化学性质活泼的金属及其合金(如铝、镁、钛及其合金等),以及不锈钢、耐热钢、低合金钢,也可用来焊接稀有金属(如锆、钼、钽等)。

四、气焊

气焊是利用气体火焰作为热源的焊接方法,最常用的是氧－乙炔焊。但目前液化气或丙烷燃气的焊接也已迅速发展和应用。

乙炔和氧混合燃烧的火焰称为氧－乙炔焰,其温度可达 3 200 ℃左右。按氧和乙炔混合(容积)的比例不同,可将火焰分为三种(图 4－21):中性焰($V_{O_2}/V_{C_2H_2}=1.1\sim1.2$),即在一次燃烧区内既无过量氧又无游离碳的火焰;氧化焰($V_{O_2}/V_{C_2H_2}>1.2$),即火焰中有过量的氧,在尖形焰芯外面形成一个有氧化性的富氧区;碳化焰($V_{O_2}/V_{C_2H_2}<1.1$),即火焰中含有游离碳,具有较强的还原作用,也有一定的渗碳作用的火焰。中性焰应用最广,用于焊接低碳钢、中碳钢、低合金钢、合金钢、铝合金、紫铜等;氧化焰用于焊接黄铜、青铜等;碳化焰用于焊接高碳钢、高速钢、硬质合金,也用于铸铁的补焊。

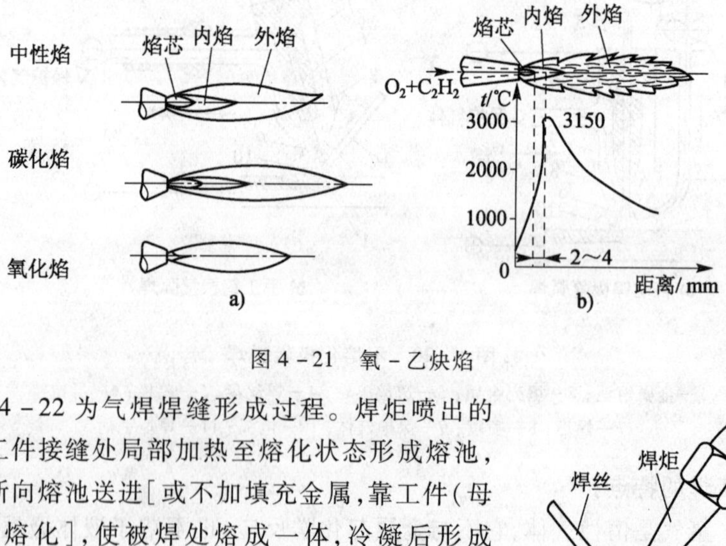

图 4－21　氧－乙炔焰

图 4－22 为气焊焊缝形成过程。焊炬喷出的火焰将工件接缝处局部加热至熔化状态形成熔池,焊丝不断向熔池送进[或不加填充金属,靠工件(母材)本身熔化],使被焊处熔成一体,冷凝后形成焊缝。

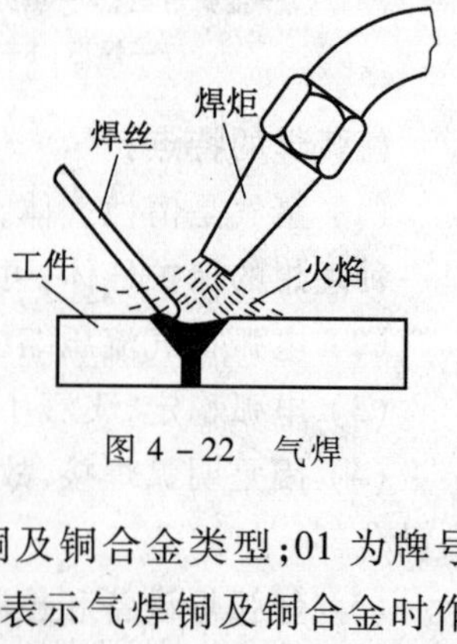

图 4－22　气焊

气焊时应按工件成分选择焊丝和焊剂。焊剂可去除焊接过程中产生的氧化物,保护熔池,改善熔池金属的流动性,以获得优质焊接接头。例如,焊接铜及铜合金时用焊丝 HS201(即丝 201:2 表示铜及铜合金类型;01 为牌号编号)、HS202(丝 202)配合焊剂 CJ301(气剂 301:3 表示气焊铜及铜合金时作助熔剂;01 为编号)。

气焊的特点:

(1) 气焊设备简单,不需电源,费用低。

(2) 气焊操作技术简单,容易掌握,灵活方便。

(3) 气焊火焰温度低,加热缓慢,工件受热面积大,热影响区较宽,焊接变形较大。

(4) 火焰对熔池保护差,焊缝易产生气孔、夹渣等缺陷。

(5) 难以实现机械化,生产率低,故不适于大批量生产。

气焊主要用于焊接薄钢板(板厚为 0.5 ~ 3 mm)、易熔的有色金属及其合金、钎焊刀具及铸铁补焊等。

五、电渣焊

电渣焊是利用电流通过液体熔渣所产生的电阻热进行焊接的方法。按使用的电极形状不同分为丝极、板极、熔嘴电渣焊等。

图 4 – 23 为电渣焊焊缝形成过程。将两个工件 6 垂直放置,相距 20 ~ 40 mm,工件两侧装有冷却成形装置(铜滑块)7。为保证焊缝质量,在焊接的起始端和结束端装有引弧板 9 和引出板 10。两工件间装有焊剂。开始焊接时,焊丝 4 与引弧板短路引弧,电弧热量将焊剂熔化形成渣池 3,当渣池达到一定深度时,快速送进焊丝,并降低焊接电压,使电弧熄灭,转入电渣焊过程。液体熔渣是

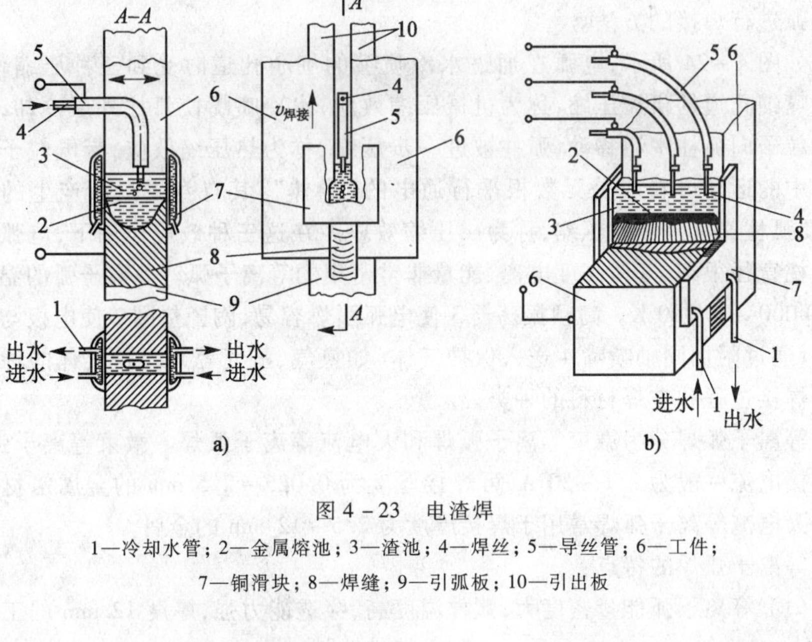

图 4 – 23　电渣焊

1—冷却水管; 2—金属熔池; 3—渣池; 4—焊丝; 5—导丝管; 6—工件;
7—铜滑块; 8—焊缝; 9—引弧板; 10—引出板

导电的电解液，当电流从渣池中通过时产生的电阻热使渣池温度高达1 600～2 000 ℃，可将焊丝和工件边缘迅速熔化，形成金属熔池2。焊丝不断送进并熔化，熔池和渣池逐渐上升（冷却滑块也同时配合上升），下面的金属液逐渐冷却凝固形成焊缝8。

电渣焊的特点：

(1) 可一次焊成很厚的工件，生产率高。

(2) 工件不需开坡口，节省材料和工时，焊剂消耗量仅为埋弧焊的1/20～1/50，电能消耗只有埋弧焊的1/3～1/2，成本低。

(3) 焊接过程中金属熔池上面存在着高温渣池，熔池中的气体和杂质易析出，故不易产生气孔和夹渣等缺陷。

(4) 因加热和冷却缓慢，焊缝区易形成粗大的组织，使冲击韧度下降，故焊后应进行正火。

电渣焊广泛用于制造锻－焊、铸－焊结构件，例如大吨位的压力机和重型机床的机座、大型水轮机转子等。焊接工件厚度为40～450 mm。一般用于直缝的焊接，也可焊接环缝。工件材料为碳钢、低合金钢、不锈钢等。

六、 等离子弧焊

普通焊接电弧不受外界约束，称为自由电弧。如果利用某些装置使自由电弧的弧柱受到压缩，就会使弧柱气体完全电离，产生比自由电弧温度高的等离子弧。等离子弧焊是指借助水冷喷嘴对电弧的拘束作用，获得较高能量密度的等离子弧进行焊接的方法。

如图4－24所示，电弧在通过水冷喷嘴的细小孔道时受到三种压缩作用：受喷嘴细孔道的机械压缩，称为机械压缩效应；水冷喷嘴使弧柱外层冷却，迫使带电粒子向弧柱中心移动，弧柱被进一步压缩，称为热压缩效应；带电粒子流在弧柱中的运动可看成是无数根平行通电的“导体”，其自身磁场所产生的电磁力，使弧柱又进一步被压缩，称为磁压缩效应。在这三种效应作用下，电弧便成为弧柱直径很细、气体高度电离、能量非常密集的等离子弧。等离子弧的温度可达10 000～20 000 K。高频振荡器3使电弧引燃容易，陶瓷垫圈2使电极与焊炬绝缘，通过附加同轴喷嘴4送入保护气体（如氮气、氩气等），保护气体的种类取决于焊接过程和被焊材料的种类。

等离子弧焊分为微束等离子弧焊和大电流等离子弧焊。微束等离子弧焊，其焊接电流一般为0.1～30 A，可焊接厚度为0.025～2.5 mm的金属箔材和薄板。大电流等离子弧焊常用于焊接厚度为2.5～12 mm的金属。

等离子弧焊的特点：

(1) 等离子弧能量密度大，弧柱温度高，穿透能力强，厚度12 mm的工件可

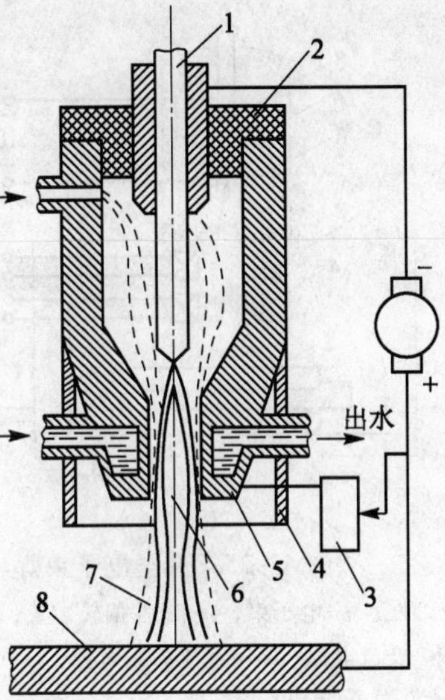

图 4-24 等离子弧焊

1—电极；2—陶瓷垫圈；3—高频振荡器；4—同轴喷嘴；5—水冷喷嘴；6—等离子弧；7—保护气体(虚线内侧)；8—工件

不开坡口，不留间隙，无需填充金属，能一次焊透双面成形。

(2) 焊接速度快，生产率高，焊缝质量好，热影响区小，焊接变形小。

(3) 当电流小到 0.1 A 时，电弧仍能稳定燃烧，能保持良好的挺直度和方向性，可焊接很薄的箔材。

(4) 焊接设备较复杂，造价较高，气体消耗量很大，只宜在室内焊接。

等离子弧焊主要应用于国防工业及尖端技术中，焊接难熔、易氧化、热敏感性强的材料(如钼、钨、铬、钛及其合金)和不锈钢等，也可焊接一般钢材或有色金属，如钛合金导弹壳体和飞机上的薄壁容器等。

七、电子束焊

电子束焊是利用加速和聚焦的电子束轰击置于真空或非真空中的工件所产生的热能进行焊接的方法。电子束轰击工件时，99% 以上的电子动能转变为对工件加热的热能，使轰击部位达到很高温度。

按工件在焊接时所处的真空度不同，分为高真空电子束焊、低真空电子束焊和非真空电子束焊。目前应用最广泛的是高真空电子束焊，如图 4-25 所示。电子枪、工件等全部装在真空室 1 内。电子枪由灯丝 8、阴极 7、阳极 6、聚焦透镜 5 及磁性偏转装置 4 等组成。当阴极被灯丝加热到 2 600 K 时，即能发射出大量电子，这些电子在阴极和阳极间受高电压(20 ~ 150 kV)的作用被加速，然后经

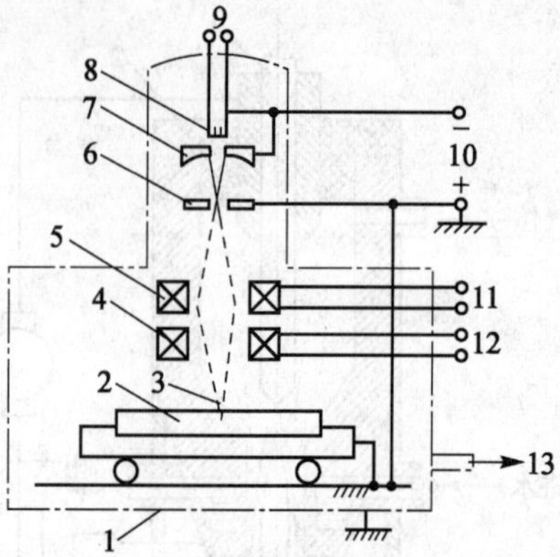

图 4－25 真空电子束焊

1—真空室；2—工件；3—电子束；4—磁性偏转装置；5—聚焦透镜；6—阳极；
7—阴极；8—灯丝；9—交流电源；10—直流高压电源；11、12—直流电源；13—排气装置

聚焦透镜 5 聚成电子束 3，以极大速度（约为 160 000 km/s）射向工件 2，电子的动能变为热能使工件迅速熔化，甚至汽化。利用磁性偏转装置可调节电子束射向工件的方向和部位。

真空电子束焊的特点：

(1) 在真空中进行焊接，金属不会被氧化、氮化，故焊接质量高。

(2) 热源能量密度大（10^6 ~ 10^8 W/cm^2，比普通电弧大 1 000 倍）、熔深大、焊速快、焊缝窄而深，焊缝深宽比可达 20∶1，能单道焊厚件。

(3) 由于热量高度集中，焊接热影响区小（0.05 ~ 0.75 mm），基本上不产生焊接变形，可对精加工后的零件进行焊接。

(4) 焊接厚板可不开坡口、不留间隙、不加填充金属，因而生产率高，成本低。

(5) 电子束焊工艺参数可在较大的范围内进行调节，控制灵活，适应性强。可焊接 0.1 mm 薄板，也可焊接 200 ~ 300 mm 的厚板。能焊接低合金钢、不锈钢、有色金属、难熔金属、稀有金属、异种金属构件及复合材料等。

(6) 焊接设备复杂，造价高，对工件清理、装配质量要求较高，工件尺寸受真空室限制。

电子束焊主要用于原子能、航空航天、军工尖端技术等部门的特殊材料和结构的焊接，如焊接微型电子线路组件、大型导弹外壳、核电站锅炉汽包等，在一般机械制造业中也得到了应用，如焊接齿轮组合件、卡车后桥等。

八、激光焊

激光焊是用聚焦的激光束作能源轰击工件所产生的热量进行焊接的方法。

激光是利用原子受激辐射原理使物质受激而产生的光。激光具有反射、折射、绕射及干涉等一般光的共性,还具有单色性好、波长均一、相干性好、方向性强、能量密度高等特性。这些特性的互相联系和互相渗透,可使激光实现在空间上和时间上的高度集中。激光经聚焦后光斑直径可小到几微米而产生巨大的能量密度($10^5 \sim 10^7$ W/cm^2),在极短时间内(千分之几秒或更短)将光能转变成热能,温度可达万度以上,使任何可熔化的材料熔化进行焊接。

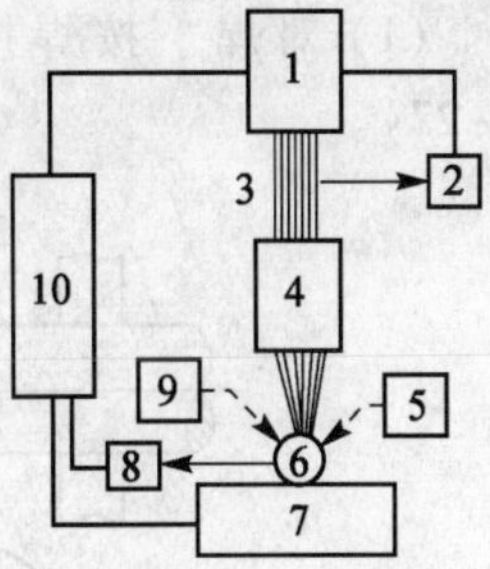

图 4-26 激光焊

1—激光器;2—信号器;3—激光束;4—聚焦系统;5—辅助能源;6—工件;7—工作台;8—信号器;9—观测瞄准器;10—程控设备

如图 4-26 所示,激光器 1 受激产生激光束 3,通过聚焦系统 4 聚焦成十分微小的焦点,其能量进一步集中,当调焦到工件 6 接缝处时,光能转变为热能,从而使金属熔化形成焊接接头。

激光焊的特点:

(1) 能量密度大,热量集中,作用时间短,故焊接热影响区小,变形极小。特别适于焊接热敏感的材料。

(2) 激光辐射放出的能量极迅速,工件不易被氧化,因此不需真空环境或气体保护,可在大气中施焊,生产率高。

(3) 激光束能用反射镜将其在任何方向上弯曲或聚焦,焊接时激光装置与工件间无机械接触,因此可焊接难以接近的接头。

(4) 可对绝缘材料直接焊接,也可将金属与非金属材料焊成一体。

(5) 设备较复杂,功率较小。

激光焊广泛用于电子及仪表工业中微型件的焊接,例如集成电路内外引线、微型继电器以及仪表游丝等。在国外激光焊已用于焊接齿轮、汽车排气管和传动轴等零件。

第二节 压焊与钎焊

一、压焊

压焊是指焊接过程中,必须对工件施加压力(加热或不加热)以完成焊接的方法。压焊方法较多,最常用的是电阻焊和摩擦焊。

1. 电阻焊

电阻焊是指工件组合后,通过电极施加压力,利用电流通过接头的接触面及附近区域产生的电阻热进行焊接的方法。电阻焊分为对焊、电阻点焊和缝焊。

(1) 对焊　按焊接过程不同，对焊分为电阻对焊和闪光对焊两种（图 4－27）。

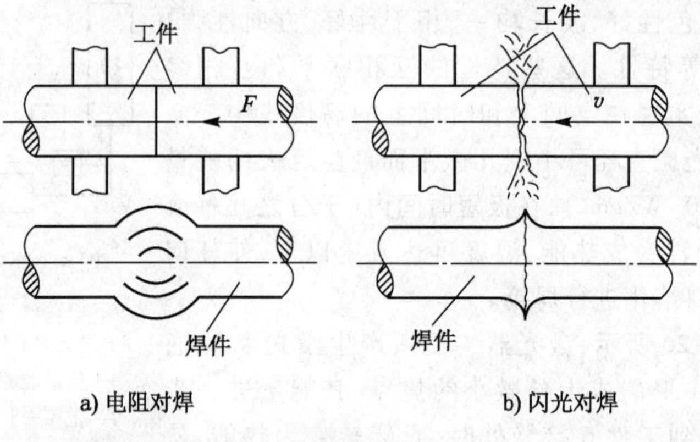

图 4－27　对焊

① 电阻对焊　将工件装配成对接接头，使其端面紧密接触，然后通电，利用电阻热将端面加热至塑性状态，然后断电并迅速施加顶锻力（顶锻力是指电阻对焊和闪光对焊时，顶锻阶段施加给工件端面上的力）完成焊接的方法，称为电阻对焊。电阻对焊的接头形式如图 4－28 所示。

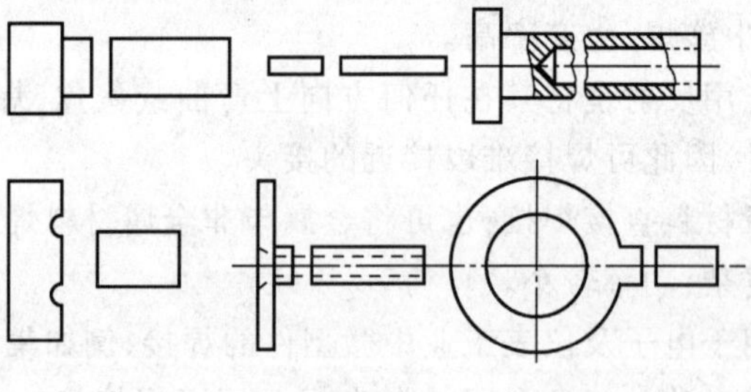

图 4－28　电阻对焊接头形式

电阻对焊操作简便，接头外形较圆滑，但焊前对工件端面清理工作要求严格，否则接触处加热不均，易形成氧化夹杂物，降低接头质量。因此，电阻对焊一般用于焊接截面形状简单、直径小于 20 mm 和强度要求不高的工件。

② 闪光对焊　将工件装配成对接接头，接通电源，并使工件端面逐渐移近达到局部接触，利用电阻热加热这些接触点（产生闪光），使端面金属熔化，直至端部在一定深度范围内达到预定温度时，断电并迅速施加顶锻力完成焊接的方法，称为闪光对焊。闪光对焊接头形式如图 4－29 所示。

闪光对焊接头质量好、强度高，焊前对工件端面清理要求不严，可焊接截面形状复杂或具有不同截面的工件，但金属损耗较大，工件需留出较大的余量，焊后要清理接头毛刺，常用于焊接受力大、重要的工件。可焊接同种金属和异种金属，如铜与钢、

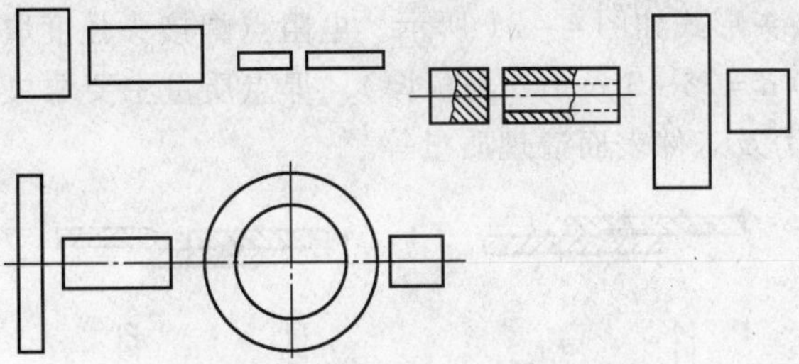

图 4－29　闪光对焊接头形式

铝与铜等。工件直径可小到 0.01 mm 的金属丝，截面大到 20 000 mm^2 的金属棒或金属板。

闪光对焊广泛用于刀具、钢筋、钢轨、钢管、汽车轮缘、自行车轮圈等的焊接。

（2）电阻点焊　将工件装配成搭接接头，并压紧在两柱状电极之间，利用电阻热熔化母材金属，形成焊点的电阻焊方法，称为电阻点焊，如图 4－30 所示。

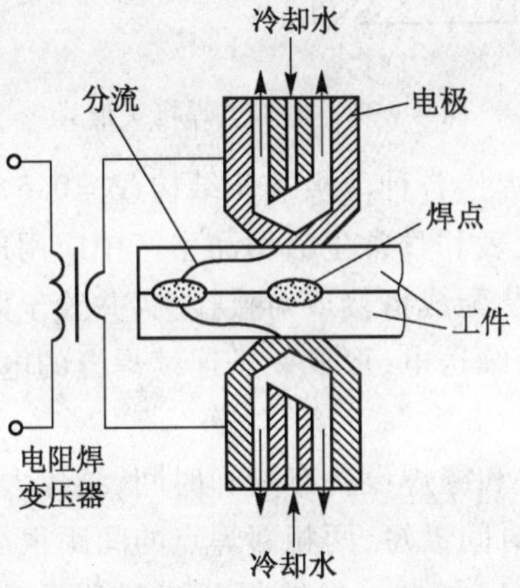

图 4－30　电阻点焊

电阻点焊时，接触处的电阻比工件本身电阻大，故该处产生热量多。但由于电极材料是具有良好热导性的铜合金，且中间通水冷却，因此电极与工件接触处的热量被电极传走，温度升高有限，不会焊合。热量主要集中在两工件接触处，此热量使该处温度急速升高，金属熔化形成熔核。断电后，继续保持或稍加大压力，熔核在压力下冷凝，形成组织致密的焊点。焊完一点后，移动工件焊下一点。焊第二点时，部分电流会流经已焊好的焊点，这种从焊接主回路以外流过的电流称为分流（图 4－30）。分流使焊接处电流变小，影响焊点质量。因此，两焊点间应有一定距离，其大小与工件材料和厚度有关。工件材料电导性越好，厚度越大，分流越严重，故两焊点间距离应加大。一般两焊点间最小距离为 7～40 mm。

电阻点焊接头形式如图 4－31 所示。电阻点焊接头强度取决于焊点直径，一般焊点直径为 $d=2\delta+3$ mm（δ 为板厚）。焊点质量主要取决于焊接电流、通电时间、电极压力及工件表面清理质量等。

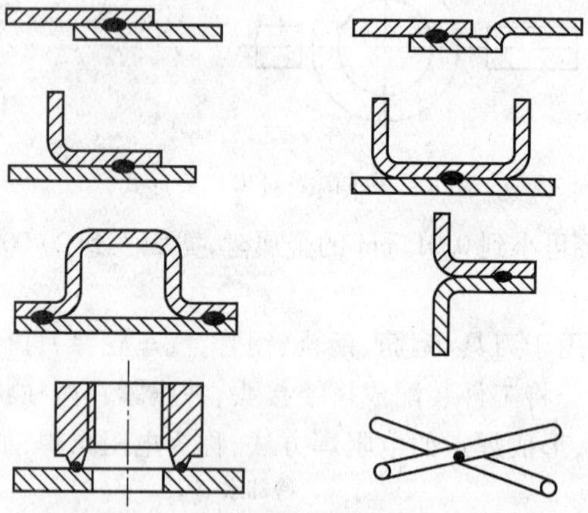

图 4－31　电阻点焊接头形式

电阻点焊主要用于焊接各种薄板冲压结构（$\delta=0.5\sim3$ mm）及钢筋构件，在汽车、飞机、电子器件、仪表和日常生活用品生产中应用广泛。

（3）缝焊　将工件装配成搭接或对接接头，并置于两滚轮电极之间，滚轮压紧工件并滚动，连续或断续送电，形成一条连续焊缝的电阻焊方法，称为缝焊，如图 4－32 所示。

为节约电能，使工件和缝焊设备有冷却时间，缝焊大多采用连续送进和断续通电的方式。缝焊断电时间极短，两相邻焊点的间距很小，故形成连续并彼此重叠的焊点，保证了焊缝的密封性。但缝焊分流现象严重，焊接相同厚度的工件时，焊接电流为点焊的 1.5～2 倍。缝焊一般仅适于 3 mm 以下的薄板搭接，主要用于焊接焊缝较规则、有密封性要求的薄壁结构件，如油箱、小型容器、管道等。

2. 摩擦焊

摩擦焊是利用工件表面相互摩擦所产生的热使端面达到热塑性状态，然后迅速顶锻，完成焊接的一种压焊方法，如图 4－33 所示。

将两工件夹紧在夹头中，一工件以恒定转速旋转，另一工件向前移动使两工件接触，在接触面处因摩擦而产生热量，待工件端面加热到塑性状态时，立即停止工件转动，并对接头施加较大压力，使接头处产生塑性变形，将两工件焊接在一起。摩擦焊接头形式如图 4－34 所示。

摩擦焊的特点：

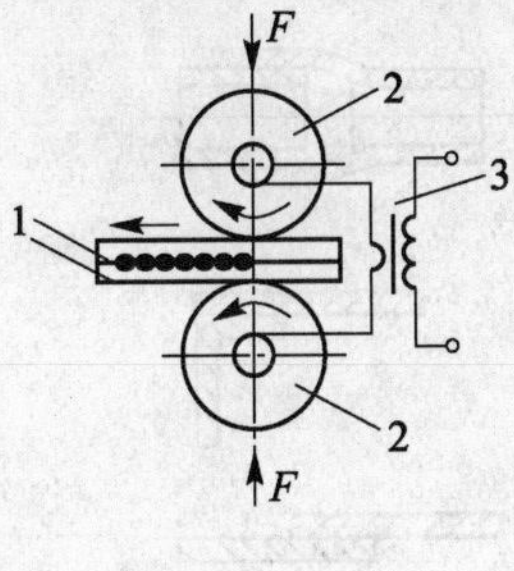

图 4-32 缝焊

1—工件；2—电极；3—电源

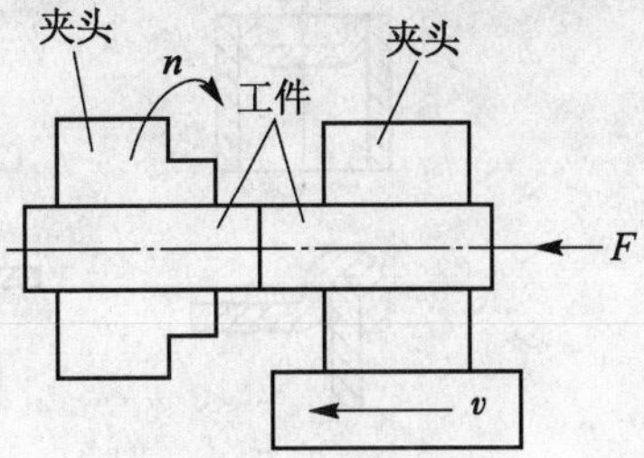

图 4-33 摩擦焊

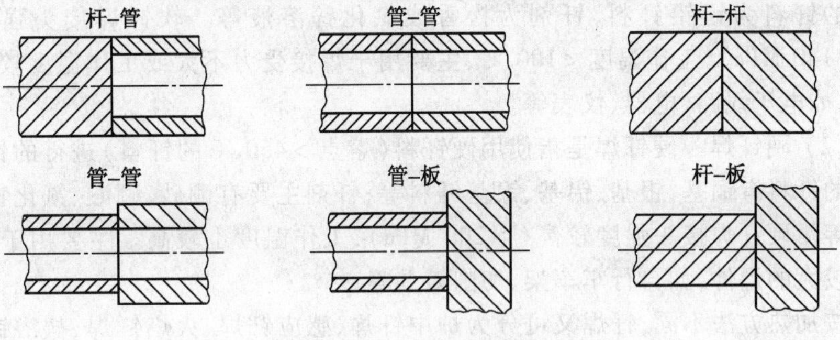

图 4-34 摩擦焊接头形式

焊接接头中不易产生夹渣、气孔等缺陷；工件表面不易氧化；接头组织致密；质量稳定，废品率很低；不需要焊条、焊剂或填充金属；加工成本低，生产率高；操作技术简单，易于实现机械化和自动化；焊接金属范围广，同种金属或异种金属均可焊接。但摩擦焊仅限于焊接圆形截面的棒料或管材，或将棒料、管材焊在平板上。目前摩擦焊可焊直径 $\phi2 \sim \phi100$ mm 的棒料或外径几百毫米的管件。

摩擦焊在汽车、拖拉机、金属切削刀具、锅炉、石油化工、纺织等工业部门应用较广泛。

二、钎焊

钎焊是采用比母材熔点低的金属材料作钎料，将工件和钎料加热到高于钎料熔点、低于母材熔化温度，利用液态钎料润湿母材，填充接头间隙并与母材相互扩散实现连接工件的焊接方法。

在钎焊过程中，为去除工件表面的氧化物和其他杂质，改善液态钎料的润湿能力，保护钎料和工件不被氧化，常使用钎剂。钎焊接头的承载能力与接头连接表面大小有关。因此，通常钎焊接头为搭接接头，如图 4-35 所示。

按钎料熔点不同，钎焊分为软钎焊和硬钎焊两种。

(1) 软钎焊　软钎焊是指使用软钎料（熔点 <450 ℃的钎料）进行的钎焊。

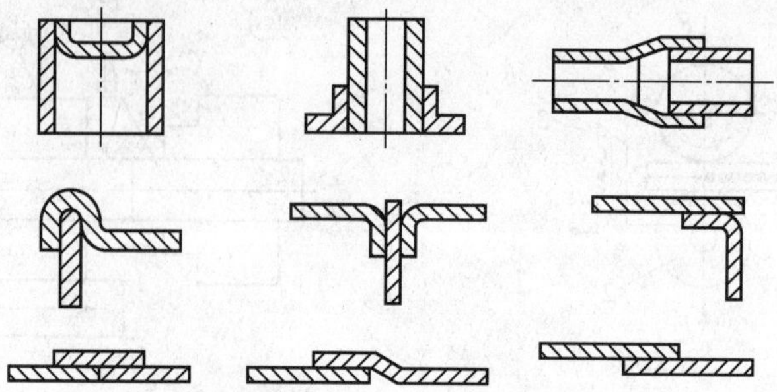

图 4 - 35　钎焊接头形式

常用的钎料为锡铅钎料，钎剂为松香或氯化锌溶液等。软钎焊接头强度低（60 ~ 140 MPa），工作温度 < 100 ℃，主要用于焊接受力不大或工作温度较低的焊件，如电子线路、电器、仪表等。

（2）硬钎焊　硬钎焊是指使用硬钎料（熔点 > 450 ℃的钎料）进行的钎焊。常用的钎料有铜基、银基、铝基、镍基钎料等；钎剂主要有硼砂、硼酸、氟化物、氯化物等。硬钎焊接头强度较高（ > 200 MPa），工作温度也较高。主要用于焊接受力较大的焊件，如自行车车架、切削刀具等。

按加热方法不同，钎焊又可分为炉中钎焊、感应钎焊、火焰钎焊、盐浴钎焊、烙铁钎焊等。

钎焊与熔焊相比具有以下特点：

钎焊加热温度低，接头组织与性能变化小，焊件变形较小；接头光滑平整，外形美观，易保证焊件尺寸；可焊接同种金属和异种金属；设备简单，易于实现自动化。但钎焊接头强度较低，耐热温度不高，焊前对工件清洗和装配要求较严，不适于焊接大型构件、钢结构件和承受重载、动载的零件。

钎焊在机械、仪表、电气、电机、航空、航天等部门中应用广泛。

第三节　堆焊、热喷涂与热切割

一、堆焊

堆焊是指为增大或恢复焊件尺寸，或使焊件表面获得具有特殊性能的熔敷金属而进行的焊接。特殊性能是指耐磨性、耐蚀性、耐热性等。

堆焊时必须根据不同要求选用合适的焊条。按主要用途焊条分为：不同硬度常温堆焊焊条、常温高锰钢堆焊焊条、刀具工具堆焊焊条、阀门堆焊焊条、合金铸铁堆焊焊条、碳化钨堆焊焊条、钴基合金堆焊焊条等。

金属极焊条电弧堆焊是最简单的堆焊方法。堆焊时采用小电流、短电弧。

为提高生产率可采用焊条束。需要堆焊大量金属时采用电渣堆焊法，此法生产率高，堆焊层形成气孔和裂纹倾向小，堆焊表面质量好，堆焊层厚度不小于 20 mm。此外，还有气体火焰堆焊、等离子弧堆焊、保护气体堆焊等。

二、热喷涂

热喷涂是将熔融状态的喷涂材料通过高速气流使其雾化喷射在工件表面上，形成喷涂层的一种金属表面加工方法。按热源不同，热喷涂分为电弧喷涂、火焰喷涂、等离子弧喷涂等。

图 4-36 为电弧金属喷涂。焊丝和工作电流均从两个导向嘴送入，两根焊丝在点 A 处相碰时，因短路产生电弧放电形成了金属雾滴，这些金属雾滴立即被经手柄送入外壳的压缩空气流吹到工件表面，形成喷涂层（厚度为 0.5～5 mm）。喷涂时工作电压为 30～50 V，工作电流为 100～800 A，压缩空气压力为 0.5～0.8 MPa。

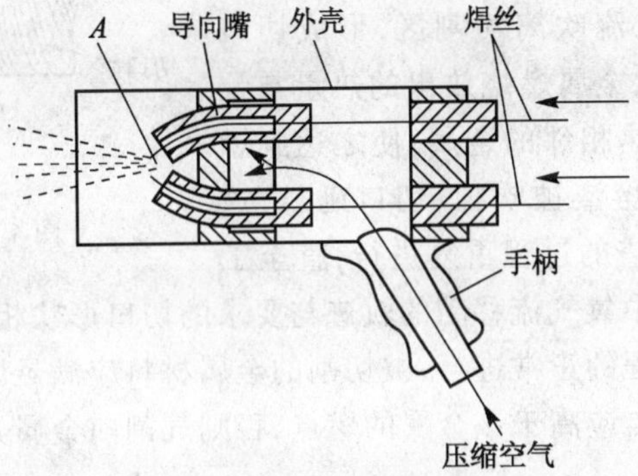

图 4-36　电弧金属喷涂

热喷涂可用铜焊丝、铝焊丝、钢焊丝和锌焊丝，也可用非金属材料粉末，如玻璃粉末、塑料粉末、陶瓷粉末等。

因热喷涂所获得的涂覆材料与基体材料间是纯机械结合，所以要求基体材料表面必须清洁无油污，并应进行喷砂处理。喷涂层含有金属氧化物粒子，而且比轧制状态更硬、更脆以及有更高的多孔性。通常，它们具有铸造金属的许多特性，这些特性使热喷涂特别适宜制作要求抗磨损的零件以及用来形成轴承表面。喷涂层的多孔性易保留润滑剂，有利于接触面的润滑，可减少摩擦和磨损。热喷涂工艺灵活，喷涂面积可大可小，可整体或局部喷涂，热喷涂基体材料温度低于 250 ℃，工件变形小，生产率高，每小时可喷铝 15～20 kg、喷不锈钢 30 kg。

热喷涂可用于提高零件表面的耐磨性、耐蚀性，也可用于修复磨损的零件。例如，修复汽车曲轴、机床传动轴等，在制动器圆盘、凸轮表面、离合器衬垫和电气接触表面形成耐磨涂层。钢铁材料抗大气腐蚀时，喷铝层 0.1 mm 或喷锌层 0.15 mm，在静止状态下可保护基体达 10 年。

三、热切割

热切割是指利用热能使材料分离的方法。常用的热切割方法有气割、等离子弧切割、电弧切割、激光切割、水下切割、仿形切割和数控切割等。

1. 气割

气割是利用气体火焰的热能将工件切割处预热到一定温度后，喷出高速切割氧气流，使其燃烧放出热量，并将熔渣吹掉形成切口而实现切割的方法。

如图 4-37 所示，首先用氧-乙炔火焰将被切割处金属预热到燃点（钢要预热到 1 000 ~ 1 200 ℃），然后向此处喷射切割氧气流，使预热的金属剧烈氧化并燃烧，形成的金属氧化物（熔渣）被切割氧气流吹离切割区，形成切口（割口）。与此同时，金属燃烧放出的热量与预热火焰又进一步加热相邻的金属，使之达到燃点，并自行燃烧，其熔渣被吹掉，切口延长，这种预热-燃烧-去渣的过程重复进行，直至工件被切割开。气割中氧气流移动的轨迹与要求的切口形状相对应。

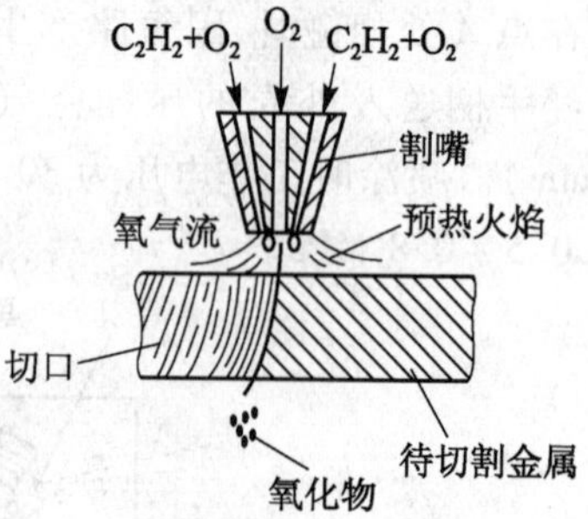

图 4-37　气割

为保证气割过程的正常进行，被切割的金属材料应满足以下要求：

（1）金属的熔点应高于该金属的燃点，否则气割前金属先熔化，使切口凹凸不平。

（2）金属在氧气流中燃烧时形成金属氧化物的熔点应低于金属材料本身的熔点，且流动性要好，易于被氧气流从切口中吹掉。

（3）金属在氧气流中燃烧时应放出足够的热量，且金属本身的热导性要低，以保证与切口相邻的金属有足够的预热温度，使切割过程连续进行。

能完全满足上述要求的金属材料只有低碳钢、低合金钢。而高碳钢、高合金钢、铸铁、有色金属及其合金等均难以进行气割。

按操作方式，气割分为手工气割和机械气割。手工气割时，由于割炬移动的不等速和气割氧气流的颤动，故难以保证获得高质量的切割表面，切口表面要进行切削加工。机械气割是在装有一个或几个割炬的专门自动气割机或半自动气割机上进行的，气割时能保证割炬沿切割线等速地移动，保持气割氧气流严格地垂直于被切割表面，且割嘴到金属表面的距离保持不变，因此切口质量高。此外，生产率高，成本低，劳动强度小，因而机械气割得到广泛应用。

气割具有灵活方便、设备简单、操作简易等优点，但对金属材料适用范围有一定限制。

气割特别适用于切割厚件和外形复杂件，广泛用于钢板下料和切除铸钢件浇冒口。通常普通割炬气割厚度为 5 ~ 300 mm。

2. 等离子弧切割

等离子弧切割是利用等离子弧的热能实现切割的方法，即利用高温、高速的等离子弧将被切割金属局部熔化，并借助离子弧的机械冲击力将熔化金属排除，从而形成光整的切口。

等离子弧切割的切口较窄、整洁、平直、热影响区小、变形小，切割厚度可达 150 ~ 200 mm。此法可切割气割不能切割的金属，如不锈钢、耐热钢、铸铁、铝、铜、钛、钨、钼及其合金等，还可切割非金属材料，如耐火砖、混凝土、花岗岩等，切割效率比气割高 1 ~ 3 倍。

3. 电弧切割

电弧切割是利用电弧热能熔化切割处的金属，实现切割的方法，即金属在不熔化石墨极的电弧作用下被熔化，熔化的金属被平行于电极所送进的压缩空气流从切口处吹掉，使金属分离。

电弧切割可在任何空间位置上进行。此法主要用于金属表面的加工，如切割各种深度的沟槽、切除多余金属或有缺陷的金属等，也可进行分离切割。

4. 激光切割

激光切割是利用激光束的热能实现切割的方法。常用的激光切割方法有以下三种：

(1) 激光蒸发切割　激光束射到金属材料表面时，沿激光束照射轨迹的金属材料立即被加热到沸点以上，产生金属蒸气而急剧气化，并以蒸气形式由切割处逸散掉，形成切口。激光蒸发切割常用于切割极薄金属材料。

(2) 激光反应气体切割　工件切口处的材料被激光束迅速加热到熔点以上，并喷射纯氧或压缩空气，熔融金属即与氧气发生激烈的氧化反应，放出大量热量，此热量又加热了下一层金属，并继续氧化，气体吹走氧化物，从而实现切割。切割中氧气不仅给金属助燃，而且还可提高切割速度，并使切口狭窄，热影响区小，提高了切割质量。借助氧的作用可切割较厚的工件。

激光反应气体切割常用于切割碳钢、钛钢等易氧化的金属材料。

(3) 激光熔化吹气切割　激光束照射到工件切口处，材料被迅速加热到熔化状态，利用喷射氮或氦、氩等惰性气体，将熔化的材料从切缝中吹掉，形成切口。这种激光切割常用于切割木材、纸、布、塑料、橡胶、岩石和混凝土等非金属材料，也可切割不锈钢或易氧化的钛、铝及其合金等金属材料。

激光切割的特点：

① 切割质量好。因激光束聚焦性好、光斑小，激光切割的加热面积仅为氧

气切割的1/10～1/1 000，所以氧化范围窄小，切缝细小，可进行精密切割。例如，功率150 W的激光反应气体切割，切割低碳钢工件，当氧气流量为600 L/h时，热影响区为1 mm，切口宽度约为0.6 mm。

② 切割速度快。例如，切割25.4 mm厚的钛板，其切割速度在5 m/min以上。

③ 切割成本低。用激光切割一般难以切割的金属时，其成本比用等离子切割低75%；用1 000 WCO_2激光光束切割石英管时，其成本比用金刚石砂轮切割低40%。此外，因激光光斑极小，割缝狭小，故可节省工件材料。

第四节 焊件质量与检验

一、焊接缺陷

焊接缺陷是指焊接过程中在焊接接头中产生的金属不连续、不致密或连接不良的现象。焊接生产中，由于焊接结构设计、焊接工艺参数、焊前准备和操作方法等不合理，往往会产生各种缺陷。焊接缺陷将影响产品使用的可靠性，甚至会引起事故。焊接缺陷分为内部缺陷和外部缺陷两类。必须通过无损检验等方法才能发现的缺陷为内部缺陷，如未焊透、夹渣、气孔、焊接裂纹等。用肉眼、样板或低倍放大镜检验的缺陷为外部缺陷，如咬边、焊瘤、焊接裂纹、凹坑等。常见焊接缺陷及产生原因见表4－8。

表4－8 常见焊接缺陷及产生原因

缺陷名称	特征	产生的原因
咬边	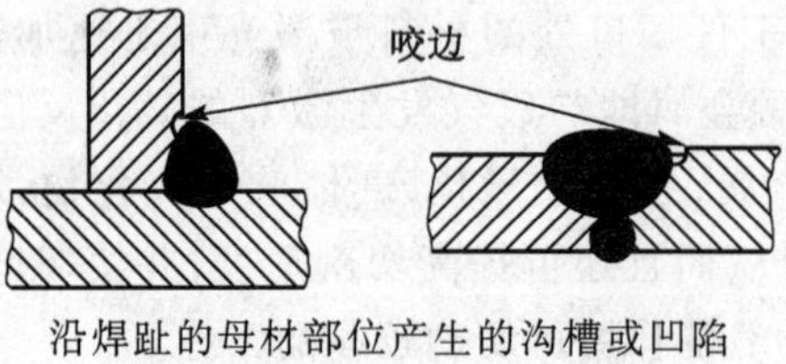 沿焊趾的母材部位产生的沟槽或凹陷	1. 焊接电流太大，电弧过长或运条速度不合适； 2. 焊条角度或电弧长度不适当
气孔	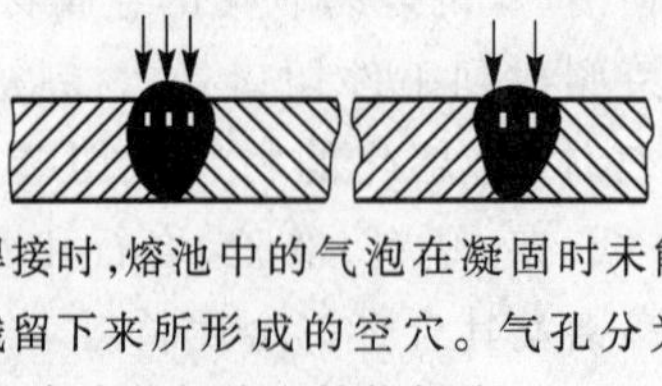 焊接时，熔池中的气泡在凝固时未能逸出而残留下来所形成的空穴。气孔分为密集气孔、条虫状气孔和针状气孔	1. 熔化金属凝固太快； 2. 电弧太长或太短； 3. 焊接材料化学成分不当； 4. 焊接材料不干净

续表

缺陷名称	特征	产生的原因
夹渣	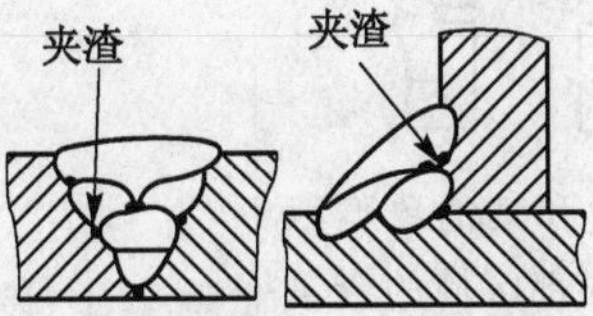 焊后残留在焊缝中的焊渣	1. 工件边缘及焊层之间清理不干净； 2. 焊接电流太小，熔化金属凝固太快； 3. 焊条角度和运条方法不当； 4. 焊接材料成分不当
未焊透	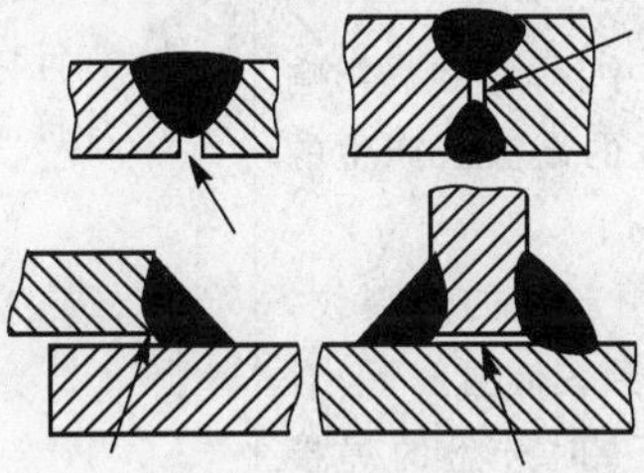 焊接时，接头根部未完全熔透的现象。对于对接焊缝也指焊缝深度未达到设计要求的现象	1. 焊接电流太小，焊接速度太快； 2. 焊条角度不当； 3. 坡口角度太小，钝边太厚，间隙太小等
焊瘤	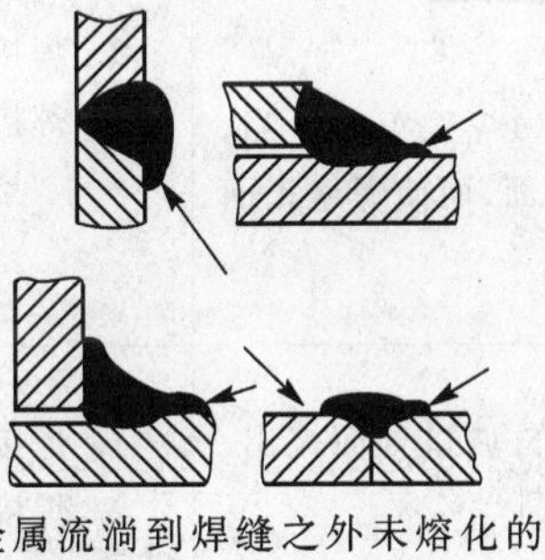 熔化金属流淌到焊缝之外未熔化的母材上所形成的金属瘤	1. 焊接电流太大； 2. 电弧过长； 3. 焊接速度太慢； 4. 工件装配间隙太大； 5. 操作不熟练、运条不当
凹坑	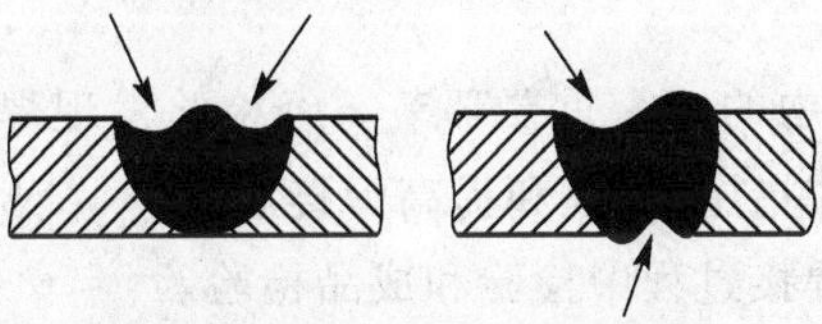 焊后在焊缝表面或焊缝背面形成的低于母材表面的局部低洼部分	1. 熄弧过快； 2. 薄板焊接时使用的电流过大

续表

缺陷名称	特征	产生的原因
焊接裂纹	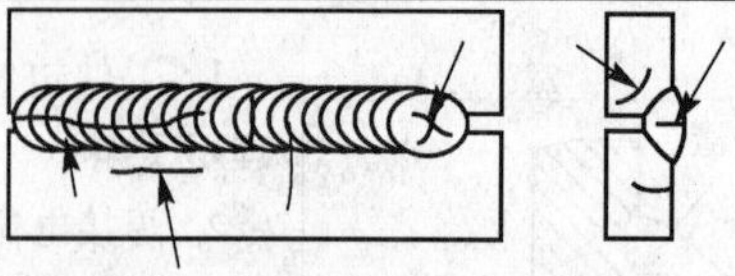 焊接裂纹是指在焊接应力和其他致脆因素共同作用下，焊接接头中局部区域的金属原子结合力遭到破坏而形成的新界面所产生的缝隙。它具有尖锐的缺口和大长宽比的特征。 热裂纹是指在焊接过程中，焊缝和热影响区金属冷却到固相线附近的高温区产生的焊接裂纹。 弧坑裂纹是指在弧坑中产生的热裂纹。冷裂纹是指焊接接头冷却到较低温度下（对于钢是在 M_s 线温度以下）时产生的焊接裂纹	1. 焊接材料化学成分不当； 2. 熔化金属冷却太快； 3. 焊接顺序和措施不当； 4. 焊件设计不合理； 5. 焊接应力过大
下塌	 下塌是指单面熔焊时，因焊接工艺不当，造成焊缝金属过量透过背面，而使焊缝正面塌陷、背面凸起的现象	1. 焊接电流过大； 2. 焊接工艺、操作不当
烧穿	焊接过程中，熔化金属自坡口背面流出，形成穿孔的缺陷	1. 焊接电流过大； 2. 焊接操作不当

二、焊接质量检验

焊接质量检验是焊接生产中的一个重要环节。经检验发现焊接缺陷后，要分析产生的原因，以便采取相应措施，保证和提高焊接质量。

焊接检验包括焊前检验、焊接过程中检验和成品检验。

焊前检验主要是检查技术文件（图样、工艺规程等）是否齐全；检验焊接材料和原材料的质量；检验构件装配和焊接边缘的质量；检查焊接设备是否完善；

焊工操作水平的鉴定等。

焊接过程中检验主要是检验焊接设备运行情况，焊接规范是否正确以及执行工艺规程的情况等。

成品检验分非破坏性检验和破坏性检验两类。非破坏性检验包括外观检验、超声波探伤、射线探伤、磁粉探伤、渗透探伤、密封性检验（即检查有无漏水、漏气和渗油、漏油等现象的试验）和气密性检验（是指将压缩空气或氨、氟利昂、氦、卤素气体等压入焊接容器，利用容器内外气体的压力差检查有无泄漏的试验法）；破坏性检验是指从焊件或试件上切取试样，或以产品（或模拟件）的整体做破坏试验，以检查其各种力学性能的试验法。破坏性检验还包括金相组织检验和化学分析等方法。

几乎所有的焊接产品焊后都要进行外观检查，对重要的焊接结构件（如锅炉、压力容器等）还要参照技术条件，对所规定的焊缝进行内部检验。

第五节　常用金属材料的焊接

一、焊接性

1. 焊接性的概念

焊接性是指材料在限定的施工条件下焊接成满足设计要求的构件，并达到预定工作要求的能力。它主要包括两个方面的内容：其一是接合性能，即在限定焊接工艺条件下，对产生焊接缺陷的敏感性，尤其是对产生焊接裂纹的敏感性；其二是使用性能，即在限定焊接工艺条件下，焊接接头对使用要求的适应性。焊接性受材料、焊接方法、构件类型和使用要求的影响。

2. 钢焊接性的评定

影响钢焊接性的主要因素是钢的化学成分，其中碳含量对焊接性影响最显著。通常将钢中合金元素（包括碳）的含量，按其作用换算成碳的相当含量，称为“碳当量”，用符号“w_{CE}”表示，以它作为评定钢焊接性的一种参考指标。

国际焊接学会（IIW）推荐的碳钢和低合金高强度结构钢碳当量的计算公式为：

$$w_{CE} = \left(w_C + \frac{w_{Mn}}{6} + \frac{w_{Cr} + w_{Mo} + w_V}{5} + \frac{w_{Ni} + w_{Cu}}{15} \right) \times 100\%$$

式中各元素的含量均取其成分范围的上限。

经验证明：碳当量越高，钢的焊接性越差。当 $w_{CE} < 0.4\%$ 时，钢的热影响

区淬硬和冷裂倾向小,焊接性优良,焊前一般不需预热;当 $w_{CE}=0.4\%\sim0.6\%$ 时,钢的淬硬和冷裂倾向逐渐增加,焊接性较差,焊接时需采取适当预热、缓冷等工艺措施;当 $w_{CE}>0.6\%$ 时,钢的淬硬和冷裂倾向严重,焊接性很差,需采取较高温度预热和其他严格的工艺措施才能保证焊接质量。

在实际生产中,钢的焊接性除了按碳当量进行估算外,还需根据实际情况进行抗裂性试验,并配合进行接头使用性能试验,以制定正确的焊接工艺。

二、碳钢及合金钢的焊接

1. 低碳钢的焊接

低碳钢的碳含量小于 0.25%,焊接性良好。焊接时,不需要采用特殊的工艺措施就能获得优质焊接接头。但在低温下焊接刚度较大的构件时,焊前应预热。重要的构件焊后常进行去应力退火。

几乎所有的焊接方法都可用来焊接低碳钢,并能获得优良的焊接接头。应用最多的方法是焊条电弧焊、埋弧自动焊、电渣焊、气体保护焊和电阻焊。

焊条电弧焊焊接一般结构件时,可选用 J421(符合 GB E4313)、J422(符合 GB E4303) J423(符合 GB E4301)等焊条,而焊接承受动载荷、结构复杂或厚板重要构件时,可选用 J426(符合 GB E4316)、J427(符合 GB E4315)、J506(符合 GB E5016)、J507(符合 GB E5015)等焊条。埋弧自动焊一般选用H08A或 H08 MnA 焊丝配合焊剂 HJ431 进行焊接(4—焊剂中氧化锰含量,属高锰型;3—焊剂中二氧化硅、氟化钙含量,属高硅低氟型;1—编号)。

2. 中、高碳钢的焊接

中碳钢的碳含量较高,焊接接头易产生淬硬组织和冷裂纹,焊接性较差。焊接这类钢常选用焊条电弧焊,焊前应预热工件,选用抗裂性好的低氢型焊条,如 J507。焊接时,采用细焊条、小电流、开坡口、多层焊,尽量防止母材金属过多地溶入焊缝。焊后缓冷,以防产生冷裂纹。

高碳钢的碳含量大于 0.60%,其焊接特点与中碳钢基本相似,但焊接性更差。所以,这类钢一般不用来制作焊接结构件,仅用焊接来修补高碳钢工件,常采用焊条电弧焊或气焊进行修补,焊前应预热(若用奥氏体不锈钢焊条可不预热),焊后应缓冷。

3. 低合金高强度结构钢的焊接

低合金高强度结构钢的碳含量属于低碳钢范围,但由于化学成分不同,其焊接性也不同。当 $w_{CE}<0.40\%$ 时,钢的塑性和韧性好,焊接性优良,常用焊条电弧焊和埋弧自动焊进行焊接,一般不需采用特殊工艺措施。但当工件的刚度和厚度大,或在低温下焊接时,应适当增大焊接电流、减慢焊接速度、选用低氢焊条(如 J507),焊前预热(预热温度≥100 ℃)。当 $w_{CE}>0.40\%$ 时,焊接性较差,常用焊条电弧焊和埋弧自动焊进行焊接，一般焊前需预热（预热温度≥150 ℃）。焊接时应调整焊接规范来严格控制热影响区的冷却速度，焊后及时进行热处理，以消除应力。

4. 奥氏体不锈钢的焊接

不锈钢中应用最广泛的是奥氏体不锈钢（如 1Cr18Ni9），其焊接性良好。焊接时一般不需采取特殊的工艺措施，常用焊条电弧焊和钨极氩弧焊进行焊接，也可用埋弧自动焊。焊条电弧焊时，选用与母材化学成分相同的焊条；氩弧焊和埋弧自动焊时，选用的焊丝应保证焊缝化学成分与母材相同。

焊接奥氏体不锈钢的主要问题是晶间（晶界）腐蚀和热裂纹。晶间腐蚀是由于焊接时，不锈钢在 450～850 ℃范围内长时间停留，晶界处将析出碳化铬，引起晶界附近铬的含量下降，形成贫铬区，使焊接接头失去耐蚀能力，接触腐蚀介质时，产生晶间腐蚀。为防止晶间腐蚀，可通过合理选择母材和焊接材料，采用小电流、快速焊、强制冷却等工艺措施。热裂纹的产生是由于在晶界处易形成低熔点共晶体（含磷、硫等），且这类钢本身导热系数小（约为低碳钢的 1/3），线膨胀系数大（约比低碳钢大 50%），焊接时会形成较大应力。因此，为防止热裂纹，应严格控制磷、硫等杂质的含量，焊接时应采用小电流、焊条不摆动等工艺措施。

三、铸铁的补焊

铸铁碳含量高、杂质多、塑性低、焊接性差，故只采用焊接来修补铸铁件的缺陷和修理局部损坏的零件。焊补铸铁的主要问题是易出现白口组织和产生裂纹。

目前生产中补焊铸铁的方法有热焊和冷焊两种方法。

1. 热焊

焊前将工件整体或局部预热到 600～700 ℃，焊补过程中温度不低于 400 ℃，焊后缓冷，从而可有效地减小焊接接头温差，以减小应力，还可改善铸铁件的塑性，防止产生白口组织和裂纹。常用的焊接方法是气焊和焊条电弧焊。气焊时用铸铁气焊丝，如 HS401（丝 401）和 HS402，配用焊剂为 CJ201，以去除氧化物。气焊设备简单，预热方便，适用于补焊中小型薄壁件。焊条电弧焊时选用铸铁芯铸铁焊条 Z248（符合 GB EZC）或钢芯铸铁焊条 Z208（符合 GB EZC），此法主要用于补焊厚度 $\delta > 10$ mm 的铸铁件。

热焊的焊补质量较好，但工艺复杂，生产率低，劳动条件差。一般仅用于焊后要求切削加工或形状复杂的重要铸铁件，如机床导轨、气缸体、变速箱等。

2. 冷焊

焊前对工件不预热或预热温度较低（400 ℃以下），常用焊条电弧焊对铸铁进行冷焊。根据铸铁件的工作要求,选用不同的铸铁焊条,例如焊补一般灰铸铁件非加工面选用 Z100(符合 GB EZFe - 2)焊条,焊补高强度灰铸铁件及球墨铸铁件选用 Z116(符合 GB EZV)或 Z117(符合 GB EZV)焊条。

冷焊比热焊生产率高,成本低,劳动条件好,但焊补质量有时不易保证。焊接时应尽量用小电流、短弧、分段焊等工艺,焊后立即轻轻锤击焊缝,以减小焊接应力,防止产生裂纹。

四、有色金属及其合金的焊接

1. 铝及铝合金的焊接

焊接铝及铝合金的主要问题是:

(1) 易氧化　铝极易被氧化形成难熔的氧化铝(Al_2O_3)薄膜,熔点为 2050 ℃,厚度只有 0.1 ~ 0.2 μm,但却非常致密。它覆盖在金属表面,阻碍金属熔合,且氧化铝密度比铝大,不易浮出熔池,难以排除,易形成夹渣缺陷,使铝件脆化。

(2) 易产生缺陷　液态铝能大量溶解氢,但在固态时几乎不溶解氢,因而易形成气孔;高温时铝的强度、塑性很低,热膨胀系数大,易产生较大的焊接应力、变形和裂纹;铝及铝合金由固态加热到液态时无颜色变化,故操作时难以掌握加热温度,易烧穿工件。

焊接铝及铝合金常用的方法有氩弧焊、电阻焊、钎焊和气焊。目前氩弧焊是焊接铝及铝合金最为理想的方法。由于氩弧焊保护效果好,以及采用适当电源极性对熔池表面氧化膜产生"阴极破碎",能自动去除氧化膜,因此焊缝质量好,成形美观,焊件变形小,接头耐蚀性好。为保证焊接质量,焊前应严格清洗工件、焊丝,并使之干燥。氩弧焊多用于焊接质量要求高的构件,所用的焊丝成分应与工件成分相同或相近。

电阻焊焊接铝及铝合金时,焊前必须消除工件表面的氧化膜,焊接时应采用大电流;对焊接质量要求不高的铝及铝合金工件,可采用气焊。焊前必须消除工件表面的氧化膜,焊接时用焊剂 CJ401 去除氧化物,焊丝成分应与工件成分相同。为防止焊剂对工件的腐蚀,焊后应立即将残留焊剂冲洗掉。气焊灵活方便,成本低,但生产率低,焊件变形大,接头耐蚀性差。一般用于焊接薄板(厚度为 0.5 ~ 2 mm)构件和焊补铝铸件。

2. 铜及铜合金的焊接

铜及铜合金的焊接性较差,主要问题是:

(1) 难熔合　铜及铜合金的热导性好(比钢大 7 ~ 11 倍),焊接时要求热源集中,焊前应预热,否则易产生未焊透或未熔合等缺陷。铜的电阻很小,不适于电阻焊。

(2) 易变形　铜及铜合金的线胀系数大,凝固时收缩率也大,故焊接应力和变形大。

(3) 热裂纹　铜及铜合金在高温时极易与氧生成氧化亚铜(Cu_2O)，Cu_2O 与铜形成低熔点共晶体(Cu_2O-Cu)，其共晶温度为 1 065 ℃，低于铜的熔点(1 083 ℃)，这种共晶体分布在晶界上，易产生热裂纹。

(4) 气孔　铜及铜合金在液态时能溶解大量氢气，凝固时溶解度急剧下降，又因铜的导热能力强，熔池冷凝快，若氢气来不及逸出，将在焊缝中形成气孔。

此外，铜及铜合金焊接接头易出现粗大晶粒，使接头力学性能有所下降，主要是塑性降低。焊接紫铜时，接头电导性也有所下降。焊接黄铜时，锌易蒸发(锌的沸点为 907 ℃)，使焊缝的力学性能和耐蚀性降低，锌蒸气有毒，对人体有害，焊接时应采取通风措施。

焊接铜与铜合金常用的方法有氩弧焊、气焊、焊条电弧焊、埋弧自动焊和钎焊等。钨极氩弧焊和气焊主要用于焊接薄板(厚度为 1～4 mm)。焊接板厚大于 5 mm 的较长焊缝时，宜采用埋弧自动焊和熔化极氩弧焊。

焊接铜及铜合金时，一般采用与母材成分相同的焊丝。氩弧焊、气焊焊接紫铜时，焊丝为 HS201(符合GB HSCu)和 HS202。气焊焊接黄铜常用焊丝 HS224(符合 GB HSCuZn－4)，铜及铜合金气焊时，需采用气焊焊剂 CJ301，以去除氧化物。氩弧焊焊接黄铜采用焊丝 HS211(符合 GB ERCuSi－A)。焊条电弧焊焊接紫铜时，用紫铜电焊条 T107(符合 GB ECu)，焊接黄铜时用 T227(符合 GB ECuSn－B)焊条。

第六节　焊接结构设计

设计焊接结构，除考虑结构的使用性能要求外，还应考虑结构对焊接工艺的要求，以保证焊接质量优良，焊接工艺简便，生产率高，成本低。焊接结构设计主要包括以下内容：

一、焊接结构材料的选择

在满足结构使用性能要求的前提下，应尽可能选用焊接性优良的材料来制造焊接结构件。一般碳含量小于 0.25% 的碳钢和碳含量小于 0.20% 的低合金钢均具有优良的焊接性，应尽量选用。碳含量大于 0.50% 的碳钢和碳含量大于 0.40% 的合金钢焊接性差，一般不宜采用。

焊接结构应尽可能选用同种金属材料制作。异种金属材料焊接时，往往由于化学成分和性能不同，在焊接接头中会产生很大的应力，甚至造成裂纹。两种性能相差悬殊的金属材料有时难以用熔焊方法进行焊接。

二、焊缝布置

按焊缝在空间位置的不同，焊缝分为平焊、横焊、立焊和仰焊等四种类型，如图 4－38 所示。其中平焊操作方便，易于保证焊缝质量，故焊接时应尽量使焊缝处于平焊位置。

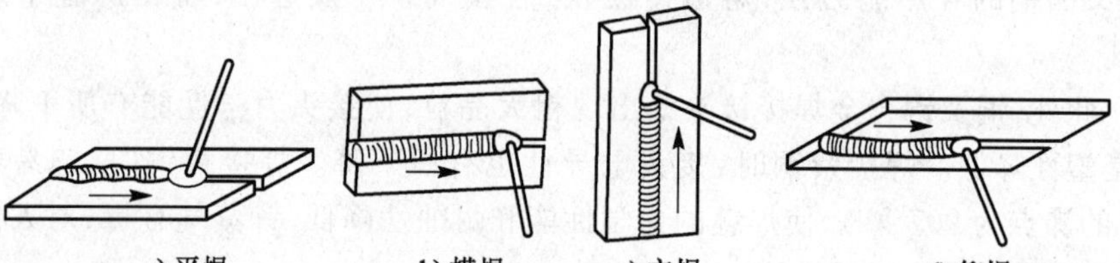

图 4－38　各种空间位置焊缝

焊接结构中焊缝位置是否合理，对焊接接头质量和生产率都有很大影响，因此布置焊缝时应考虑以下原则：

1. 焊缝位置应便于焊接操作

焊条电弧焊时，应考虑到有足够的焊接操作空间，以满足焊接运条的需要，如图 4－39 所示。电阻点焊或缝焊时，要求电极能方便地伸入待焊位置，如图 4－40所示。

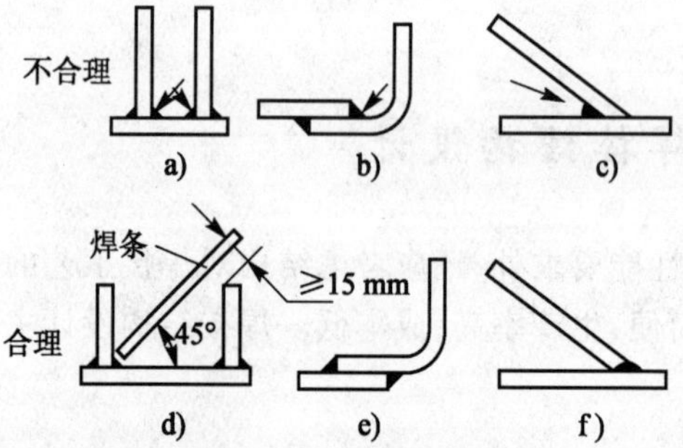

图 4－39　焊条电弧焊焊缝位置

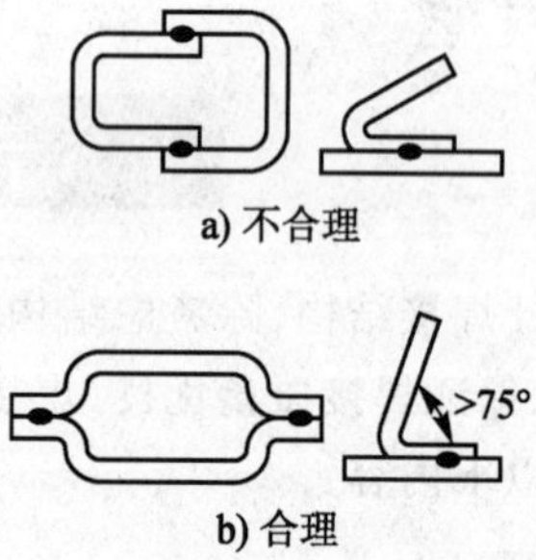

图 4－40　电阻点焊或缝焊焊缝位置

2. 尽量减少焊缝数量

设计焊接结构时，应尽量选用型材、板材、管材，形状复杂的部分也可采用冲压件、锻件和铸钢件，以减少焊缝数量，减小焊接应力和变形，减少焊接材料消耗，提高生产率。图 4－41 为箱形结构，图 a 有四条焊缝，而图 b、c 只有两条焊缝。

3. 应避免密集和交叉的焊缝

焊缝密集或交叉会使接头处严重过热，力学性能下降，并将增大焊接应力。

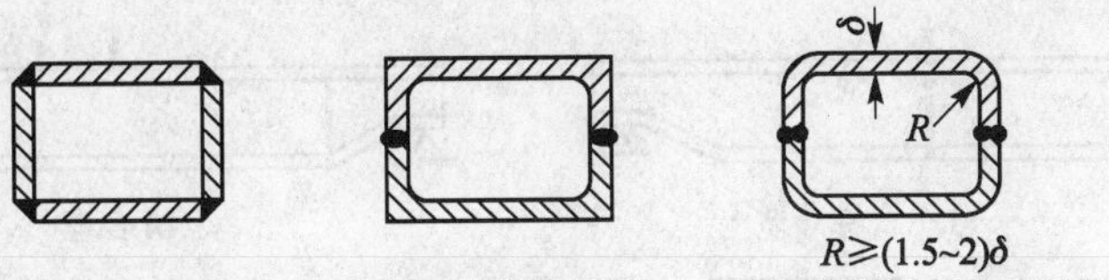

图 4－41 减少焊缝数量

图 4－42 中 a、b、c 结构不合理；d、e、f 结构合理。一般两条焊缝的间距要大于三倍的钢板厚度且不小于 100 mm。

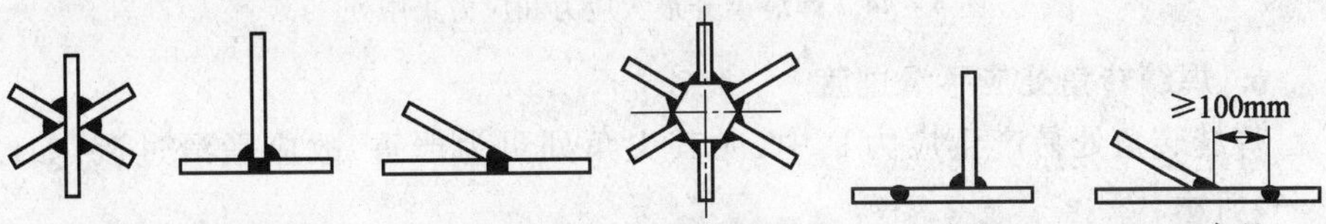

图 4－42 焊缝的分散布置

4. 尽可能使焊缝对称

焊缝对称布置可使各条焊缝产生的焊接变形相互抵消，这对减小梁、柱等结构的焊接变形有明显效果。图 4－43a 焊缝偏于截面重心的一侧，焊后会产生较大弯曲变形；图 4－43b 的两条焊缝处于截面对称位置，有可能使焊缝所产生的弯曲变形相互抵消；图 4－43c 的两条焊缝在截面对称线上，焊后无明显弯曲变形。

图 4－43 焊缝的对称布置

5. 焊缝应尽量避开最大应力和应力集中的位置

图 4－44a 为大跨度横梁，最大应力和焊缝均在跨度中间，使结构承载能力减弱。若改为图 b 结构，虽然增加了一条焊缝，但改善了焊缝受力情况，提高了横梁的承载能力。对压力容器应使焊缝避开应力集中的转角处位置，如图 4－44d 所示。封头应有一段直壁，直壁段长度应大于 25 mm。

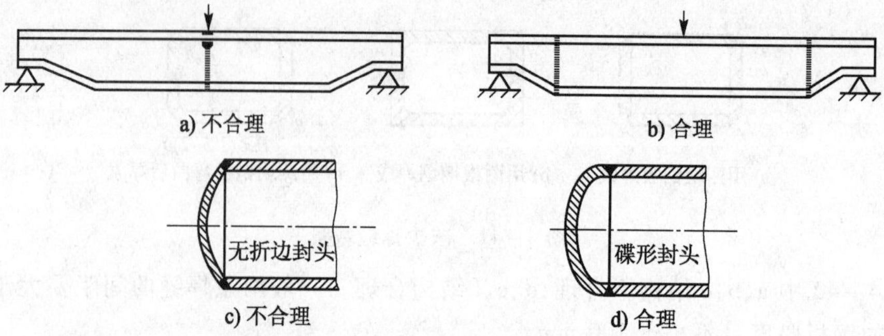

图 4－44 焊缝避开最大应力和应力集中处

6. 焊缝转角处应平滑过渡

焊缝转角处易产生应力集中，尤其尖角处更为严重，故应平滑过渡，如图 4－45所示。

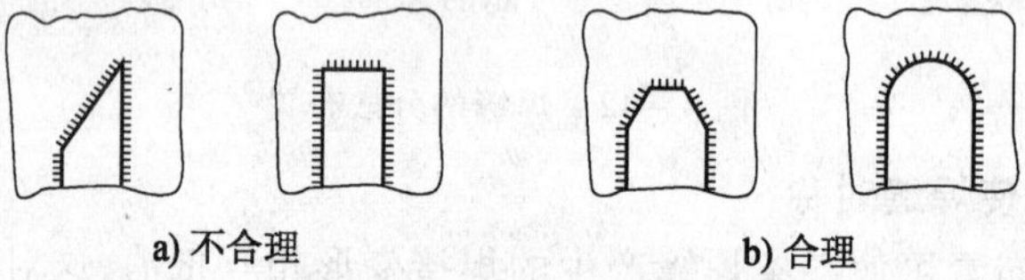

图 4－45 焊缝转角处应平滑过渡

7. 焊缝应避开切削加工表面

若焊接结构在某些部位要求有较高的精度，且必须切削加工后进行焊接时，为避免加工精度受到影响，焊缝应远离加工表面，如图 4－46 所示。

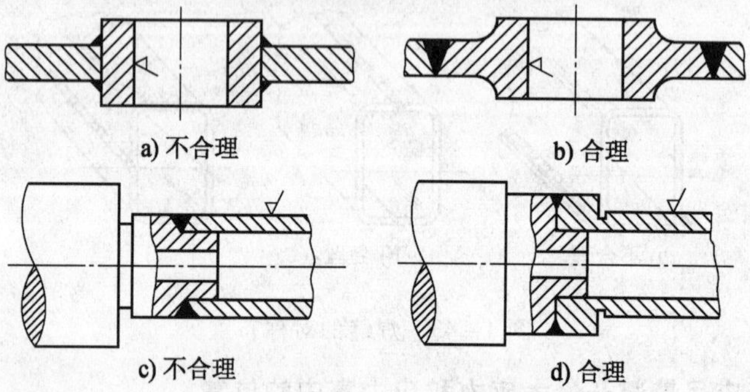

图 4－46 焊缝应避开加工表面

三、焊接接头形式的选择

常见的接头形式有：对接、搭接、角接和 T 形接头，如图 4－47 所示。

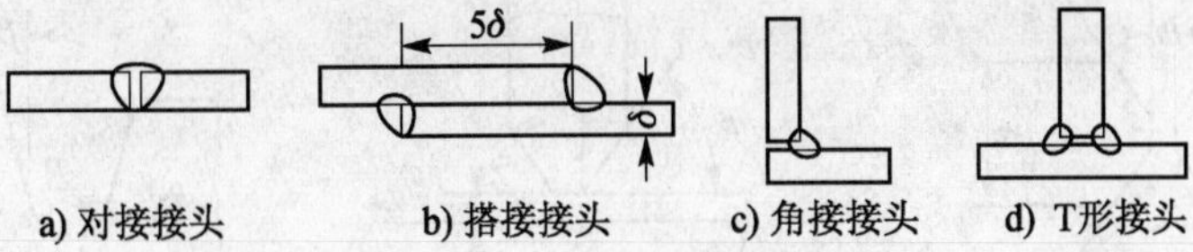

图 4－47　焊接接头形式

接头形式的选择应考虑焊接件结构形状、使用要求、焊件厚度、变形大小、焊条消耗量、坡口加工难易程度等因素。对接接头应力分布均匀，接头质量容易保证，节省材料，在焊接结构中应用最多，例如锅炉、压力容器等结构中的受力焊缝常用对接接头，但对接接头对焊前准备和装配要求较高。搭接接头常用于对焊前准备和装配要求简单的板状类部件结构中，但因两工件不在同一平面上，受力时将产生附加弯曲应力，降低接头强度，且不经济，故搭接接头是薄板焊件的基本接头形式，厂房屋架、桥梁、起重机吊臂等桁架结构也常采用搭接接头。当接头构成直角连接时，通常采用角接和 T 形接头。角接接头一般只起连接作用，不能用来传递工作载荷。T 形接头应用比较广泛，在船体结构中，约 70% 的焊缝是采用这种接头形式。

四、焊接接头坡口形式的选择

焊条电弧焊常见的坡口形式有：I 形坡口、X 形坡口、带钝边的 U 形坡口、V 形坡口及单边 V 形坡口、K 形坡口、J 形坡口等，如图 4－48 所示。

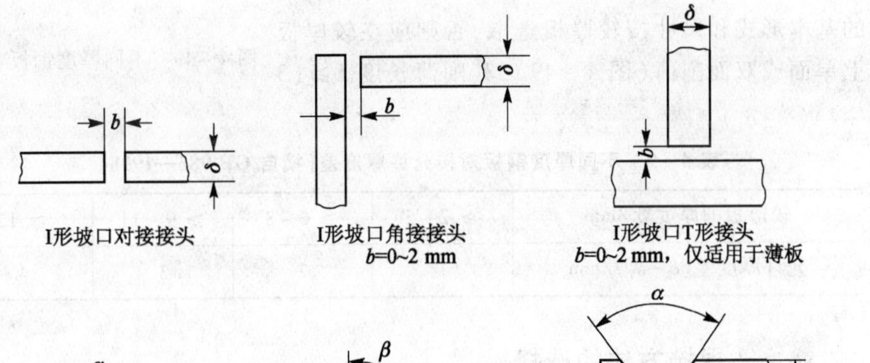

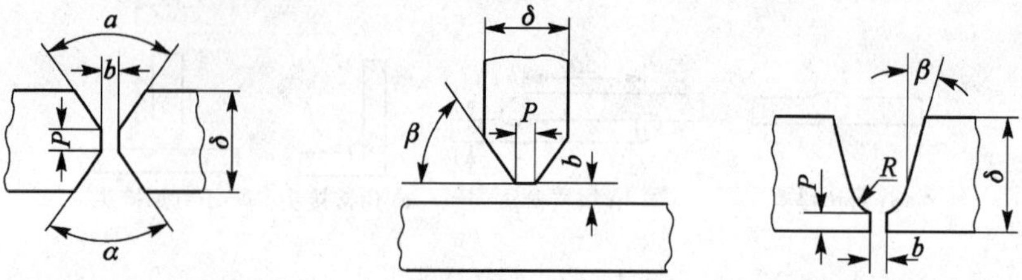

图 4－48　接头坡口形式

开坡口的目的是为了保证焊缝根部焊透，便于清除熔渣，获得较好的焊缝形状，并且坡口能起到调节母材金属和填充金属的比例作用。不同板厚的焊件选择不同的坡口形式。焊条电弧焊焊件的板厚 < 6 mm 时，一般不开坡口；但重要的结构件，当板厚为 3 mm 时，就应开坡口。板厚为 6 ~ 26 mm 时，开 V 形坡口，这种坡口便于加工，但焊后焊件易变形。板厚为 12 ~ 60 mm 时，可采用 X 形坡口。在相同厚度情况下，X 形坡口比 V 形坡口能减少焊着金属量 1/2 左右，焊件变形较小。带钝边 U 形坡口焊着金属量更少，焊件变形也更小，但加工坡口较困难，一般用于较重要的焊接结构件。

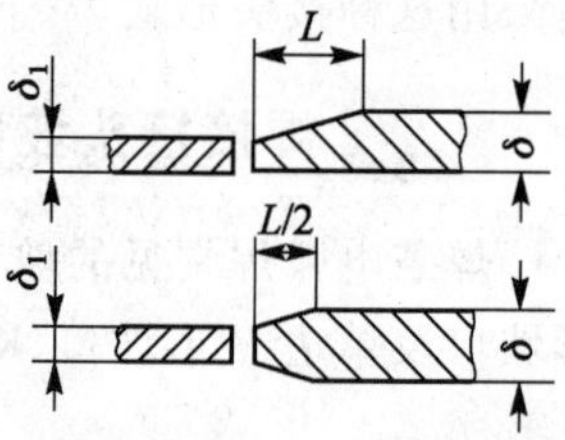

图 4－49　不同厚度钢板对接

对于不同厚度钢板的重要受力接头，如果两板厚度差（$\delta-\delta_1$）不超过表 4－9 规定时，则焊接接头的基本形式和尺寸按较厚板选取，否则应在较厚板上单面或双面削薄（图 4－49），其削薄长度 $L \geqslant (3\sim4)(\delta-\delta_1)$。

表 4－9　不同厚度钢板对接允许厚度差（摘自 GB 985—1998）

较薄板的厚度 δ_1/mm	≥ 2 ~ 5	≥ 6 ~ 8	≥ 9 ~ 11	≥ 12
允许厚度差（$\delta-\delta_1$）/mm	1	2	3	4

五、焊接方法的选择

焊接方法应根据焊接结构件的形状和尺寸、焊缝的位置、被焊材料的性质、焊接过程机械化和自动化的可能性等来确定。例如，焊接各种牌号钢材的板结构或某些有色金属板结构时，广泛应用的是电弧焊和电渣焊。焊接具有小截面、空心截面的钢制部件或有色金属部件上的对接接头时，通常采用对焊。焊接方法的选择可参考本章第七节。

六、焊接结构设计示例

乙炔气瓶如图 4－50 所示，壁厚为 4.5 mm，设计压力为 6 MPa，大量生产，其结构设计内容如下：

1. 选择气瓶材料

瓶颈和易熔塞座选 20 钢切削加工后焊到瓶体上。上、下封头用钢板冲压成形，筒身用钢板卷圆后焊成。根据产品使用要求，考虑到冲压、卷圆和焊接工艺，选用塑性和焊接性好的低合金高强度结构钢 Q345R（“R”表示压力容器用钢）。

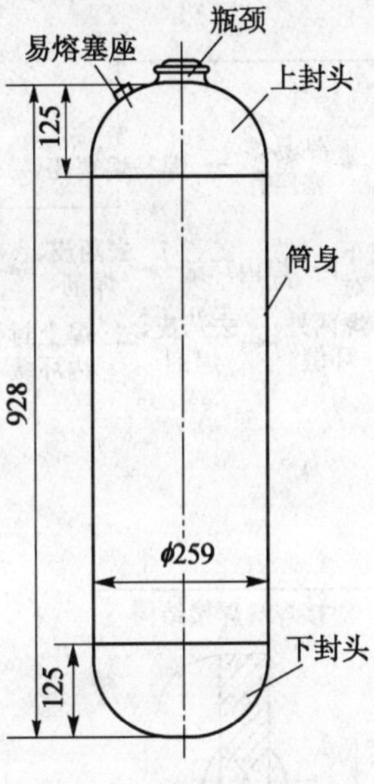

图 4－50　乙炔气瓶简图

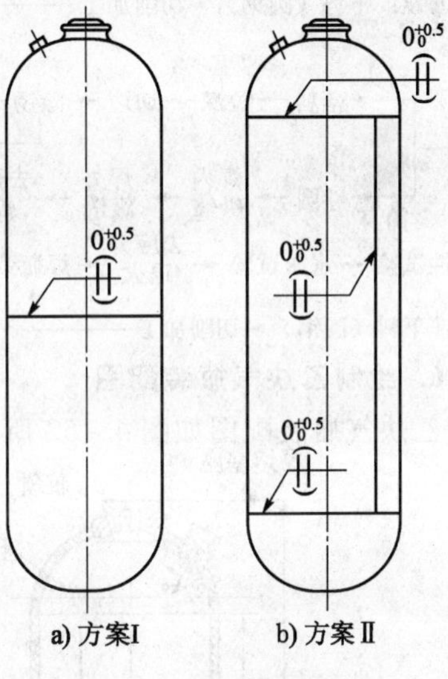

图 4－51 瓶体焊缝布置

2. 确定焊缝位置

瓶体焊缝布置有两种方案，如图 4－51 所示。方案Ⅰ（图 4－51a）瓶体由上、下两部分经冲压成形后焊在一起，瓶体上只有一条环形焊缝，焊接工作量小，但由于瓶体细长，难以冲压成形，故此方案不可取。方案Ⅱ（图 4－51b）瓶体由上、下封头及筒身三部分组成。上、下封头冲压成形，筒身由钢板卷圆后焊好，再将上、下封头与筒身焊在一起，瓶体共有三条焊缝（两条环形焊缝和一条纵向焊缝），虽然焊接工作量大，但上、下封头易冲压成形，故应选用此方案。

3. 焊接接头设计

瓶颈、易熔塞座与瓶体的焊缝采用不开坡口的角焊缝。气瓶为压力容器，又装有可燃性气体，为保证焊接质量，筒身的纵向焊缝及上、下封头与筒身的环形焊缝均采用对接接头 I 形坡口双面焊（施焊时采用专用夹具，以保证焊缝质量）。

4. 选择焊接方法和焊接材料

瓶颈、易熔塞座与瓶体焊接，因焊缝直径很小，故采用焊条电弧焊，焊条为 J507。瓶体环形焊缝、纵向焊缝的焊接，可采用气焊、焊条电弧焊、埋弧自动焊、CO_2 焊、氩弧焊等方法。考虑到此产品大量生产，又是压力容器，并装有可燃性气体，为保证焊接质量优良和稳定，为提高生产率，故采用埋弧自动焊（焊接瓶内焊缝时，采用专用焊接夹具）。焊丝为 H08A、H08MnA 或 H10Mn2，焊剂为 HJ431（符合 GB HJ401 – H08A）。

5. 主要工艺过程

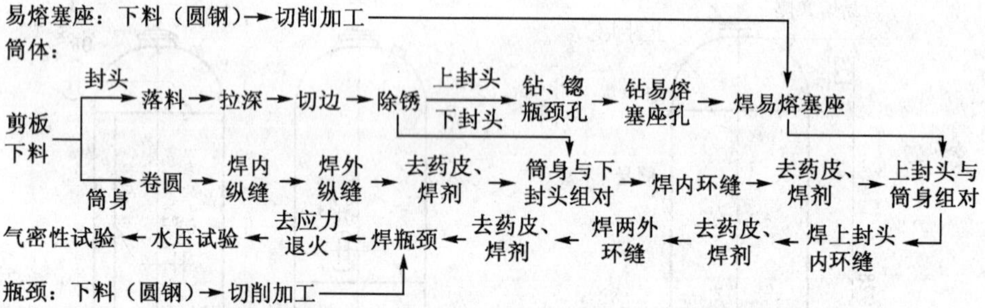

6. 绘制乙炔气瓶装配图

乙炔气瓶装配图如图 4 – 52 所示。

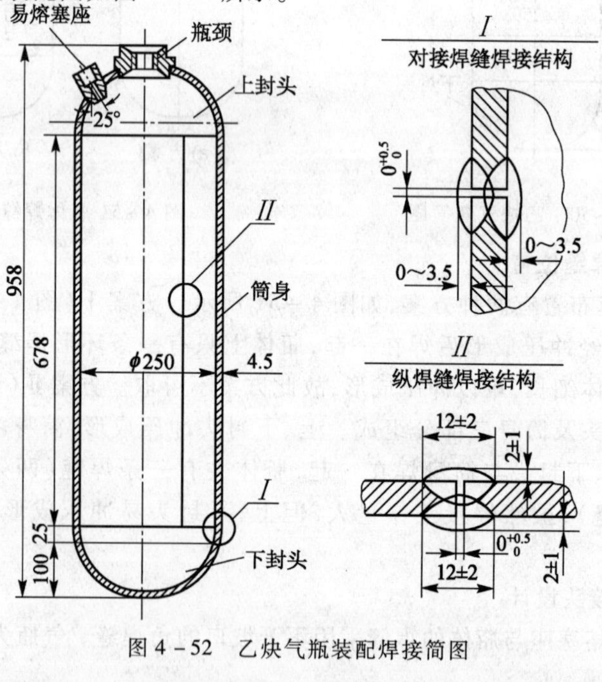

图 4 – 52 乙炔气瓶装配焊接简图

第七节 焊接方法的选择

焊接方法选择的原则和依据与铸造方法选择的原则和依据相同。在制造焊接结构时，应根据生产批量、现场条件和技术水平的实际情况等因素，结合各种焊接方法的工艺特点，在保证焊接结构使用要求的条件下，选择工艺简便、焊接接头质量好、生产率高和成本低廉的焊接方法。常用的焊接方法比较见表 4－10。

表 4－10 常用焊接方法比较

焊接方法	焊接热源	主要接头形式	焊接位置	钢板厚度 δ/mm	被焊材料	生产率	应用范围
焊条电弧焊	电弧热	对接、搭接、T形接、卷边接	全位焊	3～20	碳钢、低合金钢、铸铁、铜及铜合金	中等偏高	要求在静止、冲击或振动载荷下工作的机件，补焊铸铁件缺陷和损坏的机件
气焊	氧－乙炔火焰热	对接、卷边接	全位焊	0.5～3	碳钢、低合金钢、铸铁、铜及铜合金、耐热钢、铝及铝合金	低	要求耐热、致密、受静载荷、受力不大的薄板结构，补焊铸铁件及损坏的机件
埋弧自动焊	电弧热	对接、搭接、T形接	平焊	4.5～60	碳钢、低合金钢、铜及铜合金	高	在各种载荷下工作，成批生产、中厚板长直焊缝和较大直径环缝

续表

焊接方法	焊接热源	主要接头形式	焊接位置	钢板厚度 δ/mm	被焊材料	生产率	应用范围
氩弧焊	电弧热	对接、搭接、T形接	全位焊	0.5~25	铝、铜、镁、钛及钛合金、耐热钢、不锈钢	中等偏高	要求致密、耐蚀、耐热的焊件
CO_2 焊	电弧热	对接,搭接、T形接	全位焊	0.8~25	碳钢、低合金钢、不锈钢	很高	要求致密、耐蚀、耐热的焊件
电渣焊	熔渣电阻热	对接	立焊	40~450	碳钢、低合金钢、不锈钢、铸铁	很高	一般用来焊接大厚度铸、锻件
等离子弧焊	压缩电弧热	对接	全位焊	0.025~12	不锈钢、耐热钢、铜、镍、钛及钛合金	中等偏高	用一般焊接方法难以焊接的金属及合金
对焊	电阻热	对接	平焊	≤20	碳钢、低合金钢、不锈钢、铝及铝合金	很高	焊接杆状零件
电阻点焊	电阻热	搭接	全位焊	0.5~3	碳钢、低合金钢、不锈钢、铝及铝合金	很高	焊接薄板壳体
缝焊	电阻热	搭接	平焊	<3	碳钢、低合金钢、不锈钢、铝及铝合金	很高	焊接薄壁容器和管道

续表

焊接方法	焊接热源	主要接头形式	焊接位置	钢板厚度 δ/mm	被焊材料	生产率	应用范围
钎焊	各种热源	搭接、套接	平焊	—	碳钢、合金钢、铸铁、铜及铜合金	高	用其他焊接方法难以焊接的焊件,以及对强度要求不高的焊件

第八节 胶接

胶接是指利用胶粘剂产生的机械结合力、物理吸附力和化学键合力将两个制件连接起来的一种工艺方法,也称粘接,它与焊接、铆接、螺栓连接相比具有以下特点:

(1) 胶接工艺简单,生产率高。

(2) 胶接应力分布较均匀,胶接表面光滑,疲劳强度较高。

(3) 可胶接同种材料或异种材料,如金属与金属、非金属与非金属、金属与非金属。

(4) 具有密封、绝缘、隔热、防潮、减振等功能,可防止发生电化学腐蚀。

(5) 能减轻结构重量。例如用胶接代替铆接,可使结构重量减轻约1/3。

但胶接强度不如其他连接方法高,且耐热性、耐老化性较差。在胶接中应注意劳动保护,防止环境污染,注意毒性、刺激性和易燃性,工作地要保持良好通风。

随着各种优质胶粘剂的出现和胶接技术的迅速发展,胶接接头的性能正在得到进一步改善和提高。胶接现已广泛应用于航空航天、汽车、轻工、家用电器、电子仪器、医疗等行业。

一、胶粘剂

1. 胶粘剂的组成与分类

胶粘剂又称胶接剂或粘接剂,简称胶,一般由基料和添加剂组成。

基料又称粘料或胶料,基料是胶粘剂的基体。以动物骨皮、松香、天然橡胶等天然高分子化合物为基料的胶粘剂称天然胶粘剂,其组成较简单,常为单一组分;以合成橡胶(丁腈橡胶、氯丁橡胶等)、合成树脂(环氧树脂、酚醛树脂等)等合成高分子化合物为基料的胶粘剂称合成高分子胶粘剂,其组成较复杂,由多种组分配制而成。

添加剂可改善和提高胶粘剂性能,添加剂主要有填料、固化剂、催化剂、增韧剂、稀释剂等。加入添加剂的种类和数量取决于胶粘剂的性能和要求。填料是非粘性固体,如金属粉末、玻璃、石棉等,填料可降低胶粘剂膨胀系数和收缩率,提高强度、硬度、耐热性和耐蚀性等。

胶粘剂品种很多,常用的分类方法有以下几种:

按热性能分为热塑性胶粘剂和热固性胶粘剂。前者受热软化,溶剂可溶解,耐热性差,胶接强度低;后者受热不软化,溶剂不溶解,耐热性较高,胶接强度较高。

按用途分为结构胶粘剂、通用胶粘剂和特种胶粘剂,通用胶粘剂亦称非结构胶粘剂。

按原料来源分为天然胶粘剂和合成胶粘剂;按基料属性分为有机胶粘剂和无机胶粘剂。

2. 常用胶粘剂及其选择

(1) 结构胶　结构胶胶接性能优良,连接强度高,有较高的耐冲击、抗振动和耐疲劳性能,用于胶接受力较大的结构件,常用的有以下三种:

① 酚醛-丁腈结构胶　粘附力大,强度高(胶接的抗剪强度可达 30 MPa 以上),韧性好,耐高、低温(可在 200 ~ -50 ℃工作),耐水,耐油,耐湿热老化性能极好,加压高温固化。此胶主要用于胶接钢铁、铝及其合金、镁及其合金、镍、铬,以及大部分非金属材料。例如汽车刹车片的粘合,飞机中铝、钛合金的粘合。常用牌号有 J-04、J-15、JX-10、705、709、KH-506 等。

② 环氧-丁腈结构胶　强度高、韧性好、耐老化、耐热(低于酚醛-丁腈)、耐油、耐水、耐疲劳,高温固化。此胶主要用于胶接钢铁、铝及其合金、铜及其合金等材料。常用牌号有 SG-2、KH-511、KH-223、KH-802 等。

③ 环氧-聚酰胺结构胶　粘附力大、韧性好、强度较高、耐油、耐低温、耐冲击、可室温固化,耐热性较差,低于室温时固化困难,耐水和耐湿热老化性差。此胶主要用于胶接钢铁、铝、铜、镁、钛及其合金,镍、铬、锡、锌、铅、聚甲醛、尼龙、玻璃等材料。常用牌号有 J-11、JC-311 等。

(2) 密封胶　密封胶可替代或补充传统的密封件(如橡胶、石棉、金属垫片等),其密封效果良好。密封胶呈液态或稠状,可填满连接面上的凹凸不平部位,紧固力越大,胶膜越薄,胶层分子结合力越大,密封效果越好。密封胶可用于平面、圆柱面、各种成形面(如管接头螺纹处),常用的密封胶有以下三种:

① 尼龙密封胶　胶膜坚韧、耐压、耐热、耐油、可在室温下固化,但耐酸碱性

差，使用温度为 -50～250 ℃。常用于油箱、齿轮箱、煤气管道、泵、减速器、轿车挡风玻璃等连接处的密封。

② 环氧树脂密封胶　可在 200 ℃以下长期使用。常用于高真空容器的堵漏和密封。

③ 丁腈橡胶密封胶　耐油、耐热、耐水和耐老化性良好，使用温度可达 250 ℃，呈液体状，可流入密封面的凹凸处。

密封胶常用的牌号有 601、604、609、MF-1、MF-2、M-2 等。

(3) 修补用胶　采用胶接技术修补零件、容器、铸件，具有简便易行、成本低等优点。常用的修补用胶有以下两种：

① 环氧树脂胶　胶接强度高、收缩率小、绝缘性好、配制简单、工艺性好、使用方便，使用温度为 -60～200 ℃，毒性小。这种胶除用于修补外，还可用于胶接、密封、绝缘，应用很广。常用牌号有 J-19、J-11、农机 1 号、农机 2 号、913、914 等。

② 厌氧胶　在空气中流动性和渗透性良好，与空气隔绝后可迅速固化。这种胶耐酸、碱、盐和水，收缩率小、密封性好、耐冲击振动、储存稳定、使用方便、固

表 4-11　胶粘剂的选用

胶粘剂 材料（横）/ 材料（纵）	皮革、织物、软质材料	竹木	热固性塑料	热塑性塑料	橡胶制品	玻璃、陶瓷	金属
金属	2,4,3,8	1,4,2,6	1,4,3,7	1,5,4,9	4,8	1,2,3,4 5,7,10	1,2,3,4 5,7,10
玻璃、陶瓷	2,4,3,8	1,3,4	1,2,3,7	1,2,4,5	4,8	1,2,3,4 5,7,10	
橡胶制品	4,8	1,2,4,8	2,3,4,8	1,4,8	4,8		
热塑性塑料	4,9	1,4,9	1,4,5	1,4,5,9			
热固性塑料	2,3,4,9	1,2,4,9	1,4,7,9				
竹木	1,2,4	4,6,7					
皮革、织物、软质材料	4,8	1—环氧树脂胶；2—酚醛-缩醛胶；3—酚醛-丁腈胶；4—聚氨酯胶；5—聚丙烯酸酯胶；6—脲醛树脂胶；7—不饱和聚酯树脂胶；8—橡胶胶粘剂；9—塑料胶粘剂；10—无机胶粘剂					

化后易拆除、无污染与毒害，可在室温下固化。厌氧胶常用于浸涂铸件，以修补铸件的细微孔，也可用于螺钉螺母的防松紧固、管道和容器密封、零件的胶接等。常用牌号有 GY－340，Y－150 等。

除上述胶粘剂外，对于有特殊要求的胶接（如耐高温、耐超低温、耐磨、耐蚀、水中胶接、导电、导磁、导热等），可选用与其要求相应的特种胶粘剂。

选择胶粘剂时，必须熟悉胶粘剂的性能和被胶接材料的特性，明确胶接的目的和要求。此外，还应考虑胶接制品的使用条件（即温度、光、氧、水、化学介质、射线、压力、气候变化等）、工艺实施的可能性、经济性，以及污染、有毒等因素。常用材料适用的胶粘剂见表 4－11。

二、胶接接头设计

1. 胶接接头受力分析

为了合理确定胶接接头形式，必须了解接头的受力状况。接头在使用时受到机械力、热和环境因素的综合作用与影响，其中主要是机械力。机械力的基本类型如图 4－53 所示。

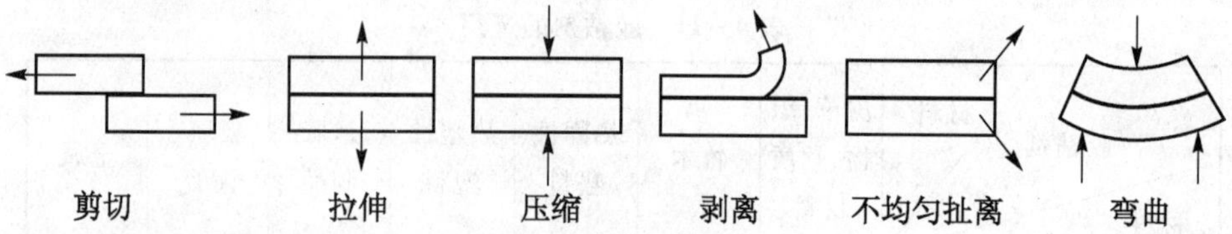

图 4－53　胶接接头受力的基本类型

2. 胶接接头形式

胶接接头的基本形式有对接、斜接、搭接、套接、嵌接、角接、T 接和复合接等，如图 4－54、图 4－55、图 4－56 所示。

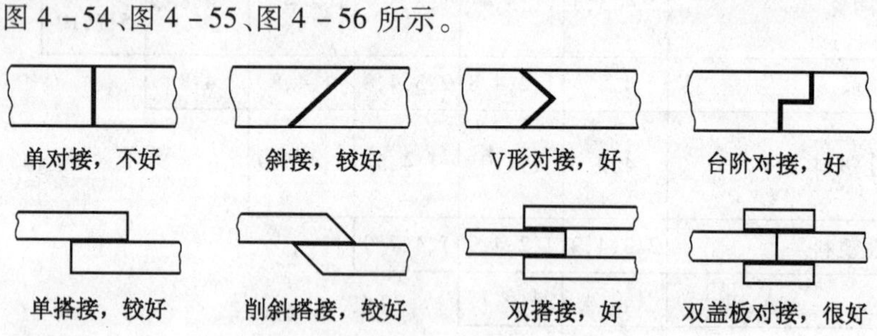

图 4－54　平板接头形式分析

3. 胶接接头形式设计原则

（1）尽量使胶层承受剪切力、拉伸力和压缩力，因为胶层承受这些力的能力较强。

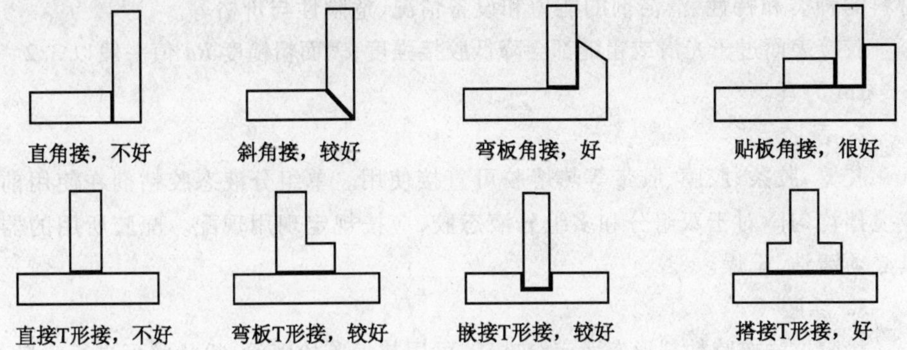

图 4－55　角接接头形式分析

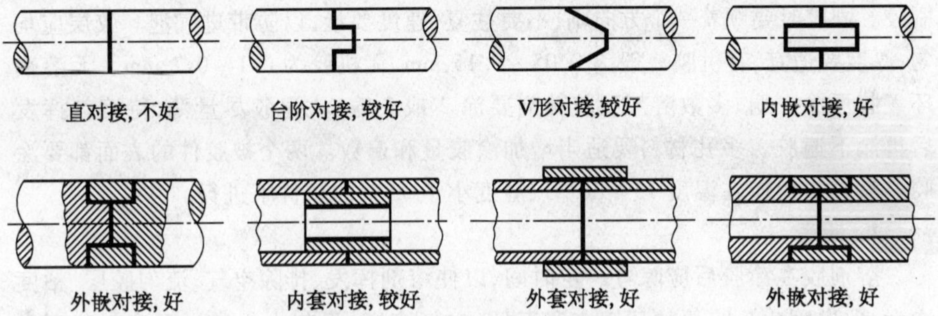

图 4－56　圆柱与圆管接头形式分析

（2）避免剥离、不均匀扯离和弯曲，因为剥离和不均匀扯离为线受力，应力集中严重，承载能力差。若无法实现，需采取加固措施。

（3）尽量增大胶接面积，以利于增加胶接结构的承载能力和工作可靠性。

（4）胶接前，应使接头加工、表面处理简便，胶接工艺实施方便，装配和维修容易，以利于降低成本。此外，还应适当考虑接头的美观性。

（5）接头受力很大时，应采用胶接和机械连接的复合形式。例如胶接加铆、加螺栓、穿销、点焊、卷边等方式，互相取长补短。

三、胶接工艺

胶接工艺是否合理对胶接质量有很大影响，胶接工艺一般包括以下内容：

1. 表面处理

表面处理的主要目的是清除表面油污、锈蚀、灰尘、漆膜、疏松层等；增加表面面积；提高表面能。常用的方法有用丙酮或乙醚等有机溶剂或用碱液进行清洗、机械处理（用砂纸、砂布、钢丝刷、锉刀、刮刀、手砂轮和喷丸等进行，处理的同时也能粗化胶接表面）、化学处理等。选择处理方法时应考虑油污和被胶接材料的种类和特性、清洁剂的能力和设备情况、危险性与价格等。

胶接表面过于光滑或粗糙都会降低胶接强度，表面粗糙度 *Ra* 值一般以 3.2 ~ 6.3 μm 为宜。

2. 配胶

胶棒、胶条、胶膜、胶带等热熔胶可直接使用。单组分液态胶粘剂在使用前应搅拌均匀。对于双组分和多组分液态胶，应按规定现用现配。配胶所用的器具必须清洁、干燥。

3. 涂胶

涂胶方法按胶粘剂形态而定，热熔胶可用热熔胶枪喷涂；粉状胶可进行喷撒；液态、糊状或膏状胶可采用刷胶、注胶、浸胶、漏胶、刮胶等方法，其中常用的方法是刷胶。刷胶时要顺着一个方向刷，不要往复，速度要慢，以防带进气泡。胶层应均匀，厚度要适宜，有机胶一般为 0.05 ~ 0.15 mm，无机胶为 0.1 ~ 0.2 mm。无溶剂环氧胶可涂一遍，多数溶剂型胶粘剂要涂 2 或 3 遍，头遍胶尽量薄，待溶剂挥发后再涂下遍胶。多孔材料要适当增加涂胶量和遍数。两个被胶件的表面都要涂胶。涂胶一般应在温度 15 ~ 30 ℃、湿度小于 75% 的条件下进行。

4. 晾置

溶剂胶在涂胶后应晾置一定时间，以使溶剂挥发、排除空气、流匀胶层、粘度增大、促进固化。晾置的环境应湿度低、空气流通、无灰尘污染。无溶剂胶不需晾置，涂胶后可立即胶合。

5. 胶合（粘合或合拢或叠合）

胶合是将被胶件表面紧密地叠合在一起的过程。对于液态无溶剂的胶粘剂，胶合后应往复错动几次，以增加接触、排除气体、调匀胶层、对准位置。使用橡胶型胶粘剂时，胶合时应一次对准位置，不要错动。胶合后应适当按压或用木棒锤打或圆棒滚压，将胶接处压平，排出气体，使其紧密接触。加压时，压力过大或过小均不好，以挤出微小胶圈为好，表示胶接面不缺胶。

6. 固化

固化又称硬化，对于橡胶型胶粘剂也称硫化。固化是保证胶接质量的关键过程，只有完全固化，强度才会最大，固化条件包括温度、时间、压力。

胶粘剂种类不同，其固化温度、时间、压力也不同。低于固化温度胶粘剂不会固化，适当高于固化温度会加速固化过程，缩短固化时间，提高胶接强度。固化过程中应对胶粘剂施加一定压力，压力大小要均匀，施压时机要适宜，以提高胶接质量。固化后要缓慢冷却。

胶接件可进行锉削、车削、刨削、磨削等切削加工，加工中应避免冲击力、剥离力。

四、胶接应用典型示例

1. 拖拉机制动摩擦盘的胶接

拖拉机制动摩擦盘是由橡胶、铜丝、石棉组成的摩擦片与钢质摩擦盘经胶接而成的,如图 4-57 所示。摩擦片表面工作温度最高可达 180~200 ℃,要求胶粘剂有较高的耐热性。制动摩擦盘工作时,垂直工作压力为 0.2~3 MPa,最大转矩为 13.8 N·m,要求胶粘剂有优良的力学性能。拖拉机制动摩擦盘的胶接工艺如下:

(1) 对摩擦盘胶接表面进行酸性处理,再经冷水冲洗、中和、热水清洗及防锈处理。

(2) 将酚醛-缩醛胶粘剂均匀涂敷在摩擦片和摩擦盘体上,胶层厚度为 0.2~0.3 mm。

(3) 将胶接部位用夹具夹紧,固化压力为 0.3~0.4 MPa,在 140 ℃温度下固化 2 h。

2. 硬质合金铰刀的胶接

硬质合金铰刀的刀片薄而长,如用焊接会引起变形、裂纹,甚至导致刀具报废。此外,铰刀属于定值尺寸的精加工刀具,磨损达到一定限度,整个铰刀将报废。采用胶接(图 4-58)可避免焊接时高温的影响,提高刀片使用寿命,刀片与刀体可多次使用(铰刀磨损报废后,可将胶接处拆开,经清理、清洗后,重新进行胶接)。铰刀胶接工艺如下:

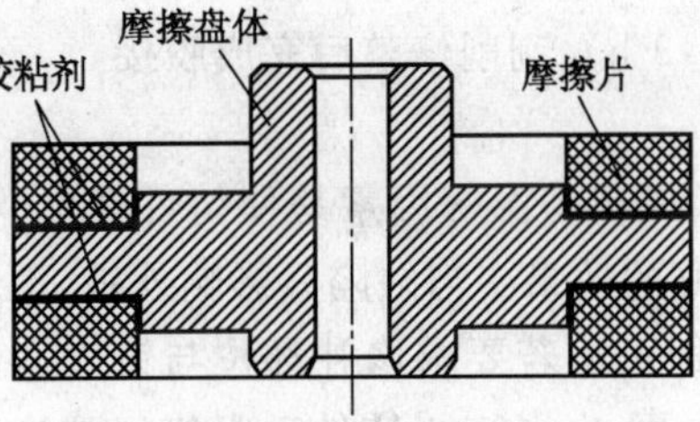

图 4-57 拖拉机制动摩擦盘的胶接

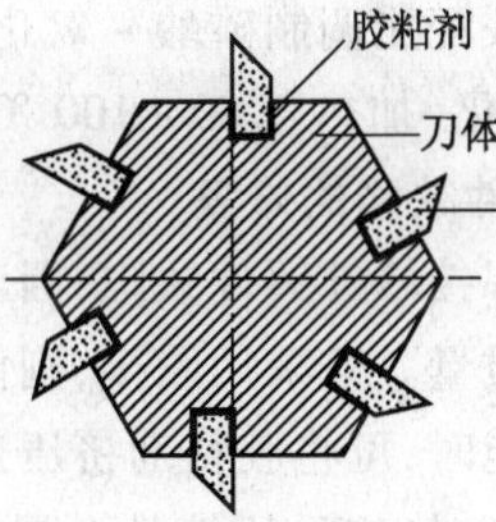

图 4-58 硬质合金铰刀的胶接

(1) 刀片和刀体先用乙醇、再用丙酮洗净,去掉污物和氧化物。

(2) 用环氧树脂胶粘剂(配方:E-44 或 E-45 环氧树脂 100, H-4 环氧固化剂 70~80,201-1 聚硫橡胶 15~25,进行调胶)将刀片和刀片槽均匀涂敷,刀片放入槽中定位,并加压 0.1~0.2 MPa。

(3) 室温下固化 24 h,再放入烘箱在 60~80 ℃保持 4~6 h,取出后自然冷却,完成胶接。刀片磨损后,可将磨损部位放在机油中加热至 150~180 ℃,趁热取下刀片,清理刀片和刀片槽底部后加一件厚 0.2 mm 的金属片,重新再按上述工艺胶接，刀片可多次重复使用。

3. 钻头的接长胶接

如需接长钻头的圆柱长度，可采用焊接，但不易保证同轴度，焊接高温能引起局部退火，影响使用。若采用胶接则容易保证同轴度和尺寸精度，提高使用寿命，而且工艺简单，不需专用设备。钻头接长胶接工艺如下：

(1) 选择图 4-59 所示三种接长方式中的一种，对钻头的胶接段和定位段进行加工。配合间隙为 0.2 mm 左右，对胶接面进行清洗。

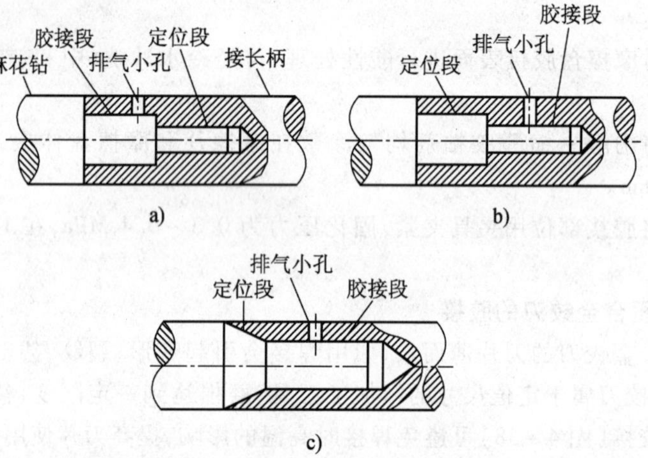

图 4-59　钻头的接长胶接

(2) 按配比调制磷酸-氧化铜类无机胶粘剂，在胶接处均匀涂敷胶粘剂、安装定位、固化（加热至 80~100 ℃、保持 2~3 h），刮削修整后完成胶接。

4. 铸件缺陷的修复

采用焊接修补铸件缺陷，因工艺复杂、焊接高温等因素易使铸件变形，不易保证修补质量。若采用胶接，则能取得良好的效果。当缺陷只影响外观，不影响强度和功能时，可将胶粘剂挤压进缺陷内即可。若要求修补部位与铸件本体有相近的强度时，应采用镶粘金属塞的方法（图 4-60）。铸件砂眼修复胶接工艺如下：

(1) 在砂眼或缺陷部位钻孔或铣孔。

(2) 单独加工一个与缺陷处形状匹配的金属塞，配合间隙为 0.1~0.3 mm，表面 Ra 值为 12.5 μm。

(3) 对孔和金属塞进行清洗脱脂。

(4) 采用室温固化型环氧树脂胶粘剂或无机胶粘剂，对孔和金属塞分别涂敷。

(5) 将金属塞塞入孔中，固化，如图 4-60 所示。

5. 机床导轨磨损的修复

机床导轨产生大面积深度磨损时,会影响工作精度和配合尺寸。采用填充铁粉的胶粘剂要恢复被深度磨损的尺寸较为困难。目前采用胶接垫板的方法进行修复,修复后使用寿命一般为 2 ~ 6 年,如图 4 – 61 所示。机床导轨修复胶接工艺如下:

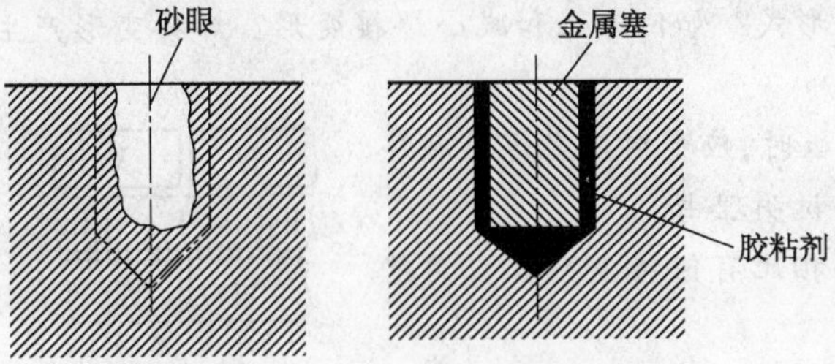

图 4 – 60 镶粘金属塞法修复铸件砂眼

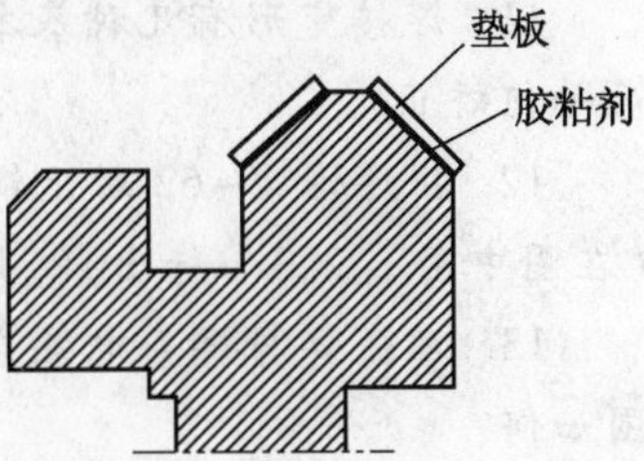

图 4 – 61 机床导轨磨损修复

(1) 对导轨磨损表面进行粗刨加工,并清洗干净。

(2) 加工垫板使胶接表面平整。垫板材料可采用铸铁板、尼龙板或玻璃纤维层压板。

(3) 对垫板进行表面处理。铸铁板采用喷丸(砂)处理;尼龙垫板采用重铬酸钾 – 硫酸化学处理;玻璃纤维层压板采用溶剂脱脂后,再用硅氧烷偶联剂表面处理。

(4) 将环氧树脂胶粘剂均匀涂敷在胶接面上,胶层厚度为 0.1 ~ 0.2 mm。定位、加压固化。对垫板进行切削加工和刮削。

也可采用涂敷耐磨涂料来取代垫板胶接,对深度磨损的机床导轨进行修复(目前常采用 HNT 耐磨涂料)。涂层修复导轨,不需刮削修整,可直接投入使用。

习题

1. 试述焊接的实质、特点和应用。
2. 试述焊条电弧焊的实质、特点和应用。
3. 什么是焊接电弧?焊接电弧的构造及温度分布如何?
4. 焊条由哪几部分组成?各部分作用如何?应如何选用焊条?
5. 说明 J422、E4303、J507、E5001、E4315 的含义?
6. 碱性焊条与酸性焊条的性能有何不同,为什么?
7. 焊接接头包括哪几个部分?焊接接头中力学性能最薄弱的区域在何处,为什么?

8. 影响焊接接头性能的因素有哪些，如何影响？

9. 什么叫热影响区？它包括哪几个区域？以低碳钢为例，各区域的组织和性能如何？它们对焊接接头质量有何影响？

10. 焊接应力与变形产生的原因是什么？如何减小焊接应力？焊接应力是否一定要消除？

11. 焊接变形有几种基本形式？如何防止和减小焊接变形？焊接变形产生后如何矫正？

12. 拼焊图4－62所示钢板时，应如何确定焊接顺序（在图中用1,2,3…标出）？并说明理由。

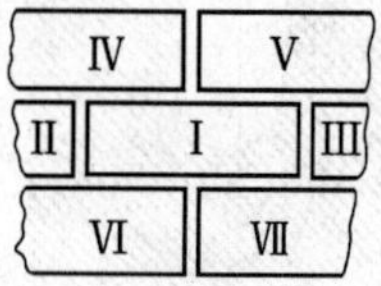

图4－62 第12题图

13. 埋弧焊与焊条电弧焊相比有何特点？其应用范围如何？

14. 电渣焊开始时不引燃电弧是否可以？渣池达到一定深度时为何要熄灭电弧？不要引弧板和引出板是否可以，为什么？

15. 氩弧焊与 CO_2 焊相比？其特点有何异同？各自的应用范围如何？

16. 等离子弧与普通焊接电弧相比，有何异同？试述等离子弧焊的特点和应用范围。

17. 什么是压焊？什么是电阻焊？电阻焊分哪几类？其特点和应用范围如何？

18. 什么是分流？分流现象对电阻点焊和缝焊有何影响？如何减小分流现象？

19. 厚薄不同的钢板或三块薄板搭接是否可以进行电阻点焊？点焊对工件厚度有何要求？怎样才能保证焊接质量？对铜及铜合金板材可否进行电阻点焊，为什么？

20. 试比较电阻对焊和摩擦焊的焊接过程特点有何异同。各自的应用范围如何？

21. 试比较钎焊与熔焊的区别和特点。

22. 什么是堆焊和热喷涂，有何特点，应用如何？

23. 等离子切割原理与气割有什么不同？等离子切割用在哪些地方？

24. 下列金属材料哪些易气割，哪些不易气割或不能气割，为什么？

低碳钢，高碳钢，铸铁，不锈钢，铝及铝合金，铜及铜合金，低合金高强度钢。

25. 常见的焊接缺陷有哪些？产生的原因是什么？应如何防止？

26. 焊接检验包括哪些内容？常用的检验方法有哪几种？

27. 下列焊件作无损检验时，各应选用什么方法？

高压锅炉环形焊缝，民用液化石油气罐的焊缝，桥梁上的焊缝，汽车铝制油箱，液化气管道，锻锤锤杆折断后与一材质相同的锤杆对接修复后的焊缝（用焊

条电弧焊补焊)

28. 什么是金属的焊接性？碳含量对碳钢的焊接性有何影响？

29. 焊补铸铁有哪些问题？可采用什么方法克服？

30. 铝及铝合金可用哪些方法焊接？哪种焊接方法焊接质量最好,为什么？

31. 为下列产品选择合理的焊接方法。

① 壁厚小于 3 mm 的锅炉筒体,成批生产;② 汽车铝制油箱,大量生产;③ 减速器箱体(低碳钢板材),单件小批生产;④ 自行车车圈,大批量生产;⑤ 铝合金板焊接容器,成批生产;⑥ 直径 ϕ3 mm 铝－铜接头,成批生产;⑦ 硬质合金刀片与 45 钢刀杆的焊接,单件小批生产

32. 为下列结构或焊件选择焊接方法(单件小批生产)。

① 低碳钢厂房屋架;② 用厚 20 mm、Q345 钢板拼焊成大型工字梁;③ 纯铝低压容器;④ 厚 1 mm 低碳钢钢板的 V 带罩;⑤ 汽车铝制油箱;⑥ 搪瓷杯手把焊在杯体上;⑦ 对接 ϕ30 mm 的 45 钢钢轴

33. 焊制金属容器,钢板材料为 Q235－A,如图 4－63 所示。试问应采用哪种焊接方法,是否要开坡口,采用哪类焊条？

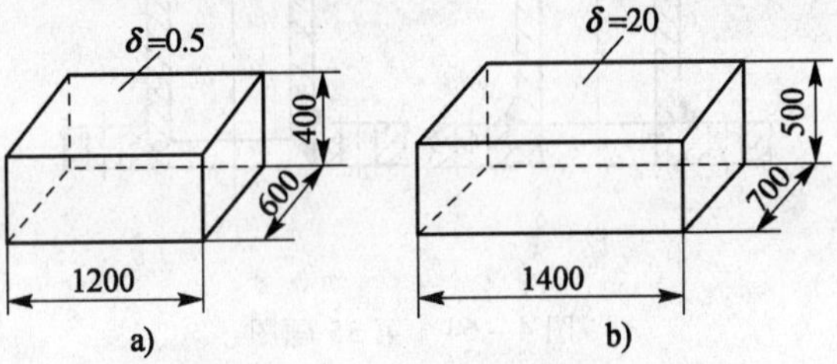

图 4－63 第 33 题图

34. 将一 45 钢钢杆对接在丝锥柄部端面上,以增加柄长,应采用什么焊接方法？

35. 图 4－64 所示焊接结构,哪种合理,哪种不合理,为什么？

36. 指出图 4－65 中五组焊接结构哪种合理,为什么？

37. 家用液化石油气罐(图 4－66)为压力容器,壁厚为 3 mm,大量生产。要求:选择罐体材料;确定焊缝位置;设计焊接接头;选择焊接方法和焊接材料;制定保证质量的主要工艺措施;拟定主要工艺过程;绘出罐体装配图。

38. 试述胶接的实质、特点和应用。

39. 试述胶粘剂的组成、分类和应用。

40. 常见的胶接接头形式有哪几种？设计胶接接头形式时应考虑哪些问题？

41. 胶接工艺过程包括哪些步骤？每种步骤的主要内容和作用是什么？

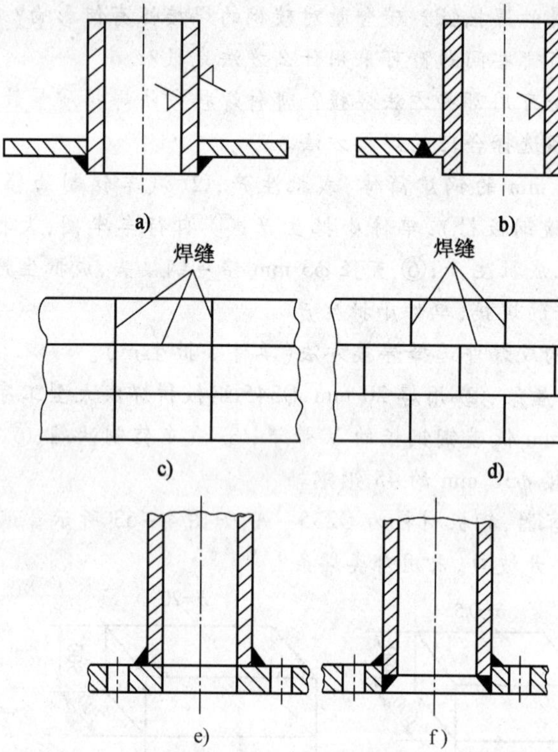

图 4－64　第 35 题图

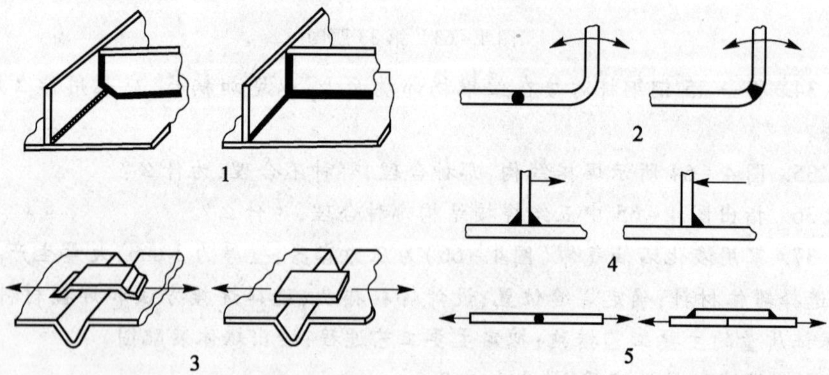

图 4－65　第 36 题图

42. 零件出现下列情况时，应如何用胶接方法修复？

减速箱箱盖上的裂纹；油泵壳体有大面积微小气孔，压力试验时渗油；车床尾座底滑板磨损（图 4－67）。

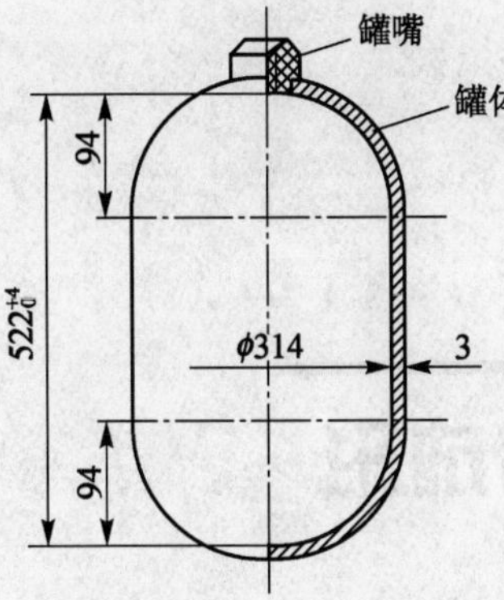

图 4-66 第 37 题图(图中次要尺寸从略)

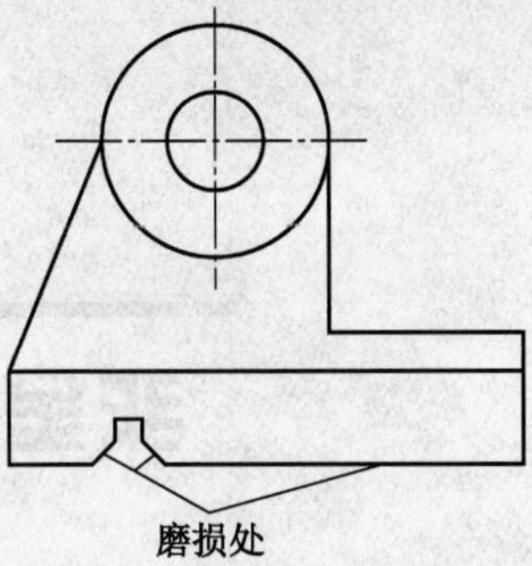

图 4-67 第 42 题图

43. 胶接技术可用于哪些领域？试列举其应用实例。

44. 陶瓷刀片可否用焊接方法固定在车刀刀体上，为什么？用胶接固定刀片有何优点？

45. 绘图说明断轴采用胶接修复时，其接头处有哪几种连接形式？

第五章

非金属制品成形

非金属材料品种繁多，目前非金属材料制品应用越来越广泛，应用较多的有塑料制品、橡胶制品、陶瓷制品以及复合材料制品等。

第一节　塑料制品成形

塑料制品成形是指将塑料原料制成具有一定形状、尺寸的塑料制品的工艺过程。塑料原料是指在合成树脂中加入各种添加剂，制成粉末状或颗粒状或液体的半成品。塑料制品成形工艺简单，形式多样，常用方法有以下几种：

一、压缩成形（压制成形或压塑成形或模压成形）

1. 模压法

将粉状塑料放入具有一定温度的模具中，闭模加压后，制品成形并硬化（图5－1）。也可用浸以树脂的碎布、纤维模压成形。此法简便，可生产形状复杂制品。

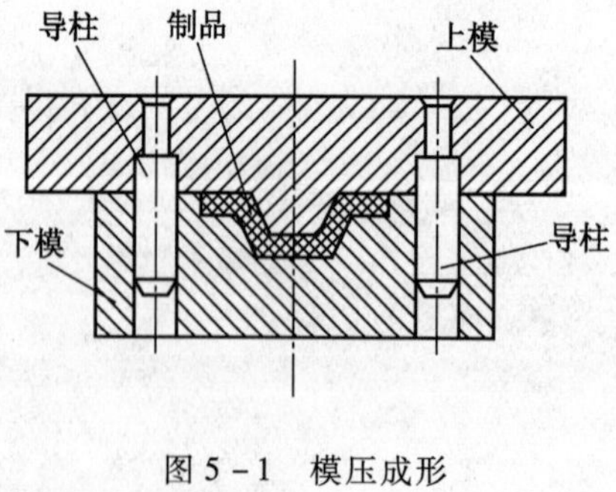

图5－1　模压成形

2. 层压法

将纸张、棉布、玻璃布等浸以树脂，一张张叠放，加热加压后树脂固化，相互粘结成塑料层压板。

压缩成形所用设备、模具和生产过程控制较为简单，易于生产大型产品，但生产周期长、效率低，较难实现自动化，劳动强度大，难以生产厚壁制品。压缩成形主要用于生产热固性塑料制品，例如汽车配电盘、电器开关、餐具等。热塑性塑料仅用于聚氯乙烯（PVC）唱片生产和聚四氟乙烯制品的预压成形。

二、注射成形（注塑成形或注射模塑成形）

将颗粒状或粉末状塑料原料置于注射机料斗内，经加热器加热熔融，通过推杆施加压力，将原料注射入闭合的模具型腔中，冷却脱模后取出制品（图5－2）。

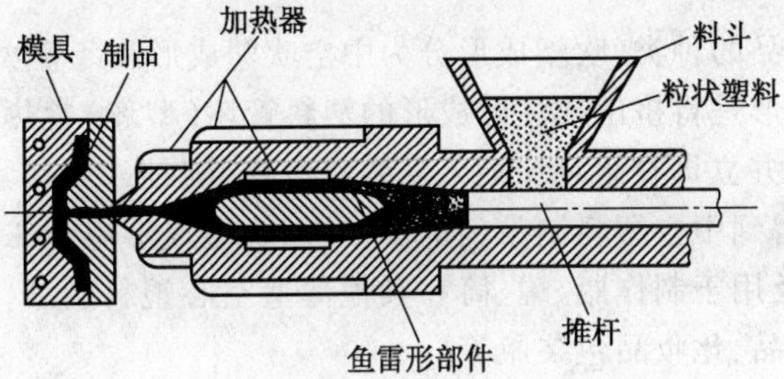

图5－2　注射成形

注射成形具有自动化程度高、制品尺寸精确、生产周期短、生产率高等特点，可制造形状复杂、带有金属嵌件的制品，但注射成形所用设备、模具制造费较高，不适于单件、小批生产。此法主要生产热塑性塑料制品（氟塑料除外），也可生产某些热固性塑料制品，如电视机、电话机、音响等家电外壳，汽车保险杠，仪表板、蓄电池外壳等。

三、挤出成形（挤塑成形或挤出模塑或挤压成形）

将粉状或颗粒状塑料原料由旋转的螺杆送入预热区并受到压缩，经已加热的模具模孔中挤出，落到输送器传送带上，用水或空气对其喷射或吹风，使其冷却变硬成为制品（图5－3）。

挤出成形的优点是：能连续成形、生产率高、成本低；制品组织较紧密、尺寸较稳定；适应性强，模具结构简单、操作方便，工艺容易控制。此法主要生产热塑性塑料制品（氟塑料除外），也可生产部分热固性塑料制品。挤出成形是塑料制品成形方法中产量最大的一种，主要生产管材、棒材、板材、网材、塑料薄膜（需挤出机与压延机配合）、异型材和带塑料包覆层的产品（如电线），还可生产汽车和建筑材料中的很多产品，如汽车地板、装饰板、塑料门窗、壁板、吊板等。

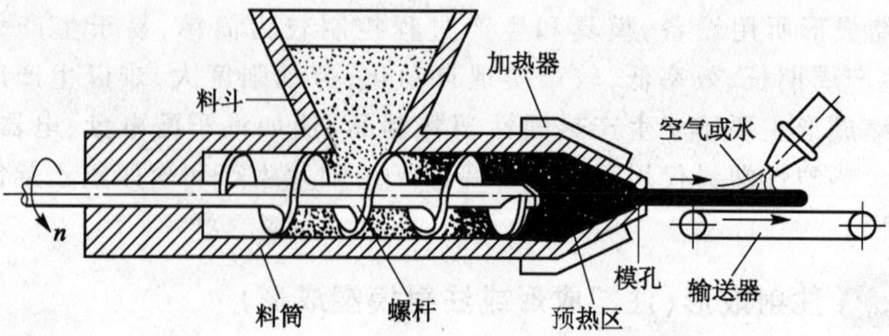

图 5－3　挤出成形

四、吹塑成形

根据吹塑制品的种类，吹塑成形分为中空吹塑成形和薄膜吹塑成形两种。

中空吹塑成形是将挤出或注射成形的塑料管坯（型坯）趁热（处于半熔融状态）放入模具中，并立即在管坯中通入压缩空气将其吹胀，使其紧贴在型腔内壁上，冷却脱模后得到中空塑料制品（图 5－4）。吹塑成形属于二次加工，只适于热塑性塑料，广泛用于制作瓶、罐、筒和其他薄壁空心塑料制品，如汽车油箱，耐酸容器，食品、药品、化妆品包装瓶等。

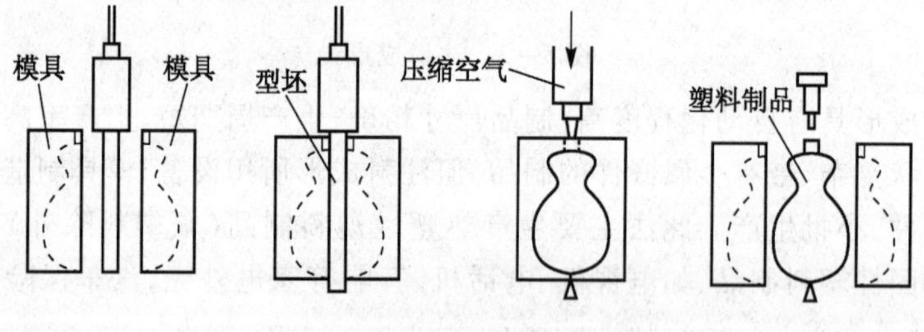

图 5－4　吹塑成形

薄膜吹塑成形主要生产塑料薄膜，如图 5－5 所示，挤出机将熔融塑料原料

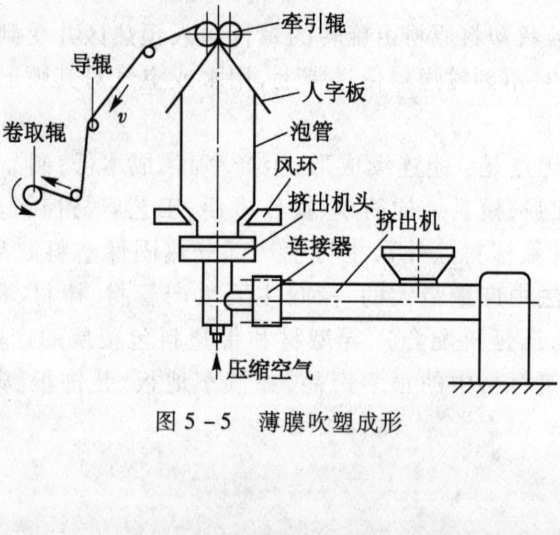

图 5－5　薄膜吹塑成形

制成薄壁管坯，向管坯吹入压缩空气，迫使管坯在高温下发生吹胀变形，成为管状薄膜（俗称泡管），泡管在通过牵引辊极小间隙时被压拢叠合，再经导辊和卷取装置收卷为薄膜制品。

五、浇铸成形（浇塑成形或铸塑成形）

此法与金属铸造过程相似。它是在液体塑料原料中加入适量固化剂或催化剂，将其浇入模具型腔中固化成形后得到制品。浇铸成形一般不需加压，对模具强度要求低，所用设备简单，生产投资少，但成形周期长，生产率低，制品尺寸精度低，适于热固性塑料成形，主要生产尺寸较大的制品，如齿轮坯、轴承、纪念品及封装电气、电子元器件等。

除上述成形方法外，塑料还可用喷涂、浸渍、粘贴等工艺覆盖于其他材料的表面。塑料和金属材料一样，也可在机床上进行车削、铣削、刨削、磨削、钻削、滚花和锯削等切削加工。塑料件可用焊接、胶接、铆接和螺钉进行连接。有些塑料件需要修饰，以去除制品废边和附生的赘物，美化制品表面或外观，并提高其性能。常用的方法有锉削、滚光、抛光、磨削、涂盖金属、溶浸增亮及透明涂层等。

设计塑料制品结构时，在满足使用性能的条件下，应易于成形。一般要求是：制品壁厚均匀，通常为 1 ~ 4 mm，大型制品壁厚可达 6 mm 以上；制品应有脱模斜度（35′ ~ 1°20′），并避免有内凸形状，以利于脱模；两壁连接处应有圆角过渡；为增加制品刚度和强度，要求制品的开口部分应设计出翻边凸缘，受力制品可在其中心嵌金属芯，应避免用整个平面做支撑面，在高壁或在面积的平底部分设计出加强筋。

第二节 橡胶与陶瓷制品成形

一、橡胶制品成形

橡胶制品的生产过程是：以生胶为主要原料，加入适量的配合剂，用炼胶机混炼形成炼胶（亦称胶料），再根据需要加入骨架材料，经混合均匀后放入模具中，在设备上经加热、加压后（即硫化处理）获得所需形状、尺寸和性能的橡胶制品。

生胶是指未加配合剂的天然胶、合成胶或再生胶，也是将配合剂与骨架材料粘成一体的粘结剂。橡胶制品的性能主要取决于生胶的性能。

配合剂是指为改善和提高橡胶制品性能而加入的物质，如硫化剂、填充剂、防老剂等。常用硫黄做硫化剂，经硫化处理后可提高橡胶制品性能。填充剂可提高橡胶强度，减少生胶用量，降低成本和改善工艺性。防老剂能在橡胶表面形成稳定氧化膜，以抵抗氧化作用，防止和延缓橡胶发粘、变脆、性能变坏等老化现象。

骨架材料可提高橡胶承载能力，减少制品变形。常用的骨架材料有金属丝、天然纤维、化学纤维、玻璃纤维等纤维织物。

橡胶成形按所用设备不同可分为在平板硫化机中模压成形和在注射机中注射成形两类；按成形方法分为压制成形、压铸成形、注射成形和挤出成形等。挤出成形亦称压出成形，其加工原理和所用设备与塑料制品的挤出成形相似。挤出成形制品很多，如电线、电缆外套，以及各种异形断面的橡胶制品等。

二、陶瓷制品成形

陶瓷制品生产过程是：经配料后制成具有一定形状和尺寸的坯体，再经施釉（有浸釉、淋釉、喷釉等方法）、烧结等工序，获得陶瓷制品。

配料是指利用物理、化学方法精选原料，有时需要对原料进行预烧以改变原料的结晶状态和物理性能，利于破碎、造粒。再将细碎、造粒的原料按不同的坯体成形方法要求配制成坯料，如浆料、可塑泥坯、压制粉料等。

烧结是指通过加热使粉体产生颗粒粘结，经过物质迁移使粉体产生高强度、致密化和再结晶的过程。烧结后根据需要可进行磨削、抛光加工，以提高尺寸精度和表面光滑程度。

通常陶瓷的成形方法是指坯体的成形方法，常用的成形方法有以下几种：

1. 注浆成形

注浆成形是指将具有流动性的液态浆料注入多孔模型内（如石膏模、多孔树脂模等），借助模型的毛细管吸水能力使浆料脱水、硬化，脱模后获得一定形状、尺寸的坯体的方法。注浆成形适应性强，可制作形状复杂、大型薄壁制品。注浆成形又分为传统注浆法和强化注浆法两类，后者包括真空注浆、离心注浆和压力注浆，其工作原理类似于金属铸造中的真空铸造、离心铸造和压力铸造。真空注浆能有效去除浆料中的气体和针眼；离心注浆适于制作大型环状制品，且坯体壁厚均匀；压力注浆能减少坯体中残留的水分、提高致密度，缩短成形时间。

2. 可塑成形

可塑成形是指利用可塑性坯料在外力作用下发生塑性变形而制成具有一定形状、尺寸坯体的方法。生产中常用的可塑成形方法有以下几种：

（1）滚压成形　滚压成形是在传统的旋转成形基础上发展起来的。滚压成形时，盛放坯料的石膏模型和滚压头分别绕自身轴线同方向旋转，滚压头在旋转的同时逐渐靠近石膏模型对坯料进行滚压。滚压时坯料受力均匀，坯体成形后致密度高、强度大、质量好，滚压成形可进行流水线生产，劳动强度低，生产率高。滚压成形分为外滚压阳模滚压和内滚压阴模滚压两种（图 5-6）。

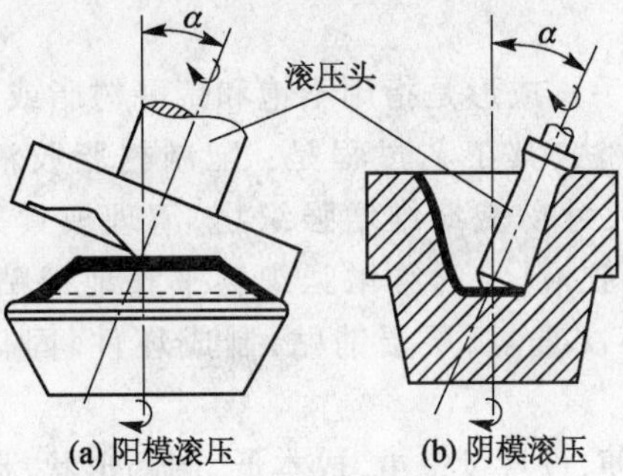

图 5-6　滚压成形

α-滚压头倾斜角

外滚压由滚压头决定坯体外表面形状和大小，适于生产扁平状、宽口器皿和坯体内表面有花纹的制品。内滚压由滚压头形成坯体内表面，适于生产口径较小、深度较大的制品。

(2) 塑压成形　塑压成形是指将可塑坯料放入模型内，将上下模抽成真空，通过挤压而成形。塑压成形的坯体致密度比滚压成形高，但石膏模易破损、寿命短，目前已采用多孔树脂模、多孔金属膜代替石膏模。塑压成形适于生产异形盘类制品，如鱼盘、方盘、多角形盘碟及内外表面有花纹的制品。

(3) 注射成形（注塑成形）　注射成形是用注射成形机在 130～300 ℃温度下将粒状粉料（由粉料、粘结剂混合后加热混炼制成）注射到金属模型中，冷却后粘结剂固化，形成坯体。注射成形坯体致密度高，工艺简单，成本低，适于大量生产形状复杂制品。

(4) 轧膜成形　轧膜成形是指将坯料置于两轧辊之间进行滚轧的成形方法。此法适于生产厚度小于 1 mm 的薄片状制品。

3. 压制成形

压制成形是指将粒状粉料置于模具（模型）内，在压力下使其成为具有一定形状、尺寸和强度的坯体的方法。压制成形分为干压成形（粉料含水量 <7%）和半干压成形（粉料含水量为 7%～15%）。压制成形工艺过程简单，坯体收缩小，致密度高，尺寸精确，对坯料可塑性要求不高，但难以生产形状复杂的制品，故常用于生产扁平状制品。

第三节 复合材料制品成形

金属基复合材料和陶瓷基复合材料生产成本高,应用范围小,主要用于航空、航天工业。目前一般工业应用较多的是树脂基复合材料制品,其常用成形方法有以下几种:

(1) 手糊成形 手糊成形是指用不饱和聚酯树脂或环氧树脂将增强材料粘结在一起的成形方法,其工艺过程是:配制树脂胶液(不需加压、室温固化),按要求的形状、尺寸剪裁纤维增强织物,清理模具并在其上均匀涂刷脱模剂和喷涂一层树脂胶液,将纤维增强织物平整地铺贴在模具上,再喷涂胶液、铺贴增强织物,多次重复、层层铺贴,制成坯件、固化成形,脱模、修边和装配。

手糊成形操作简便,设备投资少,成本低,制品形状、尺寸不受限,模具材料适应性广,但其生产周期长,制品质量与操作者技术水平有关,制品质量不稳定,劳动条件差。手糊成形适于多品种、小批量生产大型或结构复杂的制品,如船体、汽车壳体、飞机机翼、大型化工容器、浴缸等。

(2) 层压成形 用棉布、玻璃布、纸为增强材料,以热固性酚醛树脂、环氧树脂、氨基树脂、有机硅树脂、芳烃甲醛树脂为胶粘剂,在浸胶机中将增强材料浸润胶粘剂(浸渍),制成浸胶布或浸胶纸半成品,烘干后按要求的形状、尺寸剪裁,将所需数量的浸胶布(或纸)层叠在一起放入液压机,在一定温度和压力下将其压制成板材(包括玻璃钢管材),冷却脱模后还需修整加工。

(3) 喷射成形 喷射成形是指将雾化的树脂与短纤维混合,经喷射机的喷枪喷射到模具上,至一定厚度时用压辊排泡压实,再继续喷射,直至完成所需制品的成形方法。

喷射成形生产率高,节约原材料,劳动强度低,但污染大,制品承载能力低,适于生产大型制品,如汽车车身、船体、浴盆等。

(4) 压注成形 压注成形的工艺过程是:将增强织物坯件放入模具的型腔内,闭合模具,用液压泵将树脂压入型腔内浸透增强织物,经固化后完成所需制品。压注成形制品尺寸精度高,外观质量好,制品一般不需再加工,但工艺难度较大,生产周期较长。

习题

1. 什么是塑料原料?塑料制品成形有哪几种方法,每种方法的特点和应用是什么?

2. 下列塑料制品应采用什么方法生产？

塑料桶、电话机外壳、矿泉水瓶、塑料管材、塑料盆、塑料桌、电视机外壳、塑料椅、塑料齿轮、塑料薄膜

3. 橡胶制品的成形方法有哪几种，每种方法的特点和应用是什么？

4. 陶瓷制品的成形方法有哪几种？每种方法的特点和应用是什么？

5. 树脂基复合材料制品的成形方法有哪几种？每种方法的特点和应用是什么？

第六章 机械零件毛坯的选择

机械中的大多数零件都是通过铸造、塑性加工或焊接等方法制成毛坯，再经切削加工制成。毛坯选择是否合理，将会直接影响零件乃至整部机械的制造质量和使用性能，而且对零件的制造工艺过程、生产周期和成本也有很大影响，因此，正确地选择毛坯是机械设计和制造中的重要任务之一。

第一节 毛坯选择的原则

一、毛坯选择的原则

1. 保证零件的使用要求

零件使用要求包括对零件形位精度、尺寸精度、表面质量和化学成分、金属组织等的要求，以及工作条件对零件力学性能、物理性能、化学性能的要求。工作条件一般指零件的受力情况、工作温度与压力、接触的气态或液态介质等。

机械中各零件的功能不同，其使用要求也不同，甚至有很大差异，所以它们的毛坯在选材和具体制造方法上差别很大。例如汽轮机上的叶片和家用风扇叶片，两者虽然都具有空间几何曲面形状，但两者功能却完全不同，因此前者采用合金钢，经过精密锻造、切削加工和热处理，尺寸精度、形位精度要求很高、表面粗糙度值要求小，要经过严格检验，不允许内部有缺陷；而后者要求不高，采用低碳钢薄板经冲压成形即可。

在任何情况下，选择毛坯时都应首先保证零件的使用要求。

2. 降低制造成本

零件的制造成本包括本身的材料费、消耗的燃料和动力费、工资、设备和工艺装备的折旧费，以及其他辅助性费用。

选择毛坯时，可在保证零件使用性能的条件下，把几个可供选择的毛坯制造方案,从经济上进行分析比较,还要进行成品零件制造成本总费用的综合比较。一般后者的比较是主要的。再从所比较的方案中选择出制造成本最低的最佳方案。

二、毛坯选择的依据

毛坯的选择包括毛坯的材料、种类和成形方法,具体选择时应考虑以下因素:

1. 零件材料的工艺性能及零件对材料组织和性能的要求

一般零件材料确定后,毛坯的种类也就基本上确定了。例如,材料为铸铁时只能选铸件;重要的受力复杂的钢质零件,为获得优良的力学性能,均应选用锻件,而不宜采用型材作毛坯。

2. 零件的结构、形状与外形尺寸

若轴类零件的各段直径相差不大、受力较小、形状简单、尺寸不大,可直接选用型材;若各处直径相差较大,可采用锻件。大型零件只能采用自由锻件、砂型铸件或焊接件或组合件做毛坯。

3. 生产批量

生产批量对选择毛坯影响很大,当批量大时,应采用精度和生产率高的毛坯制造方法,例如机器造型、模锻、板料冲压或埋弧自动焊或气体保护焊等方法,虽然用于制造毛坯的设备和工艺装备费用高,但可通过节约材料费和切削加工费等来补偿。当批量小时,则宜采用精度和生产率低的方法来制造毛坯,例如手工砂型铸造、自由锻、焊条电弧焊等方法,使毛坯容易制造、成本低、生产周期短,但增加了切削加工工时和材料费用。

4. 现有生产条件

生产条件是指本部门的设备条件、技术人员和工人的技术水平、管理水平等。一般应充分利用现有生产条件完成生产任务。当现有生产条件不能满足生产要求时,也可考虑调整毛坯种类、成形方法、对设备进行技术改造、扩建厂房或更新设备等措施。还可考虑厂外协作或外购的可能性与经济性。

第二节 毛坯的种类与选择

一、毛坯的种类

机械零件常用的毛坯种类有铸件、锻件、焊接件、冲压件和型材,其特点和应用见表6-1。

表 6－1　常用毛坯的种类、特点和应用

比较内容 \ 毛坯种类 / 制造方法	铸件	锻件	冲压件	焊接件	型材
	铸造	锻造	冲压	焊接	轧制、挤压、拉拔
成形特点	液态成形	固态下塑性变形		借助金属原子间的扩散和结合	固态下塑性变形或切削加工或热切割
对原材料工艺性能要求	流动性好，收缩小	塑性好，变形抗力小		含碳量低，塑性好，液态下化学稳定性好	同锻件或切削加工性好或切割性好
适用材料	铸铁，铸钢，有色金属	低、中碳钢，合金结构钢	低碳钢和有色金属薄板	低碳钢、低合金结构钢、不锈钢、铝合金	低、中碳钢，合金结构钢，有色金属及其合金
适宜的形状	形状不受限，可相当复杂，尤其是内腔形状	自由锻件简单，模锻件可较复杂	复杂	形状不受限	形状简单
适宜的尺寸与重量	砂型铸造不受限	自由锻不受限，模锻＜150 kg	不受限	不受限	中、小型
毛坯的组织和性能	砂型铸件晶粒粗大、疏松、缺陷多、杂质排列无方向性。铸铁件力学性能差，耐磨性和减振性好；铸钢件力学性能较好	晶粒细小、较均匀、致密，可利用流线改善性能，力学性能好	组织细密，可产生流线。利用冷变形强化，可提高强度和硬度，结构刚度好	焊缝区为铸态组织，熔合区及过热区有粗大晶粒，应力大；接头力学性能达到或接近母材	同锻件

续表

比较内容 \ 毛坯种类 \ 制造方法	铸件	锻件	冲压件	焊接件	型材
	铸造	锻造	冲压	焊接	轧制、挤压、拉拔
毛坯精度和表面质量	砂型铸件精度低，表面粗糙；特种铸造精度较高	自由锻件精度较低，表面较粗糙；模锻件精度中等，表面质量较好	精度高，表面质量好	精度较低，接头处表面粗糙	精度较高、表面质量较好，气割件精度低
材料利用率	高	自由锻件低，模锻件中等	较高	较高	中等
生产成本	低	自由锻件较高，模锻件较低	低	中	较低
生产周期	砂型铸造较短	自由锻短，模锻长	长	短	长（热切割，切削加工短）
生产率	砂型铸造低	自由锻低，模锻较高	高	中、低	高
适宜的生产批量	单件、成批（砂型铸造）	自由锻单件小批，模锻成批、大量	大批量	单件、成批	单件小批、成批、大量
适用范围	铸铁用于受力不大，承压、减振、耐磨的零件；铸钢用于重载形状复杂的零件，如床身、立柱、箱体、支架和阀体等	承受重载、动载或复杂载荷的重要零件，如主轴、传动轴、杠杆和曲轴等	板料成形的零件	金属结构件，或组合件和零件的修补	一般中、小型简单件

二、毛坯的选择

常用机械零件按其形状、尺寸和用途,分为以下几类:

1. 轴类零件

轴类零件基本上是回转体零件,其长度大于直径。按结构形状分为光滑轴、台阶轴、空心轴、曲轴、立柱、螺柱等零件。在机械中,轴类零件主要用于支承传动零件(如齿轮、带轮等)、传递转矩、连接等。

光滑轴毛坯一般采用热轧或冷轧圆钢;台阶轴毛坯根据生产批量和各台阶直径差选用圆钢或锻件,各台阶直径相差越大,采用锻件越有利;当要求毛坯有高的力学性能时,应采用锻件。单件小批生产用自由锻,成批大量生产用模锻;某些大型、结构复杂、受力不大的轴可采用铸件;有些轴类零件可采用铸、焊或锻、焊结合的方法制造毛坯。例如,汽车的排气阀是采用合金耐热钢的阀帽与碳素钢的阀杆焊成一体,以节约合金耐热钢;12 000 t 水压机的立柱(长 18 m,净重量为 80 t)即采用铸、焊结构(每段长 3 m,用铸钢铸出 6 段,经粗加工后用电渣焊拼焊成整体毛坯)。

2. 套类零件

套类零件的结构特点是,具有同轴度要求较高的内、外旋转表面,壁薄而易变形,端面和轴线要求垂直,零件长度一般大于直径。套类零件起支承或导向作用,在工作中承受径向力或轴向力和摩擦力,如滑动轴承、导向套、钻套和液压缸等。

套类零件材料一般为钢、铸铁、青铜和黄铜。当孔径小于 20 mm 时,毛坯常选用热轧或冷拉棒料,也可采用实心铸件;孔径大于 20 mm 时,采用无缝钢管或带孔的铸件或锻件。大批量生产时,也可采用冷挤压和粉末冶金等先进工艺制坯。

3. 轮、盘类零件

轮、盘类零件的轴向尺寸一般小于径向尺寸,或两个方向尺寸相差不大。属于这类零件的有齿轮、带轮、飞轮、手轮、模具、端盖、联轴器、刀架、螺母、垫圈等。这类零件在使用中的要求和工作条件差异很大,因此所用材料和毛坯各不一样。以齿轮为例,多数齿轮工作时齿面要承受很大的接触应力和摩擦力,齿根要承受较大的弯曲应力,运转中有时还要承受冲击力,所以要求齿轮应具有良好的综合力学性能。中、小齿轮一般选用锻件作毛坯,大量生产时可采用热轧或精密模锻件;直径在 100 mm 以下的小齿轮,单件小批生产时可用圆钢作坯料;结构复杂的大型齿轮(直径大于 400 mm)锻造较困难,可用铸钢或球墨铸铁件为毛坯。铸造齿轮一般用辐条结构代替锻造齿轮的辐板结构;大型齿轮在单件小批生产时,也可采用焊接件作毛坯;低速轻载的开式传动齿轮可采用铸铁件；受力小的仪表齿轮在大批量生产时，可用压力铸造或冲压方法成形。

带轮、手轮、飞轮、刀架和垫块等受力不大，结构复杂或以承受压力为主的零件一般采用铸铁件。单件生产时，也可采用低碳钢焊接件作毛坯。

端盖、联轴器等零件，根据形状、尺寸和受力等因素，可分别采用铸铁件、锻件、圆钢为毛坯。厚度较小、单件小批生产时也可用钢板为坯料；垫圈一般均用板料冲压成形。

4. 叉杆类零件

叉杆类零件长度尺寸一般大于宽度尺寸，形状比较复杂。这类零件主要包括拨叉、杠杆、连杆等。根据用途、受力、尺寸等不同，可采用锻件、铸钢件、型材、球墨铸铁件等为毛坯。

5. 箱座、支架类零件

这类零件一般结构和形状复杂，壁厚不均，重量从几千克至数十吨，工作条件也相差很大。这类零件包括各种箱体（变速箱、进给箱等）、阀体、泵体、机身、支架、横梁、工作台、导轨等。

变速箱、阀体、泵体等零件一般受力不大，但要求有较好的刚度和密封性；机身、底座等基础零件以承受压力为主，要求有较好的刚度和减振性。有些机身、支架、横梁等往往同时承受拉、压和弯曲应力，甚至还要承受冲击载荷；工作台、导轨等要求硬度均匀，有较高的耐磨性。

箱座、支架类零件一般以铸铁件为毛坯，有些承受载荷较大的零件可采用铸钢件。单件小批生产时，为缩短毛坯制造周期，可用焊接件。为减轻重量，航空发动机中的箱体件，通常采用铝合金铸件。

第三节　毛坯选择示例

如图 6－1 所示，机用虎钳主要功用是夹持工件。工作时钳座 4 通过螺栓 9 安装在机床工作台上，转动虎钳螺杆 13，因大螺母 11 的作用使钳口座 12 随着旋转方向不同而作左右轴向移动，即可将工件夹紧或放松。当松开螺栓（图中未画出）时，钳身 1 可绕 $\phi50$ 轴相对于钳座 4 旋转至所需的角度，其角度值由刻度盘读出。钳口板 5 用螺钉 6 固定在钳身和钳口座上。

机用虎钳外廓尺寸为 414 mm × 205 mm × 163 mm，可夹持工件的最大厚度为 178 mm，机用虎钳组成零件材料和毛坯种类见表 6－2。

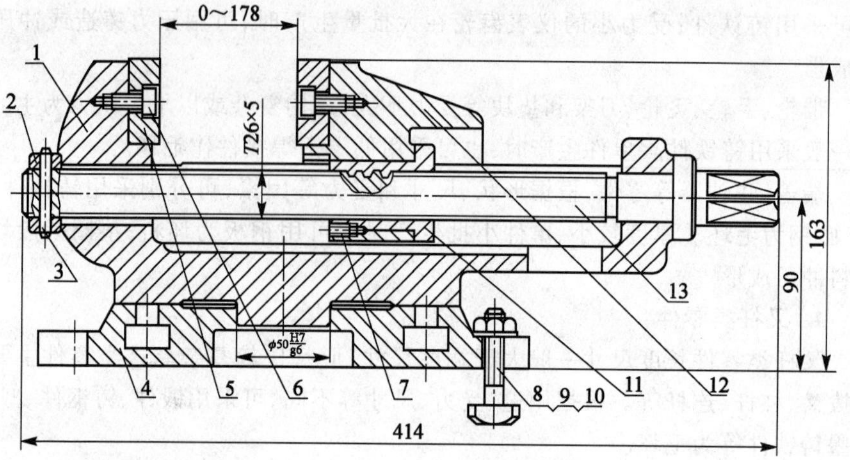

图 6-1　机用虎钳

1—钳身；2—挡圈；3—圆锥销；4—钳座；5—钳口板；6—螺钉；7—小螺钉；8—螺母；9—螺栓；10—垫圈；11—大螺母；12—钳口座；13—虎钳螺杆

表 6-2　机用虎钳零件材料和毛坯种类

零件名称	功用、受力情况与性能要求	材料	毛坯	数量	热处理
1. 钳身	基础零件，起支承、定位、连接、夹紧作用，结构较复杂，形状不规则，承受压应力和摩擦力，要求有较高的刚度、强度、减振性、耐磨性和一定韧性	HT 200	铸件	1	去应力退火
2. 挡圈	轮盘类件，起夹紧、固定作用，结构较简单，主要承受压应力，要求耐磨性好，有一定的强度和韧性	35 钢	圆钢	1	
3. 圆锥销	标准件，起定位、连接作用，受压力和剪应力	35 钢	圆钢	1	
4. 钳座	基础零件，起支承、定位、连接、夹紧作用，结构较复杂，形状不规则，承受压应力和摩擦力，要求有较高的刚度、强度、减振性、耐磨性和一定韧性	HT 200	铸件	1	去应力退火
5. 钳口板	夹紧件，起夹紧作用，结构较简单，承受压应力和摩擦力，要求有较高的强度、硬度、耐磨性和一定的韧性	45 钢	锻件	2	淬火、回火 40~45 HRC

续表

零件名称	功用、受力情况与性能要求	材料	毛坯	数量	热处理
6. 螺钉	标准件,起紧固、连接作用,受力简单(M8×18)	35 钢	圆钢	6	磷化处理
7. 小螺钉	标准件,起紧固、连接作用,受力简单(M6×10)	35 钢	圆钢	1	磷化处理
8. 螺母	标准件,起连接、紧固作用,螺纹承受接触应力和摩擦力(M12)	35 钢	圆钢	2	磷化处理
9. 螺栓	标准件,起连接、紧固作用,螺纹承受接触应力和摩擦力,受力较大(M12×40)	35 钢	圆钢	2	磷化处理
10. 垫圈	标准件,结构简单,承受压力	Q235-A 钢	冲压件	2	磷化处理
11. 大螺母	起传递运动和动力作用,承受轴向力,螺纹承受接触应力和摩擦力,要求耐磨性好、强度较高,有一定韧性	QT450-10	铸件	1	正火
12. 钳口座	起夹紧连接作用,形状不规则,承受压力、摩擦力,要求有较高强度、刚度、耐磨性和一定韧性	HT200	铸件	1	去应力退火
13. 虎钳螺杆	轴类件,起传递运动和动力作用,承受轴向力,螺纹承受接触应力和摩擦力,要求耐磨性好、强度较高	45 钢	圆钢	1	淬火 35~40 HRC

习题

1. 结合具体机械,找出用铸件、锻件、焊接件、冲压件和型材作坯料的几种零件,并初步分析为何选用这种类型的毛坯。

2. 为何齿轮多用锻件,而带轮和飞轮多用铸件作毛坯?

3. 举出几种使用焊接件作毛坯的实例,并分析为什么。

4. 螺杆与螺母配合使用,两者的硬度要求相同吗?如不同,哪个低一些,为什么?

5. 举例说明生产批量对选用毛坯成形方法有何影响?

6. 选择毛坯的两项原则之间相互关系如何?

7. 结合实例说明毛坯选择与力学性能要求之间的关系。

8. 为什么说一般毛坯材料确定后,毛坯的种类也就基本上确定了?

9. 试确定齿轮减速器箱体的材料、毛坯的种类及成形方法,并说明理由。

① 生产数量为一台,要求生产周期短;②成批生产,要求产品质量稳定,成本低。

主要参考文献

[1] 张万昌.热加工工艺基础.北京：高等教育出版社,1991.

[2] 邓文英.金属工艺学.4版.北京：高等教育出版社,2001.

[3] 吕烨.热加工工艺基础与实习.北京：高等教育出版社,2002.

[4] 吕广庶,张远明.工程材料及成形技术基础.北京：高等教育出版社,2001.

[5] 司乃钧,许德珠.金属工艺学：下册.北京：高等教育出版社,2003.

[6] 金禧德.金工实习.北京：高等教育出版社,2006.

[7] 张耀宸.机械加工工艺设计手册.北京：航空工业出版社,1987.

[8] 《机械加工技术手册》编写组.机械加工技术手册.北京：北京出版社,1989.

[9] 金向楷.机械加工工艺基础.北京：高等教育出版社,1998.

[10] 龚云表.实用粘接手册.上海：上海科技教育出版社,1995.

[11] 舒庆,张元.现代工业技术概论.北京：高等教育出版社,2005.

[12] 杨基 H W.机械制造方法.张力真,译.北京：高等教育出版社,1988.

[13] 达利斯基 A M.结构材料工艺学.张学仁,陈洪勋,等.译.北京：高等教育出版社,1990.

[14] 刘振康.热加工工艺学.北京：机械工业出版社,1990.

[15] 机械工业部.焊接材料产品样本.北京：机械工业出版社,1997.

[16] 中国机械工程学会焊接学会.焊接手册.北京：机械工业出版社,1992.

郑重声明